EXTRAIT DE L'ANNUAIRE 1868

De la Société des anciens Élèves des Écoles impériales d'Arts et Métiers

NOTICE

SUR LES

LOCOMOTIVES

EXPOSÉES A PARIS EN 1867

PAR

F. MATTEY

Ingénieur

SAINT-NICOLAS

(MEURTHE)

P. TRENEL, IMPRIMEUR DE LA SOCIÉTÉ

1868

NOTICE

SUR LES

LOCOMOTIVES

EXPOSÉES A PARIS EN 1867 (1)

Le but de ce Mémoire est de présenter à nos camarades les divers types de locomotives qui ont figuré à l'Exposition universelle de 1867, de faire ressortir les avantages et les inconvénients de chaque système, d'énumérer tous les détails qui nous ont paru constituer un progrès dans cette spécialité.

Les quelques planches et les nombreux croquis qui accompagnent le texte seront, nous n'en doutons pas, d'nne grande utilité pratique pour tous ceux d'entre nous qui s'occupent de machines locomotives.

---

(1) Les articles envoyés par divers Sociétaires au Concours relatif à l'Exposition, contenaient des documents et des descriptions presque identiques. Nous avons dû, pour ne pas trop dépasser les limites de notre cadre annuel, supprimer une grande partie des notes envoyées par notre camarade Matthey.

Sans nul doute, l'extrait que nous publions donnera une juste idée du travail consciencieux adressé par ce camarade.

(*Note du Comité.*)

Locomotive exposée par le Creusot et construite pour le Great-Eastern rail-way.

Cette machine a été construite pour faire un service de voyageurs, à très-grande vitesse.

La boîte à feu de la chaudière a le foyer incliné.

La disposition générale de la machine se présente à peu près suivant le croquis ci-dessous (fig. 1).

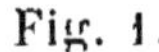
Fig. 1.

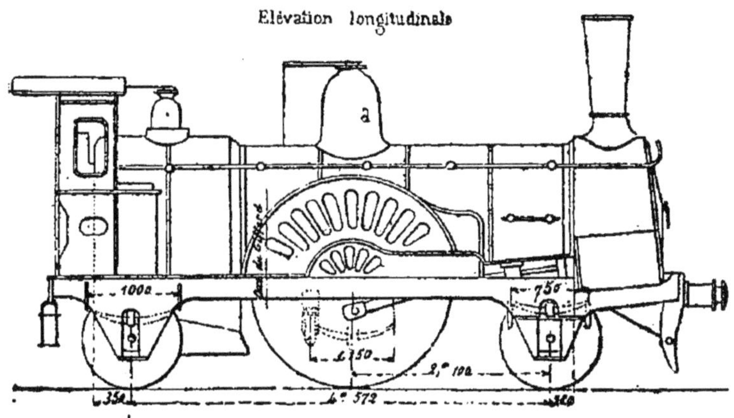

Le régulateur est dans le dôme *a*, il est vertical.

Les fermes (1) sont transversales, et on a mis des bouchons de lavage entre chaque ferme, ces bouchons sont disposés sur le côté de la boîte à feu.

La roue d'arrière est placée sous la boite à feu, à une distance d'environ $0^{m},350$ en avant de la face arrière de cette boite.

Un très-grand bouchon de lavage a été placé sous le corps cylindrique de la chaudière.

Une guérite en tôle abrite le mécanicien.

Le changement de marche se fait par l'appareil à vis, employé depuis quelque temps, et qu'on remarque à

(1) Armatures de ciel de foyer.

presque toutes les machines de l'Exposition, seulement il est différent de ceux généralement employés.

Au lieu d'avoir un support à pieds fixé sur le tablier, on a simplement fixé à l'arrière de la chaudière un support en fer d'une construction peu coûteuse ; un second support, placé un peu sur l'avant, maintient l'autre extrémité de l'arbre à vis (fig. 2).

Fig. 2.

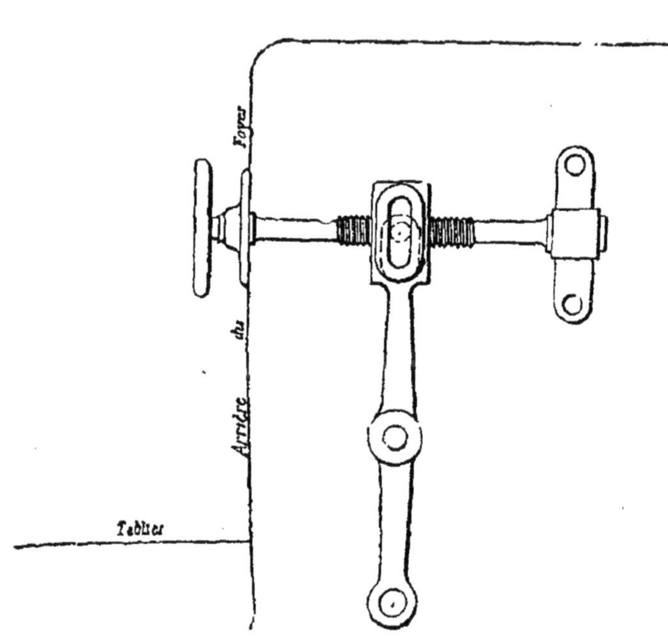

Les cylindres sont légèrement inclinés. La position du petit ressort de suspension d'avant aura sans doute obligé à cette disposition ; ils sont extérieurs et placés sur les deux longerons du châssis.

La construction des bielles et glissières présente des formes particulières que n'emploie jamais le Creusot; sans doute, ces formes lui auront été imposées par la Compagnie anglaise pour laquelle ces machines ont été construites ; on remarque les bouts des brides de bielles qui sont arrondis, le clavetage est fait à l'aide de clavettes à talons filetés et rappelés par un écrou, système qui n'est plus employé aujourd'hui pour les locomotives. — Les godets graisseurs sont très-simples, ils n'ont pas de couvercles. — Le Creusot ne fait ordinairement pas ses godets ainsi.

La distribution est obtenue par deux excentriques placés intérieurement; c'est le coulisseau qu'on relève, la coulisse est fixe, les barres d'excentriques sont assez longues, on les a faites en deux pièces (fig. 3) pour faciliter le démontage des coulisses.

Fig. 3.

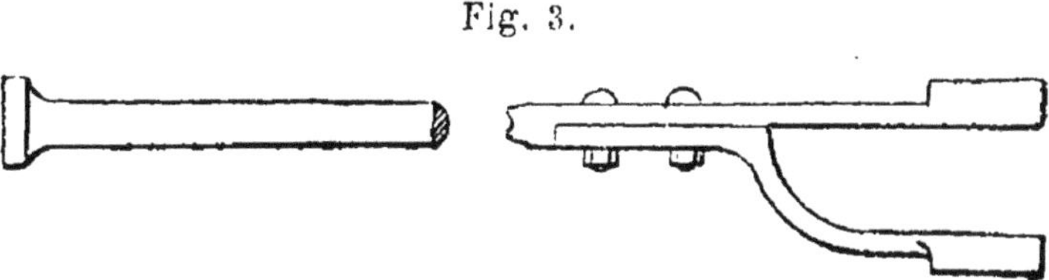

Les tuyaux d'échappement et de prise de vapeur sont dans l'intérieur de la chaudière et de la boîte à fumée.

Le Giffard est placé un peu à l'avant de la guérite et en dehors, entre la roue du milieu et la roue d'arrière. Cette disposition n'est pas heureuse, le Giffard est presqu'inabordable, la manœuvre doit en être fort difficile en marche.

Le bas de la boîte à feu n'a rien de spécial comme disposition d'angles. On a rapporté une plaque intérieure aux angles, afin d'avoir plus de prise pour les bouchons de lavage ; cette disposition est employée depuis longtemps.

Il y a un support de chaudière intermédiaire placé à environ $0^{m},800$ en avant de l'axe de la roue motrice ou du milieu. Ce support soutient le corps cylindrique de la chaudière, qui glisse simplement dessus et vient se fixer au longeron intérieur sans s'y appuyer nullement. Quatre ou six boulons de chaque côté forment l'assemblage rigide avec les longerons.

Il faut évidemment que le Creusot y ait été forcé pour en agir ainsi (fig. 4).

Fig. 4.

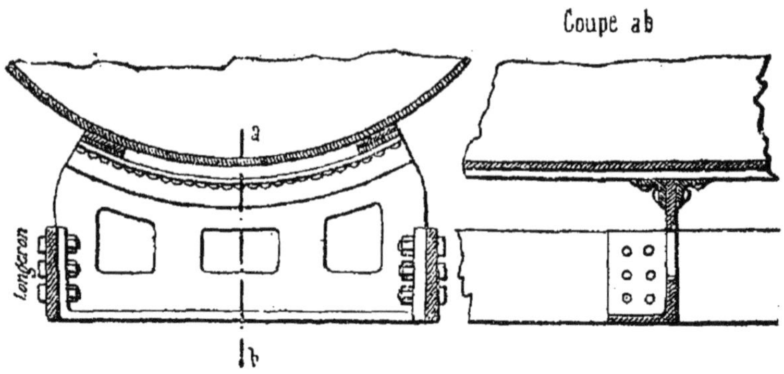

Le support de la chaudière est formé d'une pièce de fer forgé à bords relevés et rivée à une cornière. La chaudière porte deux plaques dressées qui y sont rivées et qui servent d'intermédiaire entre le corps cylindrique et le suppor t

Le châssis est composé d'un double longeron en fer plat, les deux longerons vont d'un bout à l'autre de la machine.

Les roues sont placées entre ces deux longerons.

Les roues d'avant ont double boite à graisse, une sur le longeron extérieur, une sur le longeron intérieur, à l'intérieur même de tout le système

Un ressort transversal de suspension, recevant la charge de la chaudière en son milieu, est commun aux deux boîtes à graisse intérieures et vient y opérer son action. La réaction des boites est transmise aux extrémités du ressort au moyen de deux petites bielles conjuguées CC (fig. 5).

De cette manière, la flexion du ressort s'opère en même temps que le mouvement latéral des boites. La chaudière s'appuie sur le ressort transversal par l'intermédiaire de petites plaques en caoutchouc ayant 200-80-10, lesquelles sont séparées par une plaque mince de tôle d'acier. La pièce spéciale qui contient ces plaques et qui est fixée à la chaudière à un trou ovale, dans lequel passe le boulon d'articulation transversale; le jeu permis correspond à l'aplatissement des plaques en caoutchouc; cette pièce glisse dans une coulisse qui est ménagée dans la chappe

Fig. 5.

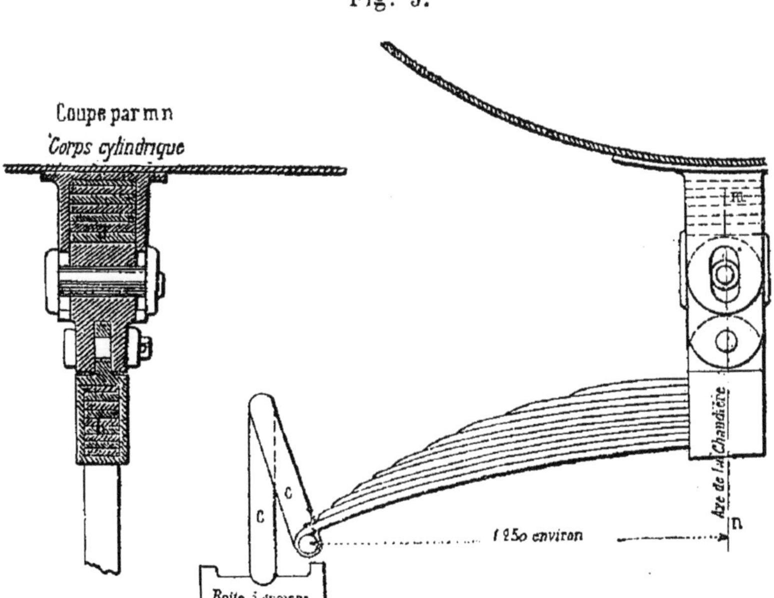

qui lui est inférieure, et avec laquelle elle est assemblée.

Toutes les suspensions de la machine et du tender sont dans le même genre, cela doit être très-coûteux, mais sans doute, on aura été conduit à faire ainsi pour éviter, autant que possible, les chocs que devait produire la grande vitesse pour laquelle ces machines ont été construites.

Pour les autres suspensions, nous allons simplement en donner la disposition générale à l'aide d'un croquis approximatif.

La boite à graisse extérieure de l'essieu d'avant porte un ressort dont voici la disposition (fig. 6).

Fig. 6.

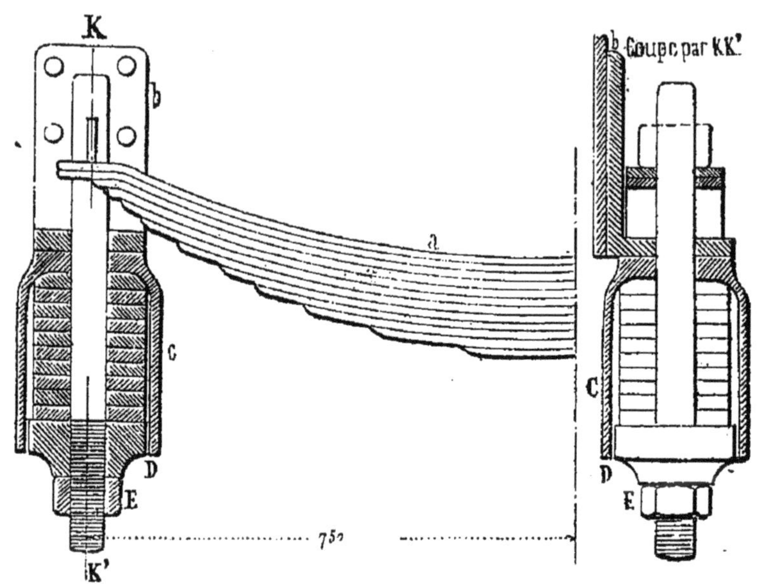

a, ressort de suspension ayant 0,750 de corde en place. 12 feuilles d'acier de 7^{mm} d'épaisseur sur 0,120 de largeur.

b, pièce à équerre fixée au longeron par des rivets fraisés. C'est cette pièce qui transmet la charge.

C, cylindre en bronze contenant 10 rondelles de caoutchouc, séparées par des plaques minces en acier.

D, rondelle en fer recevant la pression des bagues en caoutchouc.

E, écrou de serrage et de réglage des ressorts en acier.

La suspension du milieu est à peu près conforme au croquis ci-après (fig. 7).

a, boite à graisse supportant le ressort.

b, écrous et vis de réglage du ressort.

C, pièce en fer à tétons supportant la bride du ressort.

D, ressort en acier. 10 feuilles de 12mm d'épaisseur, largeur, 0,130, corde en place, 1m,150.

Fig. 7.

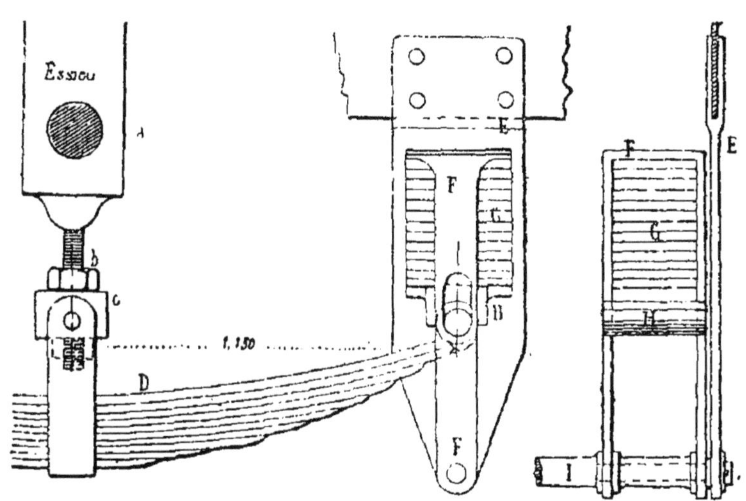

E, support de pression fixé au longeron, reportant l'effort sur le ressort, mais le reportant mal, car on doit remarquer qu'il y a un porte-à-faux sensible entre l'axe de ce support et celui du ressort.

F, étrier en fer contenant les 10 plaques en caoutchouc G, qui ont 200-80-10.

H, sellettes d'appui des plaques en caoutchouc sur l'extrémité du ressort en acier.

I, entretoise en fer maintenant l'écartement des deux systèmes de supports de pression et des étriers de suspension.

Nous pensons que pour de grandes vitesses, les trépidations de la machine pourront être telles, que les supports de pression E auront des efforts transversaux considérables à supporter; ils nous paraissent installés pour être faussés à leur jonction avec le longeron, nous ne serions pas étonnés d'apprendre que ces pièces se rompent en ce point, ou tout au moins, que le système complet lui-même, quoique relié par une entretoise, le jette à droite ou à gauche dans les grands mouvements que ces machines sont appelées à effectuer.

La suspension d'arrière est conforme au croquis ci-dessous (fig. 8).

Fig. 8.

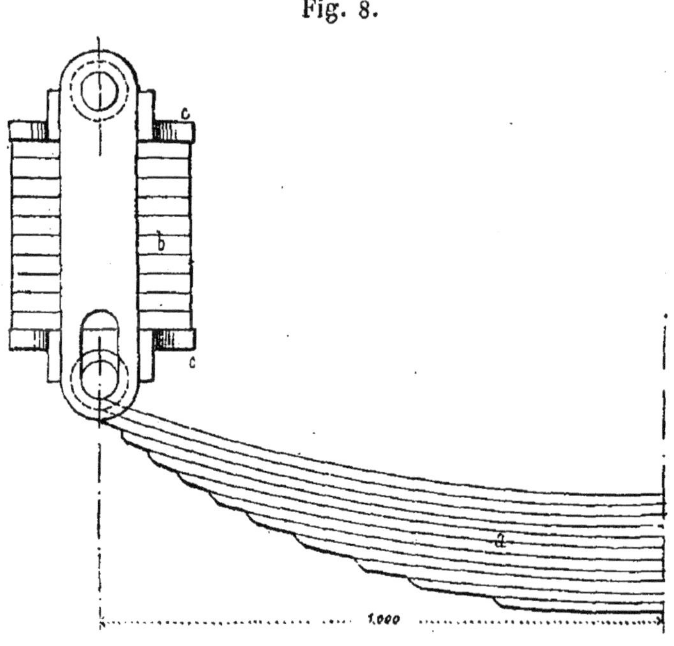

a, ressort de 12 feuilles de 12mm d'épaisseur, largeur 0,125, flèche en place 1m,000.

b, 10 plaques de caoutchouc de 200-80-10, séparées par une feuille d'acier mince.

Même principe qu'à l'avant, c'est le longeron qui reporte son effort sur le ressort de suspension en acier par l'intermédiaire des plaques en caoutchouc.

c, sellettes en fer comprimant les caoutchoucs.

TENDER.

Le tender est à 6 roues munies de freins qui les serrent sans les écarter pour cela (fig. 9).

Fig. 9.

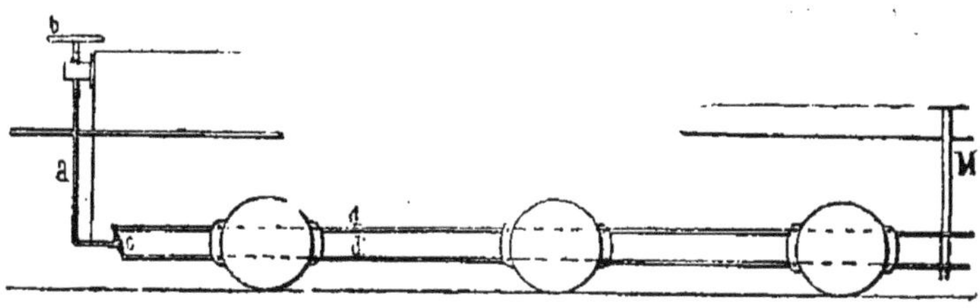

Le frein est composé d'une vis verticale *a*, mise en mouvement par un volant horizontal *b*, l'écrou support de la vis est fixé à l'avant du tender, un arbre horizontal *c* est mis en mouvement par cette vis; il porte un double levier, quand l'un tire l'autre pousse, et comme chacun de ces leviers guide une grande barre *dd'* qui est reliée avec les sabots du même côté, il s'ensuit que le serrage se fait sans écarter les essieux ; un guide vertical M, placé à l'arrière du tender, supporte les deux grandes barres *dd'* des sabots.

Les suspensions de ce tender sont toutes installées au moyen de balanciers de compensation.

On a également installé un trottoir latéral en bois qui longe tout le tender de chaque côté et qui vient aboutir à une espèce de plate-forme d'arrière; pour la sûreté de celui qui est appelé à circuler, on a adopté une rampe élégante maintenue rigide au moyen de supports polis fixés aux parois latérales du tender (fig. 10).

Somme toute, dans la construction de cette machine,

en général, on reconnaît facilement à certaines erreurs, que le Creusot a été forcé de suivre des plans imposés par la Compagnie anglaise, on ne reconnait pas la manière ordinaire de cet important établissement, et on retrouve,

Fig. 10.

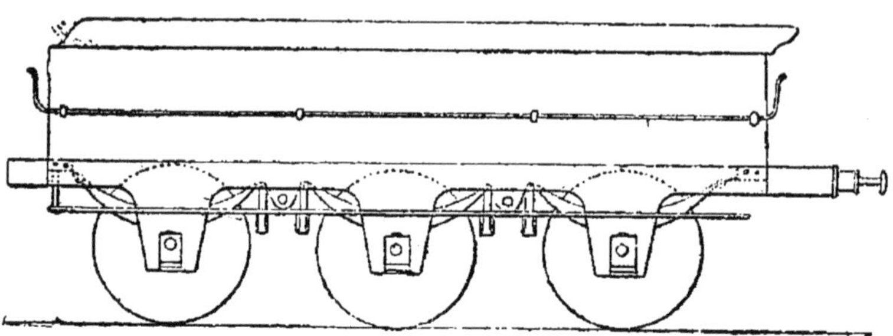

au contraire, la façon de faire de quelques constructeurs anglais, car, disons-le en passant, tous ne construisent pas de la même manière, quelques-uns mêmes sont arrivés à un grand degré de perfection dans certaines parties de leurs études, lesquelles nous paraissent avoir été singulièrement négligées pour la machine du Great-Eastern.

Machine locomotive à marchandises, type du Creusot (machine-tender).

Six roues couplées.

La forme extérieure de la machine est à peu près conforme au croquis (fig. 11) :

a, caisse à l'arrière pour outils et chiffons.

b, — l'avant au-dessus des cylindres pour outils et chiffons.

C, sablier.

d, dôme de vapeur qui contient le régulateur.

F, colonne de soupapes de sûreté.

La chaudière de cette machine ne présente rien de particulier. Les angles ou coins de la boite à feu sont conformes à ce que l'on fait déjà depuis longtemps, pour éviter les vis des coins du cadre (fig. 12).

Fig. 11.

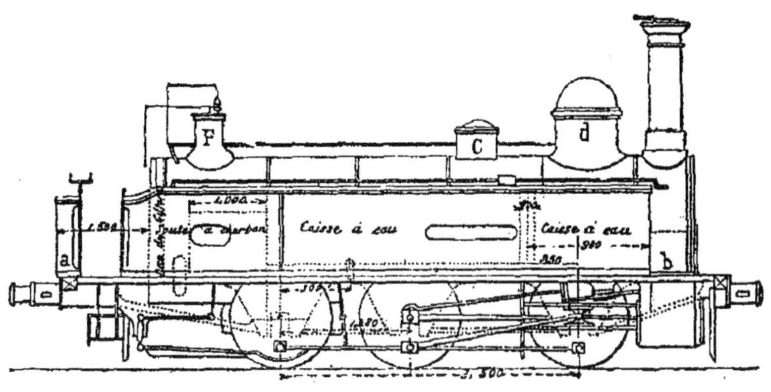

Fig. 12.

Le cadre inférieur est coupé dans des axes pour recevoir des bouchons autoclaves (fig. 13).

Fig. 13.

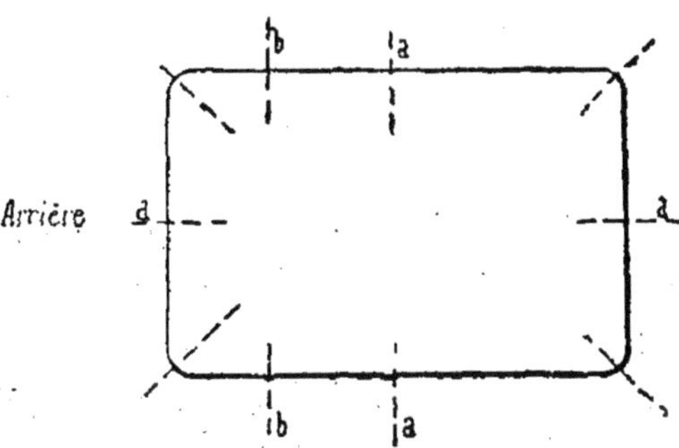

a, *a*, *a*, *a*, bouchons autoclaves.

b, *b*, robinets de vidange.

c, *c*, *c*, *c*, autres autoclaves.

Il y a un robinet *b* de vidange de chaque côté, et un autoclave à chaque angle.

Les autoclaves *a*, *a*, *a*, *a* sont conformes au croquis ci-contre (fig. 14).

Fig. 14.

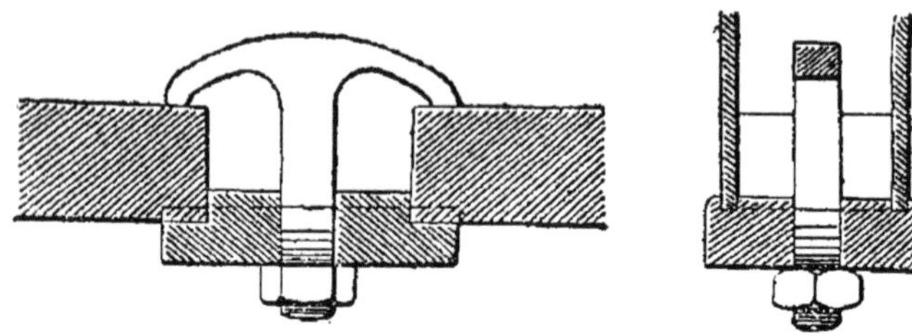

Le dessous du corps cylindrique a un bouchon regard elliptique, des dimensions de $^{200}/_{150}$, il est placé tout près de la boîte à feu.

Le cendrier n'a pas de fond, et la grille est munie d'un jette-feu à contre-poids. La disposition de ce jette-feu est dans le genre du croquis ci-contre (fig. 15) :

Fig. 15.

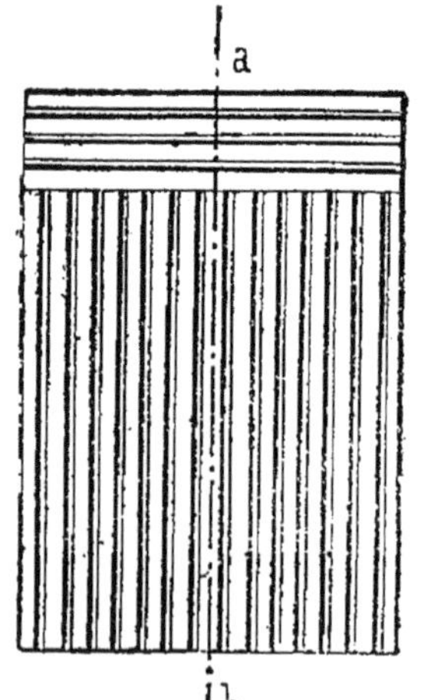

Les barreaux disposés perpendiculairement à l'axe *a*,*b* de la chaudière, forment le jette-feu ; cette partie grillée tombe à peu près verticalement quand il s'agit de jeter le feu ; tout est poussé dehors par le trou qui est vide alors.

Autant que nous avons pu en juger par les dimensions extérieures du dôme de régulateur et par le mouvement du régulateur, il semblerait que le Creusot a résolu le problème de la prise de vapeur horizontale dans le dôme.

Les tuyaux de prise de vapeur et d'échappement sont intérieurs à la chaudière et à la boîte à fumée.

Le dôme de prise de vapeur est sur l'axe de la virole d'avant du corps cylindrique.

Un sablier est placé sur le corps cylindrique à environ $1^m,100$ de l'axe du dôme de régulateur.

Une colonne de soupapes est également placée à l'arrière.

L'alimentation se fait par deux Giffards verticaux, placés à côté du mécanicien contre les rampes, ils refoulent dans le bas du corps cylindrique de la chaudière à environ 1 mètre à l'avant de la plaque tubulaire. Nous aimerions mieux les voir refouler plus près de la plaque de boîte à fumée que de celle de la boîte à feu. Cette condition réussit plus souvent. Nous avons eu des machines qui, avec la disposition si rapprochée de la plaque tubulaire (boîte à feu), donnaient de bien fâcheux résultats; il n'était pas rare de voir fuir une bonne partie des bagues de tubes après quelques voyages de 150 kilomètres; plus tard, nous avons éloigné la boîte à clapets, en la plaçant à 1 mètre environ de la plaque tubulaire (boîte à fumée), les fuites ont été arrêtées immédiatement. Nous alimentions avec des Giffards cependant, il est vrai de dire que ceci se passait dans le nord de l'Europe.

Au lieu de boîtes à clapets de retenue, on a placé deux robinets en bronze.

Nous préférons les boîtes à clapets.

Les caisses à eau sont sur le châssis, elles sont au nombre de quatre, elles partent de l'axe de la roue d'arrière et se prolongent jusqu'à environ 800^{mm} en avant de la roue d'avant.

Elles communiquent par la partie inférieure à l'aide de tuyaux disposés comme ci-contre en plan horizontal (fig. 16).

Les soutes à charbon sont à l'arrière de la machine, entre la rampe et la chaudière ; elles ont environ 1 mètre de

Fig. 16.

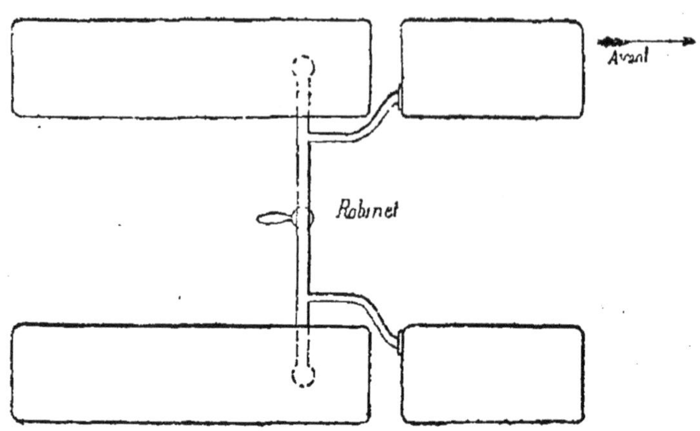

long, elles existent de chaque côté, elles sont complètement indépendantes.

Les supports des caisses à eau nous ont paru peu résistants, ils ne sont pas plus forts que ceux d'un tablier ordinaire, mais on est rassuré en remarquant le mode d'attache des caisses à leur partie supérieure avec le corps cylindrique de la chaudière (fig. 17).

Fig. 17.

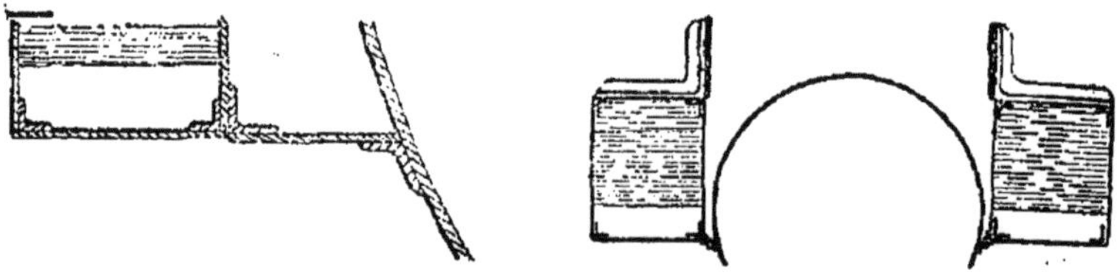

Il n'y a qu'un support de boîte à feu qui a environ 150^{mm} de largeur, il est fixé au longeron à l'aide de cinq petits boulons.

Nous ne comprenons pas une semblable exiguité pour une pièce de cette importance. La partie du patin de ce support qui s'applique sur la boîte à feu, est percée d'outre en outre devant chaque tête d'entretoises du foyer, afin d'avoir une partie plane bien franchement collante.

Par contre, il y a deux supports de corps cylindrique: le premier est placé exactement entre les axes des roues d'arrière et du milieu; le second est à environ 0,950 en arrière de l'axe de la roue d'avant.

Mais vraiment, nous avons lieu d'être étonné de la manière qu'emploie le Creuzot pour la construction de ses supports de corps cylindriques; ceux-ci ne valent guère mieux que ceux de la machine anglaise Great-Eastern, ils sont composés d'une âme en tôle de 10mm environ d'épaisseur, garnie de cornières; la chaudière y appuie par le même système que celui de la machine précédente, le Great-Eastern, c'est-à-dire avec deux petites plaques dressées et rivées au corps cylindrique. Les supports sont fixés d'une manière rigide aux longerons. Nous supposons qu'on a fait porter l'âme en tôle verticale sur le longeron, car nous ne le voyons pas; mais à coup sûr, cela n'est pas assez pour un tel assemblage (fig. 18).

Fig. 18.

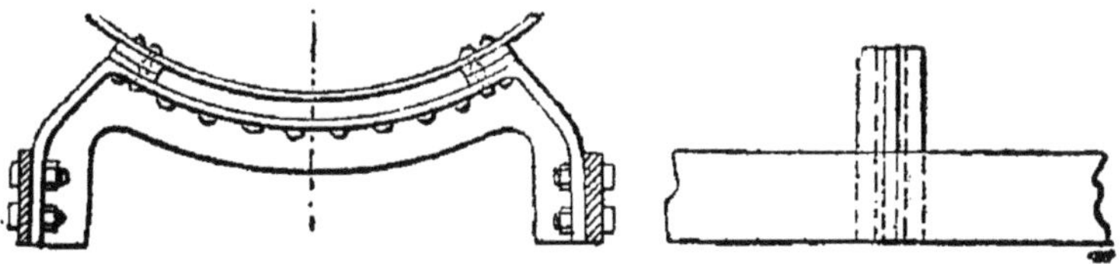

Franchement, nous aurions préféré voir cette condition de cisaillement pour les boulons d'attache complètement détruite par un bon patin horizontal portant sur le longeron.

Il y a un tablier tout le long de la machine, mais les caisses à eau ayant pris toute la place, il ne reste que

60^{mm} de saillie pour ce tablier, qui a bien plutôt l'air d'une bordure; il nous paraît matériellement impossible de circuler sans danger sur cette bande.

Les cornières du dessous du tablier ont 60^{mm} de côté sur 100^{mm} de hauteur.

Le châssis est en fer laminé, découpé à la machine dans toutes ses parties, — les entretoises de plaques de garde sont du même morceau que le longeron. — La construction en est simple. (Voir la figure d'ensemble.)

Il y a un chasse-pierres à l'avant et un à l'arrière.

Les tampons d'avant sont munis de ressorts à pincettes, placés dans l'intérieur du boisseau (fig. 19).

Fig. 19.

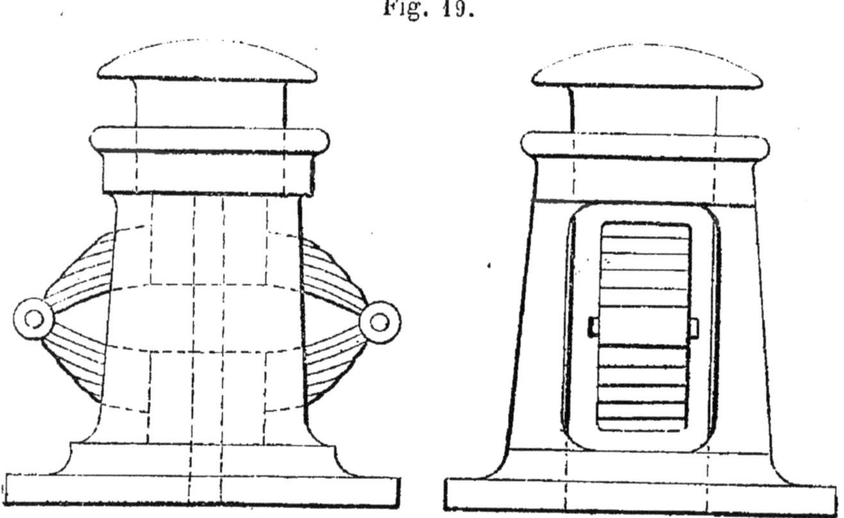

La traction s'opère sur des ressorts analogues aux ressorts de traction ordinaires, ils sont appliqués sur la partie intérieure des traverses.

Les roues n'ont rien de particulier, elles sont en fer forgé.

Les boîtes à graisse sont de construction ordinaire en fer avec coins de rattrapage de jeu.

Les bielles n'ont rien qui les distingue de la forme généralement employée.

La distribution est extérieure, car les boites à vapeur sont extérieures également.

La coulisse se relève par le milieu à l'aide de pièces qui y sont rapportées ; elle est courte, et est attaquée par les barres sur le côté, qui porte des oreilles *ad hoc* (fig. 20).

Fig. 20.

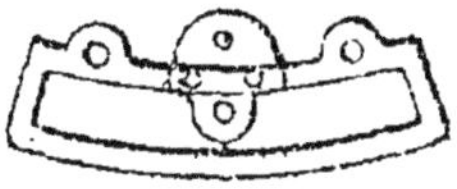

Quoique courte, la coulisse a obligé à un évidement dans une caisse à eau pour en faciliter le passage dans le mouvement du relevage, cet évidement est dissimulé de la manière suivante (fig. 21) :

Fig. 21.

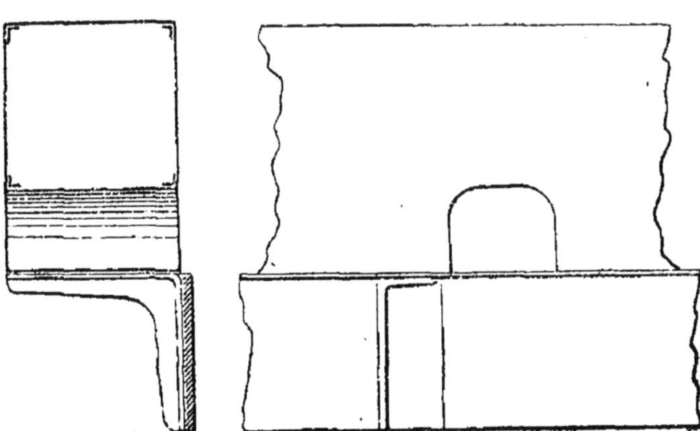

Nous trouvons les organes de cette distribution un peu maigres.

Les tiges de suspension sont difficiles à démonter, si une d'elles venait à casser, nous pensons qu'on aurait beaucoup de mal pour la remplacer. Le corps cylindrique gênerait cette manœuvre (fig. 22).

La suspension d'arrière se présente transversalement, à peu près conformément à la figure 23.

Le porte-à-faux du ressort, par rapport à l'axe de la boîte à graisse, est d'au moins $0^m,150$.

Fig. 22.

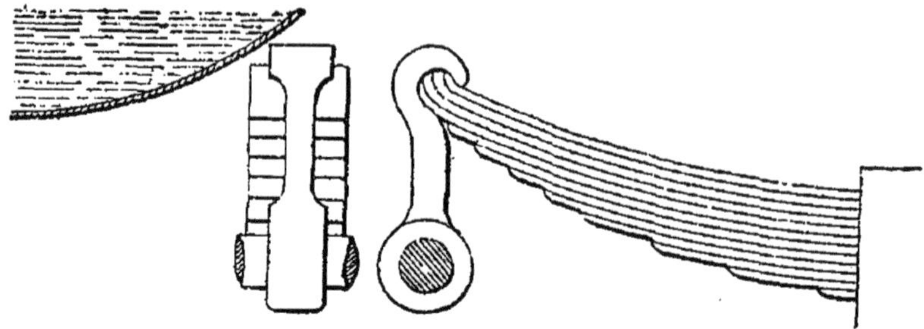

C'est la boîte à feu qui a obligé à l'emploi de cette pièce de fer A. Sans nous prononcer au sujet de cette disposi-

Fig. 23.

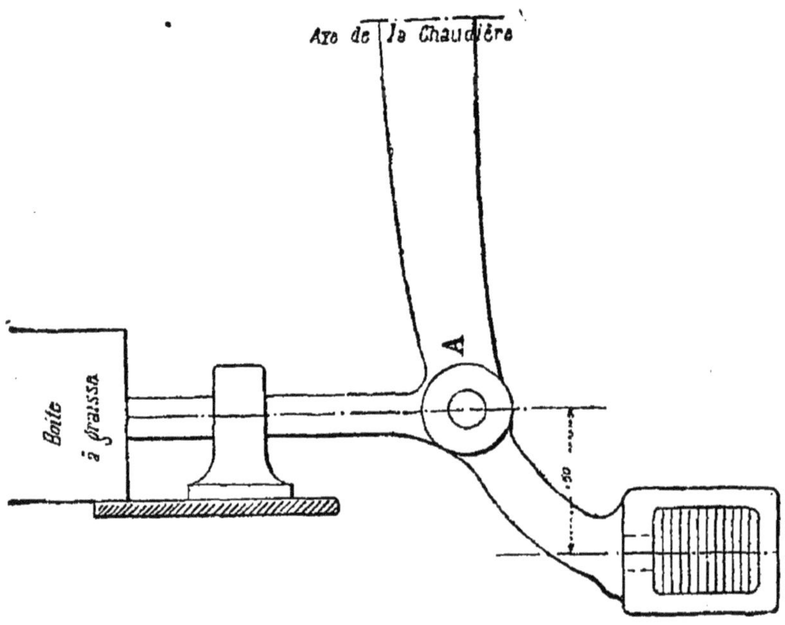

tion, nous trouvons qu'il est souvent regrettable d'en arriver à des formes aussi tortillées.

Des entretoises transversales en fer rectangulaires sont

placées entre les plaques de garde à leur partie inférieure et maintiennent tout le système dans un état de solidité parfait.

L'attache des cylindres est fort solidement exécutée, elle a lieu sur les longerons qui, en cet endroit, ont toute la largeur de la patte du cylindre, il n'y a qu'un trou ménagé pour laisser passer le tuyau d'échappement.

Un bâti solide, formé de deux entretoises en tôle et cornières, sert à la fois à entretoiser les cylindres, et à supporter la chaudière en ce point (fig. 24).

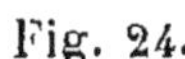

Fig. 24.

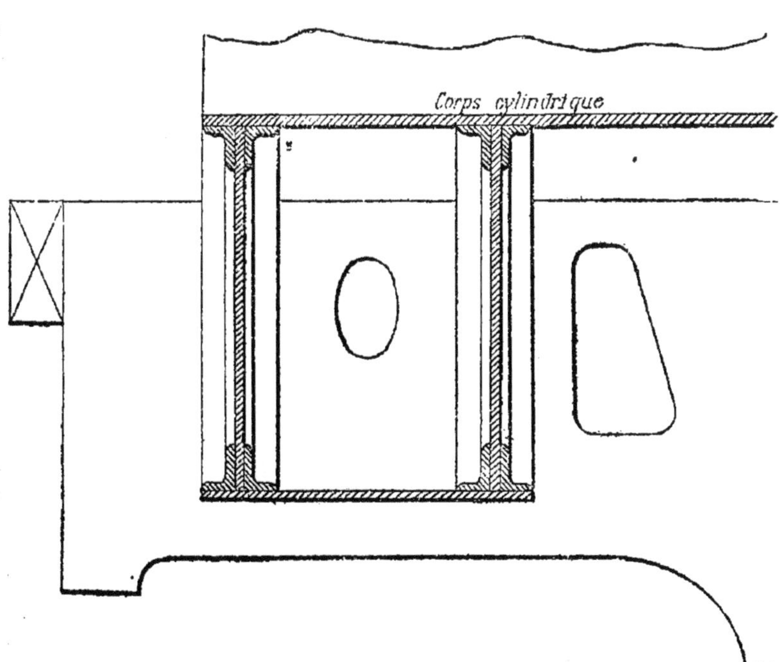

Pour nous résumer sur cette machine, nous dirons que là, au moins, on retrouve les formes élégantes et bien comprises du Creusot. L'exécution en est parfaite, il n'est pas un de nous qui n'ait admiré le fini d'exécution des pièces exposées par cet établissement, on serait tenté de penser que dans ces ateliers, on a une installation toute spéciale d'outils-machines ébauchant et finissant bien mieux que partout ailleurs.

L'établissement du Creusot n'a, du reste, pas marchandé avec les pièces travaillées, presque toutes sont d'un poli achevé dans toutes leurs parties, sans exception, les entretoises de longerons, même les porte-sabots de freins.

On a ménagé à côté de la boite à fumée, au-dessus de chaque cylindre, une petite caisse en tôle, fort bien placée en cet endroit, destinée, sans doute, à contenir l'huile et la graisse. Un frein qui attaque les deux côtés des roues d'arrière est installé sur la machine à peu près comme l'indique le croquis ci-dessous (fig. 25).

Fig. 25.

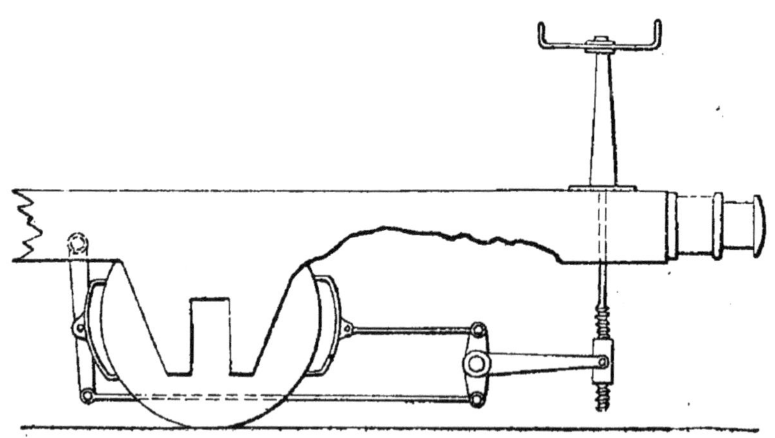

Petite Machine locomotive à quatre roues couplées, construite par le Creusot pour les Mines de Blanzy.

Cette machine présente absolument le même aspect que la précédente, seulement elle est à quatre roues couplées. — Les cylindres sont installés de la même manière qu'à la machine à six roues à marchandises, ainsi que le mouvement de distribution et les bielles. — Ces organes nous paraissent un peu faibles pour le service que ces machines sont appelées à faire, ils devront vite se détraquer dans les grands mouvements de patinage que la machine ne manquera pas d'avoir souvent, et cela pour plusieurs raisons. L'une d'elles suffirait peut-être, c'est que dans les exploitations de mines, on n'a pas toujours des mécaniciens choisis; ajoutons que les rails sont plus souvent gras et glissants que secs et adhérents, et n'oublions pas qu'on essaie toujours de faire remorquer aux machines, et cela dans tous les services, plutôt plus de wagons que moins. Donc, encore une fois, les organes de la distribution et les bielles nous paraissent trop faibles.

La configuration extérieure de la machine est à peu près celle qui suit (fig. 26).

Fig. 26.

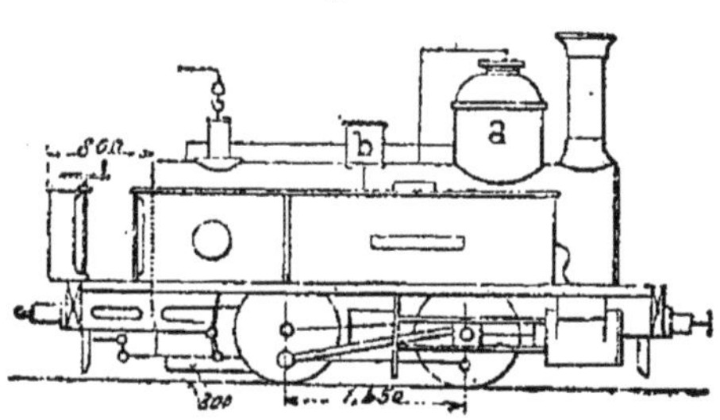

a, dôme de prise de vapeur.
b, sablier.

Locomotive à voyageurs pour la ligne Badoise, construite à Graffenstaden.

Cette machine est à quatre roues couplées, sa disposition générale est à peu près conforme au croquis ci-contre (fig. 27).

Dans cette machine, le châssis est extérieur aux roues, les longerons sont simples et formés par un fer en I dont on voit la section fig. 28 :

Les cylindres sont extérieurs ; on a, par conséquent, rapporté des manivelles sur les essieux ; seulement comme l'écartement des cylindres est une cote de laquelle on n'a

Fig. 27.

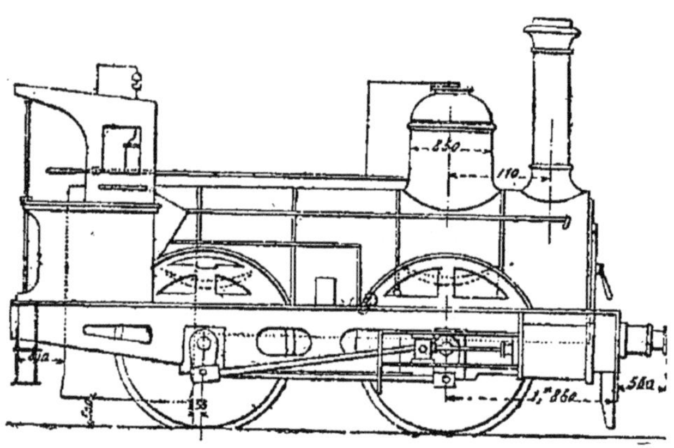

pas pu sortir en l'augmentant, on a été obligé de faire ces manivelles très-étroites : elles ont 60 millim. d'épaisseur, on les a, par cette raison, augmentées en largeur (fig. 29).

Fig. 28.

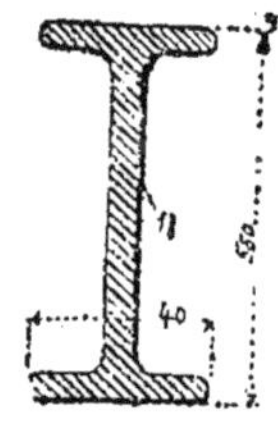

Pour avoir un calage suffisant, voici la véritable forme donnée à cette manivelle (fig. 30).

Ce mode d'emmanchage est dû à M. Meyer, ingénieur.

D'ailleurs, ces manivelles sont en acier.

Les plaques de garde et guides de boîtes à graisse se présentent sous la forme indiquée fig. 31.

Tous les trous de rivets sont fraisés, on ne voit rien à l'extérieur ni à l'intérieur.

La largeur des boîtes à graisse est d'environ 0,130, celle des coussinets est de 0,138, le graissage se fait par l'extérieur, il est très-facile pendant le stationnement.

Le mouvement des bielles est à l'extérieur, puisque les cylindres y sont également, elles sont en acier.

Les coussinets de bielles sont en fer et garnis de métal anti-friction.

La boîte à vapeur est placée sur l'avant du cylindre,

elle est dans la boite à fumée et s'applique sur la paroi transversale de cette boite. C'est ce qui a été cause de l'avancement de la boite à vapeur vers l'avant (fig. 32).

Fig. 29.

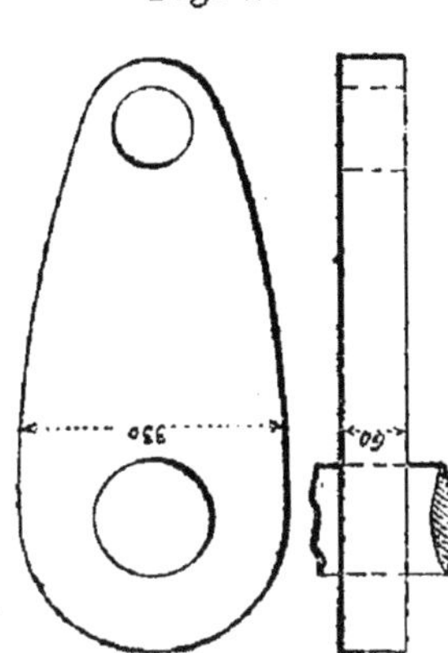

La distribution n'offre rien de particulier, l'axe de l'arbre de relevage est à environ 900 millim. en arrière de l'essieu d'avant. Les barres d'excentriques sont très-longues, le changement de marche est fait par un secteur à crans ordinaire. Les guides de tiges de tiroirs sont carrés, ils sont supportés par des supports en tôle fixés à la chaudière et réunis par une tôle qui forme entretoise et qui, en passant en-dessous de la chaudière au milieu, s'y attache à l'aide d'une équerre en fer (fig. 33).

Fig. 30.

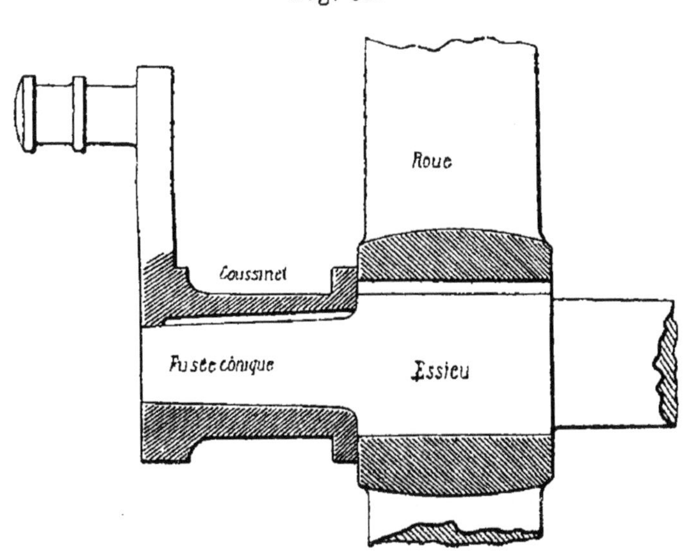

Le guide est en fonte, il porte un coussinet en bronze, il a 0,150 de largeur.

Les barres d'excentriques qui ont près de 2 mètres de

Fig. 31.

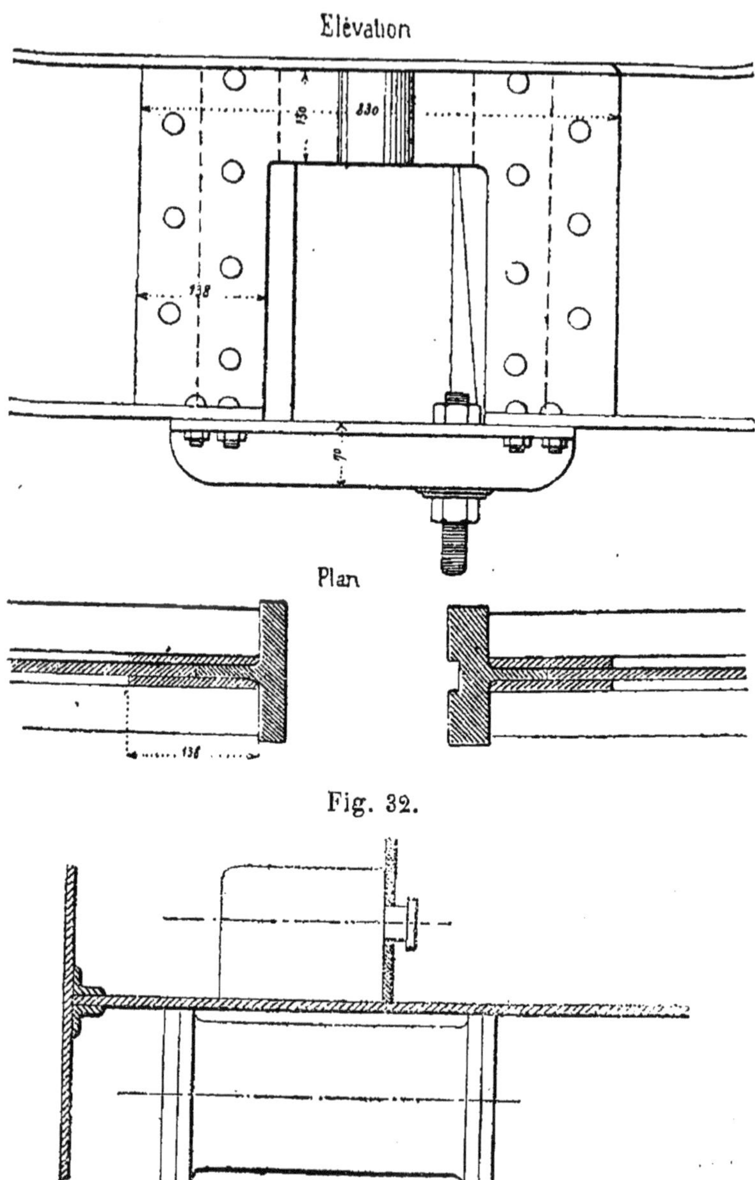

Fig. 32.

longueur auraient pu être diminuées un peu pour permettre l'allongement du guide.

Les supports d'arbre de relevage sont en fer et fixés à la semelle inférieure du fer double T qui forme le longeron.

Les supports intermédiaires de corps cylindrique sont

Fig. 33.

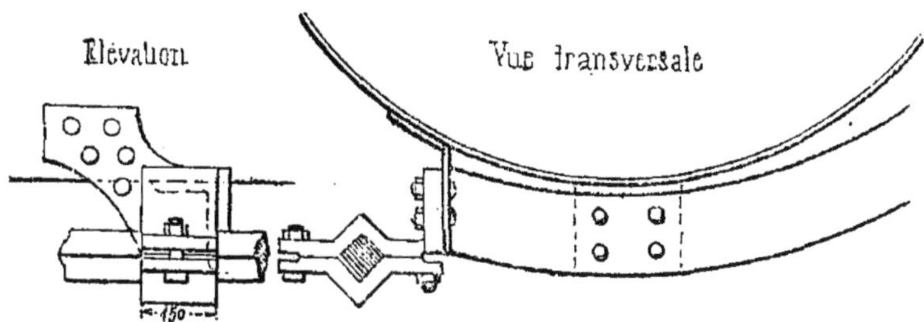

en tôle et cornières, fixés solidement au châssis et recevant simplement le corps cylindrique qui glisse dessus.

La largeur de chaque support est de 180 millim. On a dû rapporter une plaque de tôle sur le dessous du corps cylindrique afin de pouvoir la faire porter exactement

Fig. 34.

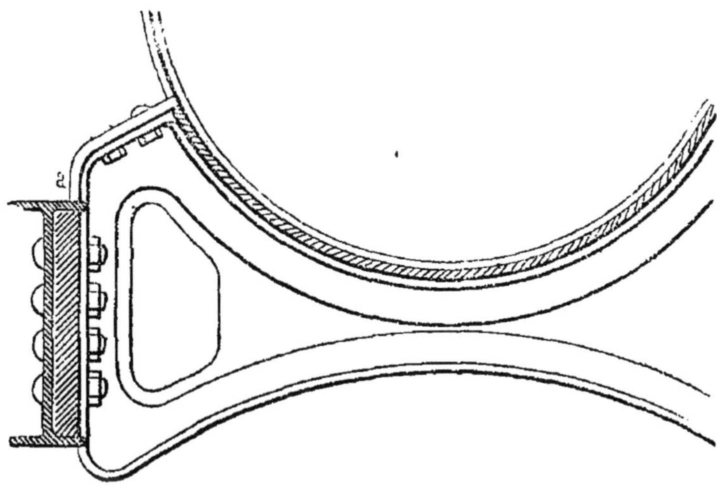

sur le support pour avoir un bon glissement. On a profité de la saillie qu'elle fait sur le corps cylindrique pour faire que la chaudière ne puisse pas prendre de mouvement vertical sur ses supports (fig. 34).

On voit que le support est formé par une tôle verticale armée de cornières. Une entaille est faite dans les parties inférieures et supérieures du fer double T. Ces entailles ont une profondeur égale à l'épaisseur de la cornière latérale du support. On a mis un remplissage en fer, huit boulons à dilatation fixent chaque côté du support sur le longeron.

On voit que ces boulons travaillent par cisaillement, il n'y a pas de patin de repos du support sur le longeron, car la plaque *a* ne saurait en tenir lieu, elle n'a d'autre raison d'être que celle d'empêcher le mouvement vertical de la chaudière sur le support; en effet, on doit remarquer que l'enlevage de la chaine ne peut être fait qu'à la condition d'avoir enlevé d'abord la plaque *a*.

Ce support est à peu près au 1/3 de la distance qui sépare les deux roues et vers l'avant.

Fig. 35.

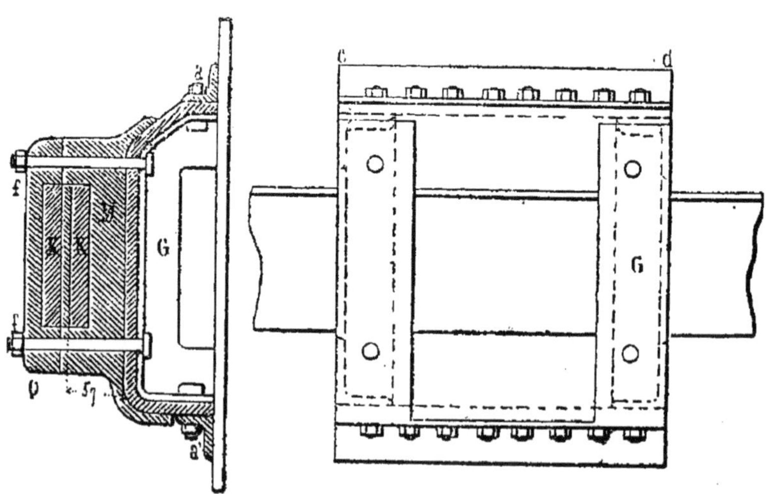

Les supports de boîte à feu sont de formes ordinaires, il y a cependant un cas particulier qui en fait distinguer l'attache, ils sont à peu près conformes au croquis (fig. 35).

Deux cornières *a a'* sont rivées à la paroi verticale de la boîte à feu, elles s'appuient : celle *a* par pression, celle *a'* par suspension sur une tôle coudée qui a toute la largeur *c d* embrassée par les cornières et y sont fixées par des boulons.

Le longeron qui n'a plus en ce point que 280 millim. de largeur et une nervure supérieure seulement, est distant de ce support en tôle pliée d'environ $0^m,057$.

Deux remplissages *k k* s'appliquent de chaque côté du longeron et ont une épaisseur telle qu'ils viennent former un rectangle parfait sur le longeron, on a pratiqué des entailles à la nervure en ces points ; ce rectangle parfait est entouré : 1° par un support à pattes M ; 2° par une bride de pression ou serrage Q.

Il y a sur chaque bout de la tôle coudée, une cornière G. Cette cornière, la tôle coudée, le support M et la bride Q sont réunis par les boulons *f*.

Fig. 36.

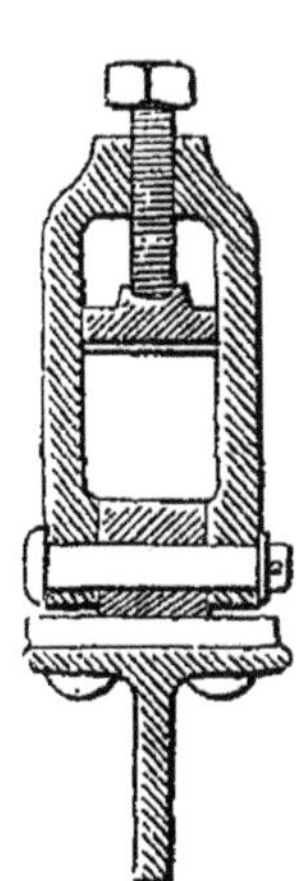

Chaque cornière G est rivée à la tôle coudée à l'aide de rivets fraisés à l'extérieur.

La largeur *c d* est d'environ 0,350. Celle des brides Q, 80 millim.

Les plaques de remplissage K ont 110 millim. de largeur.

Les ressorts sont ordinaires, ils ont environ 1 mètre de corde en place.

Les tiges de suspension s'accrochent au longeron comme l'indique le croquis (fig. 36).

Une guérite en tôle abrite le mécanicien, elle dépasse l'avant de boîte à feu d'environ 300 millim.

Il n'y a pour ainsi dire pas de tablier à cette machine, un rebord de 0,160 s'échappe en dehors de la guérite,

Fig. 37.

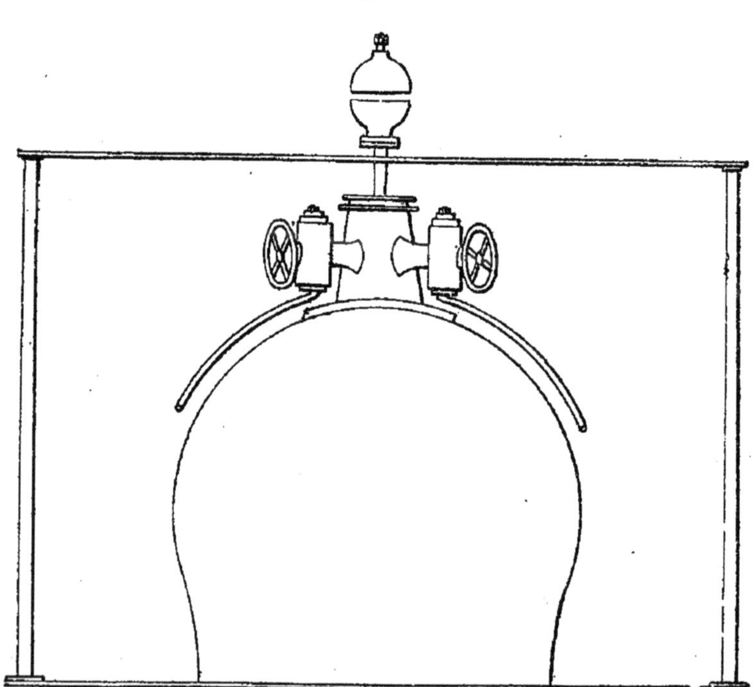

on peut donc tourner autour au moyen d'une rampe ; de là, pour aller à l'avant on ne trouve que les garde-roues et les longerons. L'alimentation se fait par deux Giffards placés à la boîte à feu.

Le régulateur et les soupapes de sûreté sont dans un grand dôme qui s'élève sur la chaudière.

Il y a une colonne à l'arrière qui sert de prise de vapeur aux Giffards et au sifflet qu'on a placés au-dessus de la guérite (fig. 37).

La prise de vapeur pour les cylindres est faite à l'intérieur de la chaudière par un tuyau horizontal.

La chaudière ne présente rien de nouveau, la partie inférieure est ordinaire, c'est-à-dire avec un cadre qui a des vis aux angles.

Les longerons extérieurs permettent d'emmancher le foyer par dessous, ils permettent aussi le surbaissement de la chaudière et, par conséquent, du centre de gravité. Les tiges des balances sont fixées à un support double en bronze fixé à la chaudière et qui laisse passer par son travers la tringle de régulateur (fig. 38).

Fig. 38.

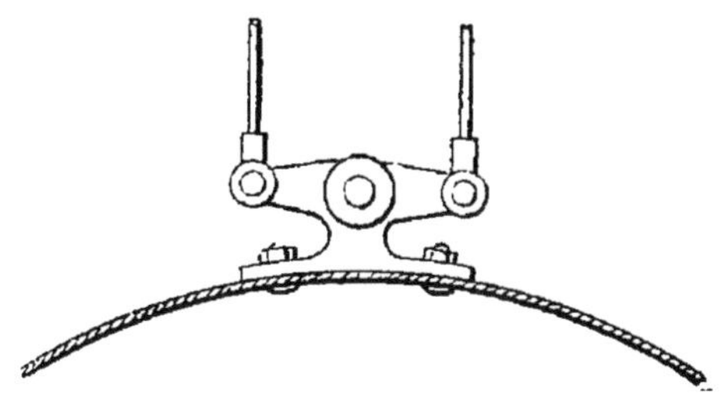

Le cendrier a une porte devant, une derrière et deux dessous, il y a, par conséquent, trois mouvements à la portée du mécanicien.

Le tender est ordinaire, il a deux paires de roues avec un frein qui prend chaque roue des deux côtés.

Locomotive à marchandises pour le chemin de fer de l'Est, construite à Graffenstaden.

Cette machine est à six roues couplées. Le tender qui y

est attelé de la manière ordinaire, c'est-à-dire avec une barre d'attelage, est également à six roues couplées ; il

Fig. 39.

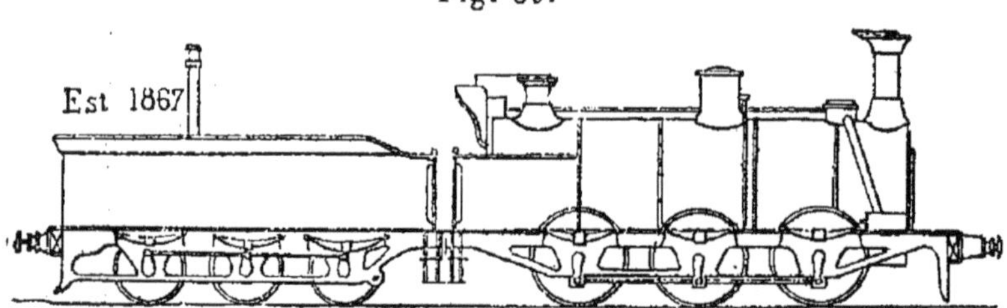

porte deux cylindres dont les dimensions sont en rapport avec l'adhérence de ce véhicule.

Tout ce système est fait pour gravir de fortes rampes.

Ici nous reviendrons sur quelques dimensions principales qui n'ont pas été données au tableau.

Ainsi nous ajouterons :

MACHINE :

Foyer.	Hauteur du ciel de foyer au-dessus du cadre { avant	1,850
	— — arrière	1,300
	Largeur maxima	1,270
	— minima	1,060
	Épaisseur des parois	0,014
Chaudière.	Boîte à feu extérieure { Longueur	2,450
	— Largeur	1,260
	Diamètre moyen du corps cylindrique, petite virole (extérieur)	1,500
	Longueur totale de la chaudière	6,383
	Hauteur du dessus du rail à l'axe de la chaudière	2,085
	Épaisseur des tôles (acier) du corps cylindrique	0,011
	Épaisseur des tôles (acier) enveloppe du foyer	0,012
	Diamètre des soupapes	0,130
	Diamètre extérieur de la cheminée	0,440
	Hauteur au-dessus de la cloison de la cheminée	1,665
	Hauteur de la cheminée au-dessus du rail	4,150

Châssis.	Ecartement intérieur des longerons	1,724
	Section des longerons	0,395 / 0,026
	Longueur de la machine à l'extrémité des tampons	8,077
Roues.	Diamètre au contact	1,300
	— de la jante tournée	1,190
	Ecartement des essieux : avant-milieu	1,800
	Ecartement des essieux : milieu-arrière	1,750
	Ecartement des essieux : extrêmes	3,550
	Ecartement entre les bandages	1,356

TENDER (à six roues couplées).

Capacité de caisse à eau	7840 litres.
Combustible	5000 —
Longueur extérieure des tampons (extrémités)	6m,595
Hauteur du rail au-dessus du longeron	1 ,270
Écartement à l'extérieur des longerons	1 ,768
Longueur totale du châssis	5 ,900
Section minima des longerons	0 ,280 / 0 ,022
Diamètre des roues au contact	1 ,210
— de la jante tournée	1 ,100
Ecartement entre les bandages	1, 356
Ecartement des essieux : avant-milieu	1 ,600
Ecartement des essieux : milieu-arrière	1 ,550
Ecartement des essieux : extrêmes	3 ,150
Diamètre des cylindres	0 ,380
Course du piston	0 ,420
Ecartement des cylindres, d'axe en axe	0 ,750
Longueur des bielles motrices	1 ,140
Diamètre intérieur du tuyau flexible de prise de vapeur	0 ,080

POIDS

		en charge.	vide.
Machine	avant	12,040	
	moteur	12,050	
	arrière	11,030	
		35,120	30,510

Tender.	Vide	17.280	
	Eau	7,840	
	houille	3,030	
		28,170	17,280

Adhérence totale = 63,290 kilog.

CHASSIS DE LA MACHINE. — Le châssis est extérieur aux roues, et les guides de boîtes à graisse extérieurs aux longerons.

Les ressorts de suspension sont ordinaires, les tiges ou mains de suspension sont à crochet avec rappel par dessous. Si une de ces tiges venait à casser, pour la remplacer, il faudrait soulever le tablier ou dériver les supports de ces tiges.

Les boîtes à graisse sont en fer, avec guides en fonte. Rien de particulier pour ces différentes pièces. Le graissage est extérieur, il est très-facile de le faire même en marche.

Les manivelles sont calées à l'extérieur, elles sont en acier, d'un seul morceau avec les boutons de manivelles.

Nous préférons voir les boutons emmanchés dans les manivelles, on n'est pas obligé de changer le tout, quand un bouton vient à casser.

Les mouvements sont en acier avec coussinets en fer, garnis de métal doux.

Le tablier fait le tour de la machine, il est parfaitement abordable.

La traverse d'avant est en bois, elle est de construction ordinaire ; celle d'arrière est en fer avec faux tampons.

Attelage d'arrière avec tender.

L'alimentation se fait par un Giffard horizontal posé dans l'axe horizontal côté gauche de la boîte à feu.

La rotule de droite est fermée, mettra-t-on une pompe ou un second Giffard ?

Les cylindres sont extérieurs, ils sont reliés entre eux

par les joints de boîtes à vapeur, ils sont nécessairement inclinés puisque l'essieu moteur est au milieu.

Leur attache au longeron est d'une efficacité parfaite, 26 boulons de chaque côté réunissent la patte du cylindre au longeron. On a, de plus, ménagé un trou carré dans le longeron, à l'endroit de l'attache, et dans ce trou pénètre un bossage qui appartient au cylindre et qui a toute la saillie nécessaire pour affleurer le longeron (fig. 40).

Fig. 40.

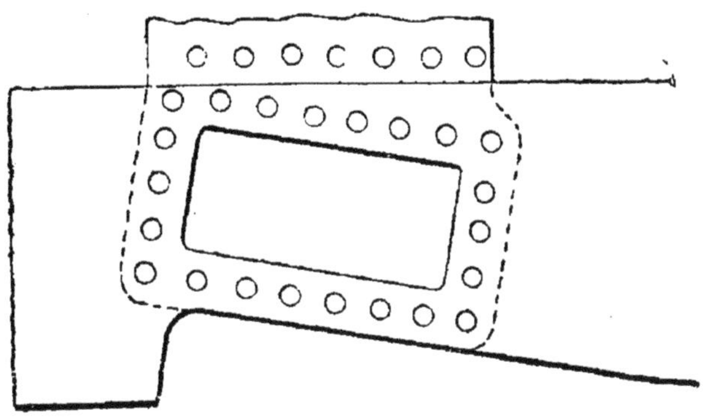

Les coulisses de changement de marche sont à double plaque, elles sont mobiles et les coulisseaux sont fixes; c'est la base du tiroir qui est suspendue à la chaudière (fig. 41).

Fig. 41.

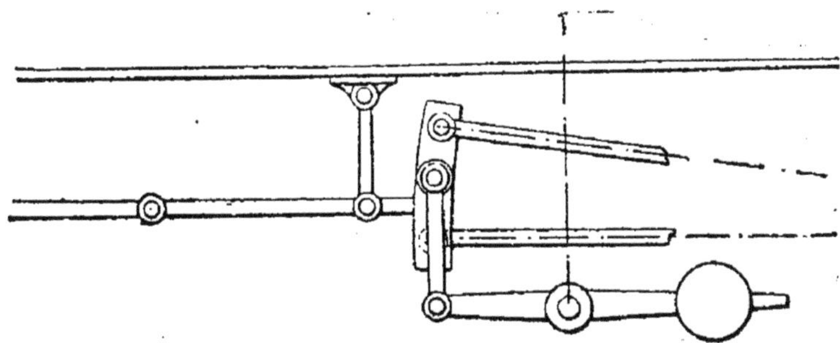

L'arbre de relevage est dans le bas, il est supporté par une pièce attachée à l'entretoise de plaque de garde ; il n'y a pas de chapeau, le support est simplement percé d'un trou (fig. 42).

Fig. 42.

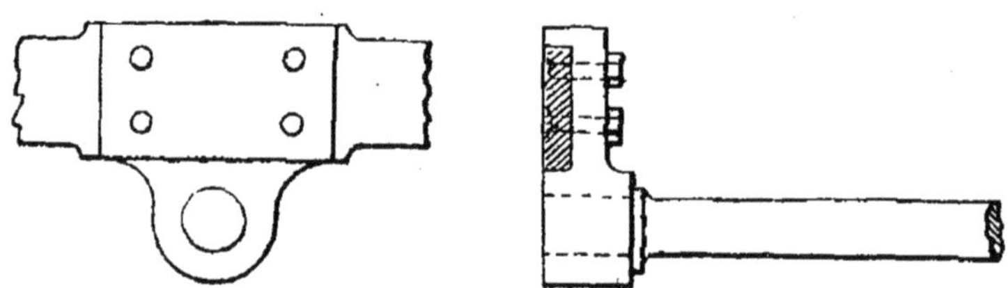

Les supports de chaudière pour le corps cylindrique et pour la boîte à feu sont tout à fait du même genre que ceux de la machine Badoise que nous avons décrite précédemment.

La lunette du mécanicien est à peu près comme l'indique le croquis (fig. 43).

Fig. 43.

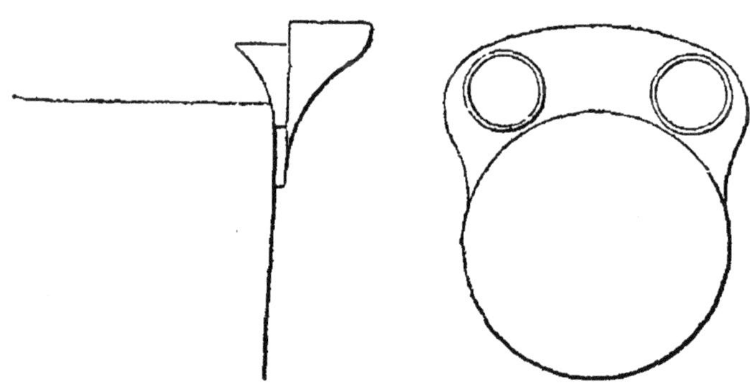

Le changement de marche est fait avec l'appareil à vis mis à l'ordre du jour en ce moment, surtout pour les machines qui emploient l'appareil Lechatellier dont nous parlerons en son temps.

La disposition de ce support à vis est à peu près conforme au croquis ci-après (fig. 44).

Ce support se compose de deux flasques ou bâtis portant des pattes à leur partie inférieure pour attaches.

Les parties A, A′ sont des pièces fixées entre ces flasques qui recoivent la vis à trois filets B.

Fig. 44.

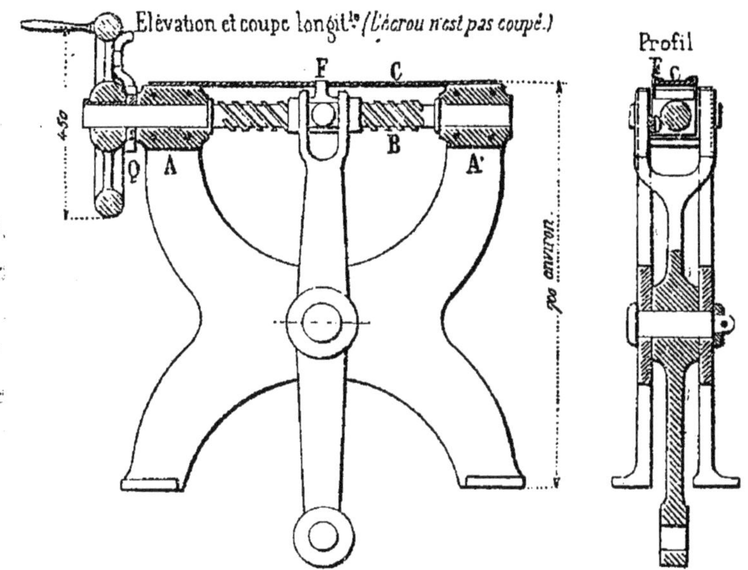

Plan du limbe et de l'écrou.

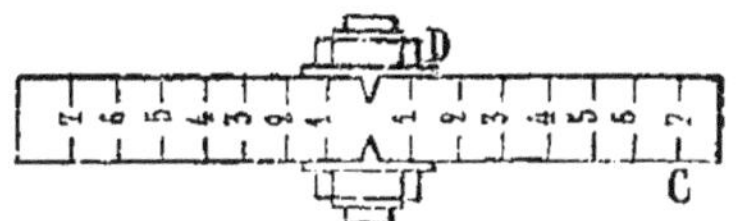

Un limbe C en laiton porte des divisions indicatrices des différents crans qui existeraient si l'appareil était à secteur et à levier ; l'écrou D porte deux petits curseurs pointus F.

Le mouvement est donné par un volant à poignée, il y a un verrou sur l'un des bras du volant, lequel verrou s'enclanche à volonté dans les crans placés sur un petit disque Q ; ils ont environ 15^{mm} d'épaisseur.

Le diamètre du volant est 0^{m},450 ; il a quatre bras.

La hauteur du support est d'environ 0,700, mais elle peut varier suivant les conditions locales de la machine.

La boîte à feu est fortement inclinée sur l'avant, l'axe de

la roue d'arrière est à environ $1^m,100$ de l'avant de la boîte à feu.

Les angles du cadre sont faits de façon à éviter les vis des angles (fig. 45).

Depuis longtemps déjà, cette disposition a été faite, l'initiative en revient, nous le pensons, à la maison Cail.

Fig. 45.

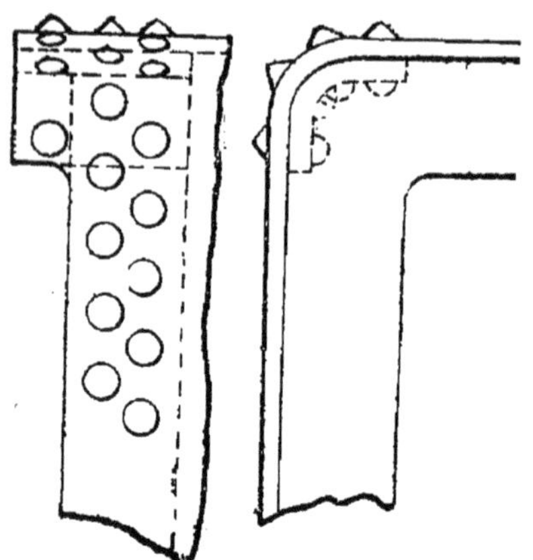

Le lavage se fait à l'avant, seulement par un robinet de vidange et deux bouchons autoclaves.

Le cendrier a une sorte de manche qui recouvre l'essieu d'arrière, il est ouvert par le bas.

L'un des deux robinets ordinairement réchauffeurs, porte une poignée qui communique par une tringle à un autre robinet plus petit. Ce dernier laisse un passage à l'eau, le premier à la vapeur. Deux jets sont ainsi lancés par deux petits tuyaux différents. Arrivés au milieu de la longueur du corps cylindrique, ces tuyaux se rejoignent et n'en forment plus qu'un, le mélange de l'eau et de la vapeur ayant lieu, ce mélange se rend dans la boîte à vapeur, et l'on a ainsi l'appareil Lechatellier sous une forme différente.

Le ciel du foyer est fortement incliné vers l'arrière, un bouilleur intérieur en cuivre partant du ciel du foyer, va jusqu'à environ 0,500 au-dessus de la grille. Ce bouilleur doit être percé dans le haut de sa jonction avec le ciel du foyer, il a 0,100 de largeur intérieure, et vient jusqu'à environ 0,600 de la plaque tubulaire.

Il y a, par conséquent, deux portes de foyer (fig. 46).

Ce bouilleur ne gêne nullement la manutention des tubes.

L'application de ce bouilleur ne nous paraît pas heureuse, la production de vapeur peut se faire, mais c'est le

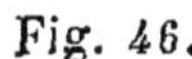
Fig. 46.

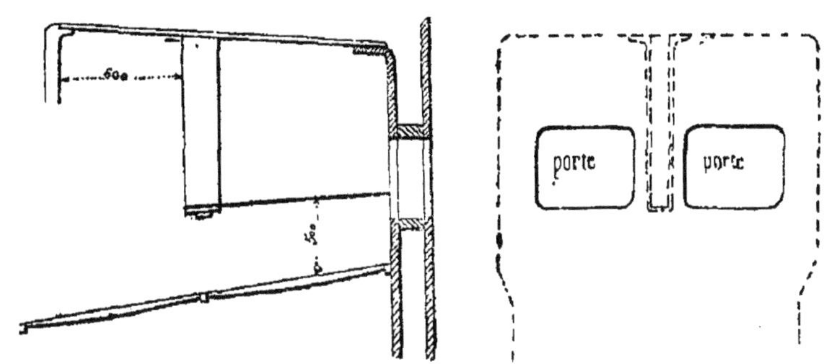

dégagement qui ne se fait évidemment pas facilement; on comprend, en effet, que dans une si petite capacité, la vapeur se formant très-vite, et ne trouvant pas de dégagement facile, il se forme des espèces de boursoufflures de vapeur, l'eau bouillonne, il y a combat à outrance dans ce bouilleur, entre les molécules de vapeur et les molécules d'eau, un ébranlement doit en résulter, et il doit être, toute somme, assez difficile de faire le joint bien étanche. Il y a un sablier sur la chaudière qui distribue le sable par un mouvement de vis d'Archimède.

Les fermes du ciel du foyer sont transversales, elles appuient par leurs extrémités sur des repos fixés à la chaudière, elles ont aussi deux bielles qui les soulagent et qui s'attachent à la chaudière (fig. 47).

Cette mesure de suspendre en deux de leurs points les fermes et de les appuyer à leurs extrémités, est excellente, nous l'avons nous-même expérimentée sur des locomotives dans le nord de l'Europe, et nous nous en sommes bien trouvé pour 40 machines exécutées sur ce type d'armature. L'attelage de la machine au tender se fait au moyen d'un tendeur et de deux brides ordinaires, celle qui est du côté du tender est prise par la cheville d'attelage qui

Fig. 47.

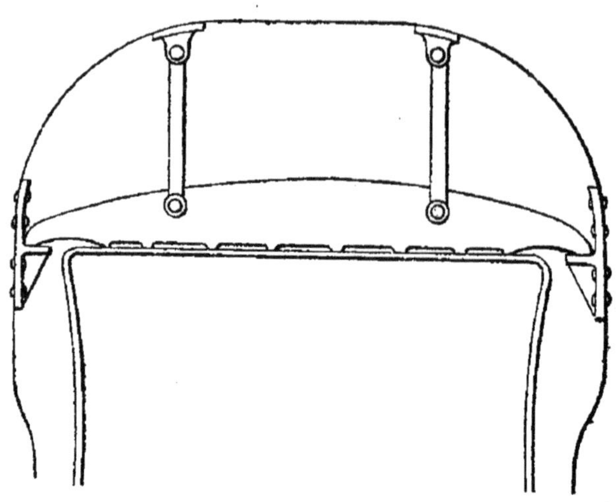

traverse en même temps les deux oreilles d'une chape de ressort. Ce ressort appuie par ses deux extrémités sur les boîtes à tampons qui sont fixées au tablier du tender.

Ces boîtes sont faites pour pouvoir recevoir les chaînes de sûreté (fig. 48).

Le tender est à trois paires de roues couplées extérieurement dans le genre de la machine ; les pièces de mouvement et de distribution sont proportionnelles à celles de la machine.

Le châssis ne diffère en rien d'un autre châssis de tender, les boîtes à graisse seules sont du genre de celles de la machine, chacune d'elles est garnie d'un coin de rattrapage de jeu.

La roue du milieu est motrice. Les cylindres sont à l'avant de la roue d'avant, ils sont légèrement inclinés, le tout est agencé comme une petite machine de gare.

Le frein placé sur le tender a des sabots qui embrassent l'arrière des deux paires de roues extrêmes.

Le changement de marche, sur le tender est placé derrière le mécanicien contre la caisse à eau, c'est un levier et un secteur de petite dimension (fig. 49).

Fig. 48.

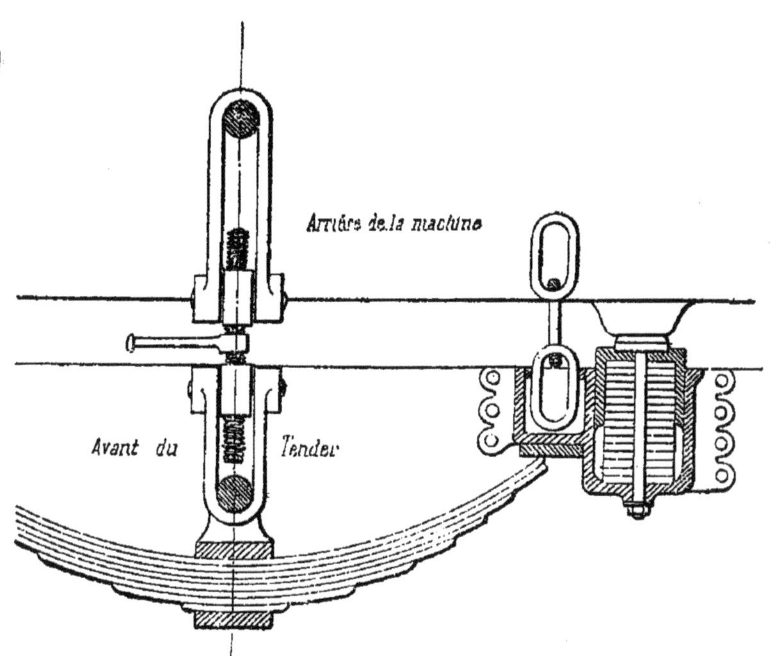

Les cylindres sont fixés sous la plate-forme du tender, ils sont réunis par leur joint commun du milieu comme pour ceux de la machine, ils sont en outre solidement fixés à une manière de longeron intérieur qui se présente à peu près sous la figure 50.

A, est une tôle transversale formant entretoise et sur laquelle viennent se fixer les supports de glissières.

BB, longerons extérieurs.

CC, id. intérieurs venant se raccorder à l'entretoise A et sur lesquels sont fixés les cylindres.

D, emplacement pour l'attelage du tender.

La traverse d'arrière du tender est en bois, comme celle d'avant de la machine.

Le régulateur est double, un à droite pour la machine et un autre à gauche pour le tender, le tout dissimulé dans

Fig. 49.

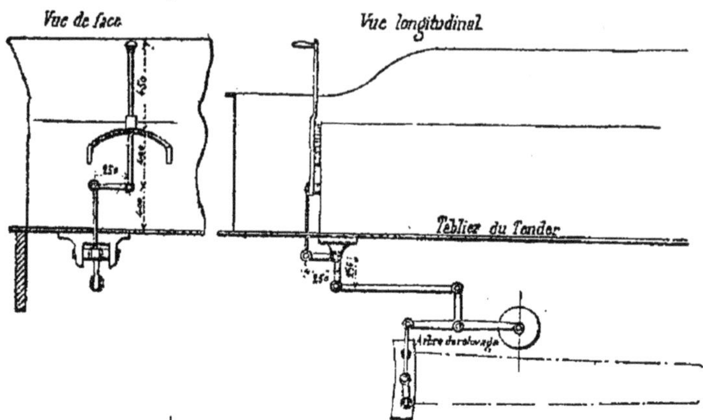

une même boîte ; il y a deux leviers de régulateur placés l'un sur l'autre.

Fig. 50.

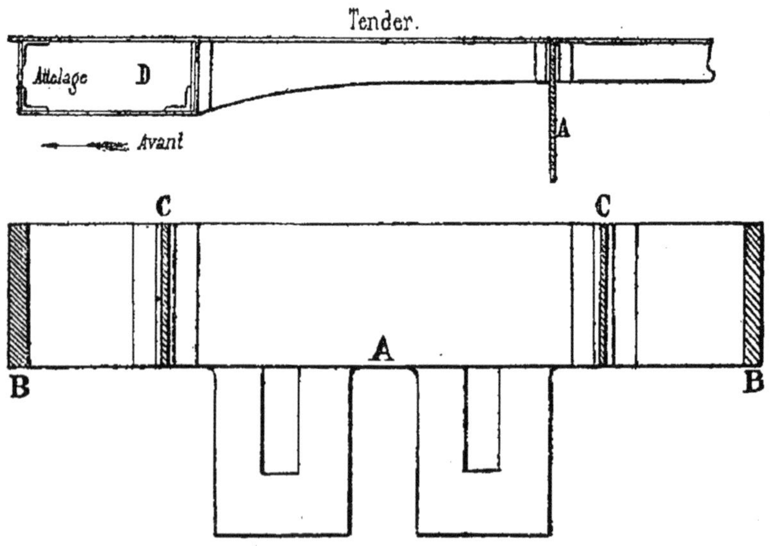

Le tuyau de prise de vapeur du tender vient de l'avant

de la machine sur le haut côté gauche de la chaudière et descend à l'arrière de la boîte à feu, il gagne par dessous l'axe longitudinal du tender et de la machine, il est enveloppé de corde dans toute sa longueur, et le support qui le soutient sous la plate-forme est suspendu à une feuille de ressort par une chaîne, il s'ensuit que par ce moyen, il peut effectuer sans danger les légers mouvements qu'il est appelé à faire.

Le tuyau de prise de vapeur pour le tender *m*, aboutit par dessous dans la boîte à vapeur commune.

L'échappement se fait par une cheminée d'environ 0,150 de diamètre située à l'arrière du tender.

Mode de suspension au tuyau de prise de vapeur dans le passage de la machine au tender.

Fig. 51.

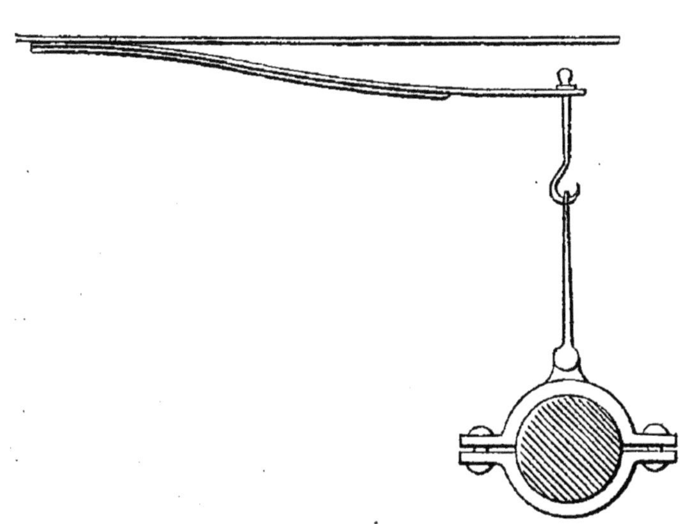

Outre que cette machine nous paraît bien compliquée, tant à cause de la conduite difficile en marche, que pour les réparations évidentes qu'elle exigera plus que toute autre. Nous croyons que la surface de chauffe de la chaudière est loin d'être suffisante pour que le service normal soit assuré.

Dire qu'on ne pourra pas gravir une lourde rampe dont l'ascension ne durerait que quelques minutes, n'est pas ce que nous voulons affirmer, car si l'on a soin de s'élancer avec un coffre à feu bien garni, de l'eau en suffisance pour ne pas alimenter en montant, un feu bien clair, il est évident qu'on pourra marcher ainsi cinq minutes par exemple. Mais ce n'est évidemment pas là une bonne condition de marche normale que d'être obligé d'user de tous les petits moyens employés ordinairement par les mécaniciens intelligents.

Pour une machine nouvelle, faite sur un projet suffisamment étudié, il ne faut pas se mettre dans le cas de raisonner ainsi, il faut avoir du premier coup toutes les conditions nécessaires d'une bonne marche et d'un bon service.

Eh bien ! nous pensons qu'ici, tout en mettant en œuvre une idée qui n'est pas nouvelle, l'emploi utile de l'adhérence du tender (cette application a été faite, il y a 23 ans, par M. Verpilleux, au chemin de fer de Lyon à Saint-Étienne), nous pensons donc, qu'on a voulu trop utiliser de cette adhérence pour la surface de chauffe dont on disposait.

En effet, on a 132^{m2} de surface de chauffe pour quatre cylindres qui représentent une surface de :

$$0^{m2},5132,$$

tandis que pour des machines bien entendues et devant faire un service analogue à celui de la machine de l'Est, on a 155^{m2} de surface de chauffe pour deux cylindres présentant une section de :

$$0^{m2},3924,$$

ou ce qui serait mieux encore, on a dans la machine de

l'Est, 132^{m2} de surface pour 62^t,290^k d'adhérence, et dans une machine bien entendue et dont on est fort satisfait pour le service, on a :

155^{m2} de surface pour 43^t.

Évidemment, si cette dernière fait un bon service, et cela est prouvé, l'autre devra en être bien loin.

PARIS-LYON-MÉDITERRANÉE.

Machine à quatre roues couplées pour voyageurs. Transformation (ateliers de la Compagnie).

NOTE DU CHEMIN DE FER DE LYON.

Cette locomotive date de 1857; elle était à l'origine, de celles qu'on designe sous le nom de machines mixtes à cylindres et châssis intérieurs à quatre roues couplées à l'avant, la troisième paire de roues porteuses à l'arrière du foyer.

Les dimensions principales étaient les suivantes :

Diamètre des pistons	0^m,420
Course des pistons.	0 ,560
Diamètre de roues couplées.	1 ,800
Surface de chauffe totale	82^{m2},200
Poids sur l'essieu d'avant	11070^{kg}
Milieu	11070
Arrière.	4640
Poids total	26780

Ces machines ayant à remorquer des charges de 100 à 145 tonnes, sur des rampes de 0^m,006 à la vitesse de 40 à 55 kilommètres à l'heure, la surface de chauffe étaitun peu faible ; pour l'augmenter, on a allongé le corps cylindrique de 0^m,750, sans toucher en rien à l'avant ni au mécanisme de la machine ; par le fait de cet allongement, le foyer est venu porter sur l'essieu d'arrière, ce foyer a été raccourci de $0^{m},150$ par le bas, et les boîtes à graisse, ainsi que les ressorts intérieurs, ont dû être reportés sur un châssis additionnel extérieur relié au châssis intérieur par la traverse d'arrière et par une entretoise à l'avant du foyer.

En même temps, le changement de marche ordinaire à levier, a été remplacé par le système Kittson, à vis, auquel on a ajouté l'appareil d'injection d'eau et de vapeur dans l'échappement, imaginé par M. Le Chatelier, et dont nous donnerons tout à l'heure une description aussi exacte que possible.

Le chemin de Lyon fait en ce moment l'application de cet appareil sur 300 machines, ces appareils sont employés comme modérateurs de la vitesse, ou freins.

Dans ces conditions, la machine a eu sa surface de chauffe portée à $98^{m2},680$, et son poids en charge :

Avant	10,900
Milieu	10,900
Arrière.	6,825
Charge totale	28,625

Comme accessoire, nous devons encore signaler :

1° Un Giffard en fonte et bronze d'un modèle spécial, exécuté dans les ateliers de la Compagnie, qui diffère de l'injecteur primitif par la disposition des cônes divergents et convergents fixés à une distance constante l'un de l'autre et se rapprochant ou s'écartant simultanément de la tuyère d'arrivée de vapeur, pour régler l'addition de l'eau en rapport avec la pression de la vapeur dans la chaudière (système Delpech).

2° Un piston creux formé de deux plateaux et d'une couronne en fer soudés ensemble, munis d'une garniture formée par deux cercles en fonte pressés par un cercle en acier faisant ressort, et exempt de toutes vis et taraudage, tous ces accessoires pouvant se desserrer.

3° Un appareil fumivore connu sous le nom d'appareil Thierry, qui consiste en une injection d'eau et de vapeur dans le foyer par jets divergents, brassant la fumée et la mélangeant avant son entrée dans les tubes à une fraction d'air prise par la porte de charge.

4° L'emploi d'entretoises creuses bouchées à l'extérieur de la chaudière, et ouvertes à l'intérieur du foyer, de façon qu'on est averti quand l'une d'elles vient à se briser.

Fig. 52.

Entretoises creuses du chemin de fer de Lyon avec les phases de leur emmanchage.

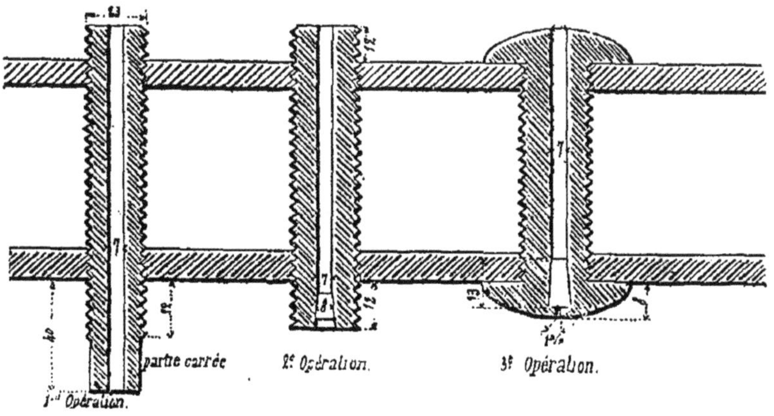

5° L'emploi d'une boîte à graisse à plans inclinés inverses (système Chappman), qui permettent le déplacement de l'essieu d'arrière dans le passage des courbes, et ramenant toujours la boîte à graisse à la position centrale dès que la courbe est franchie.

L'abri du mécanicien se présente sous une forme particulière, la figure d'ensemble le montre en profil, le croquis ci-après l'indique en face (fig. 53).

Le châssis est simple, il est composé de deux longerons

dont le corps principal offre une section de $^{330}/_{28}$; vers l'arrière, il a $^{300}/_{28}$ et vient porter contre la boîte à feu. La petite roue porteuse est en dehors, comme les grandes du reste, et pour avoir la boîte à graisse extérieure, on a rapporté une deuxième partie à ce longeron, qui a la

Fig. 53.

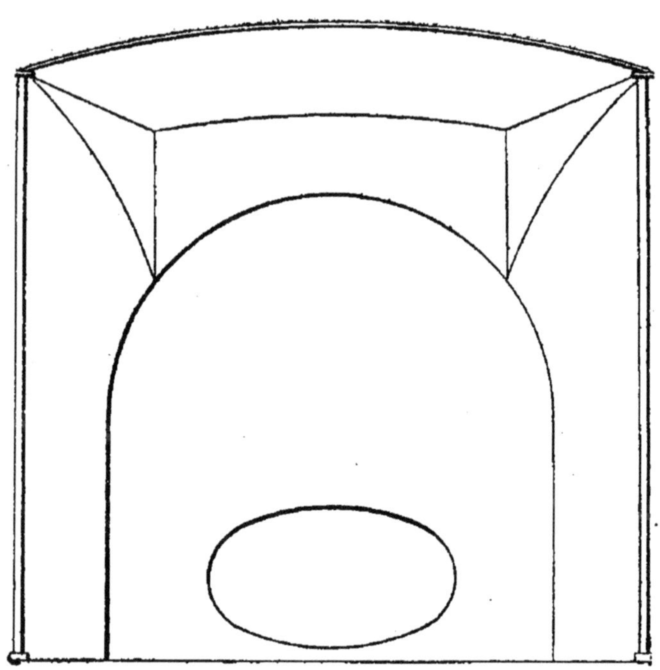

forme indiquée au croquis d'ensemble, l'épaisseur de cette partie est de 16^{mm}.

Fig. 54.

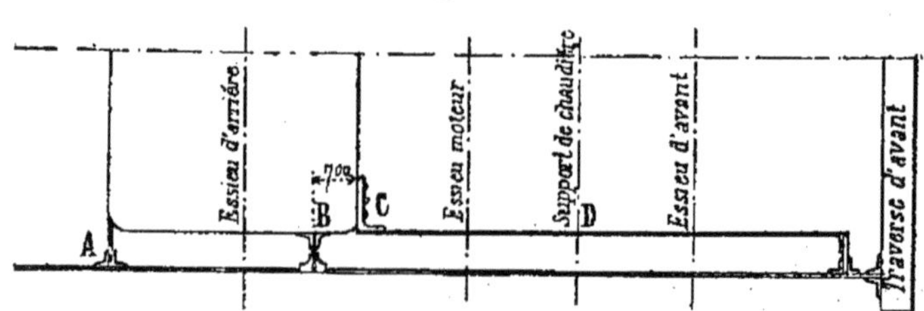

Vu en plan ce châssis est à peu près conforme au croquis (fig. 54).

La traverse d'arrière est en fer, elle a la forme du croquis (fig. 55).

Il n'y a pas de guides de tiges de tiroirs. Les barres

Fig. 55.

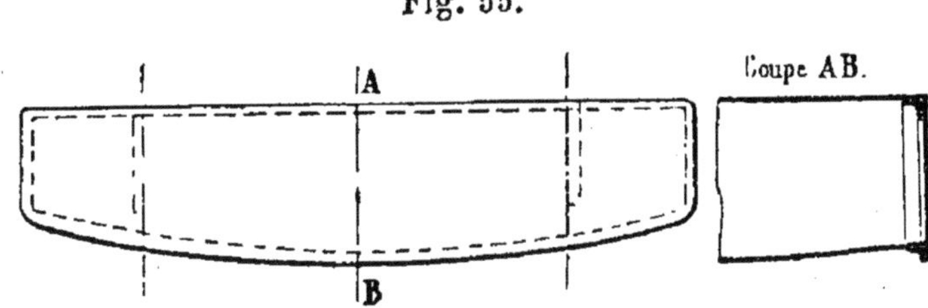

qui donnent le mouvement au tiroir passent par dessus l'essieu d'arrière, comme l'indique le croquis (fig. 56).

Les boîtes à graisse sont en bronze avec dessous en fonte.

Fig. 56.

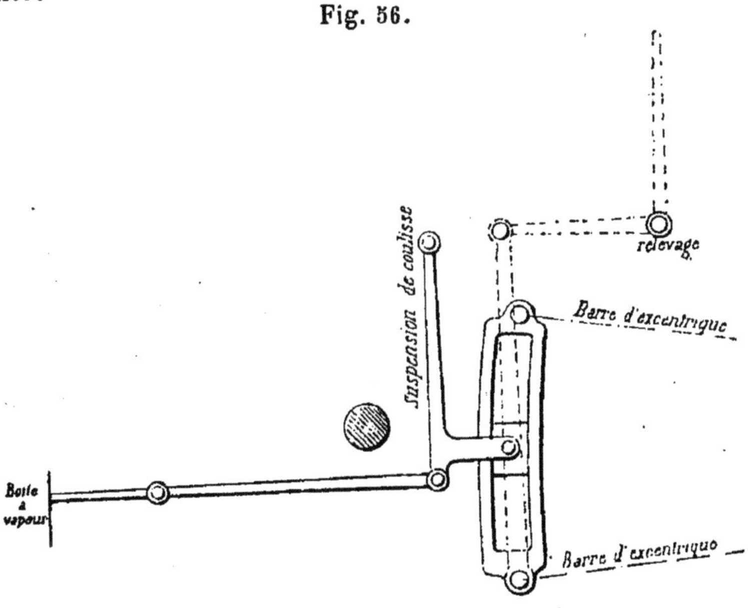

L'accouplement est extérieur, l'essieu moteur est coudé il n'y a pas de dôme de prise de vapeur.

Il y a un tuyau intérieur de prise de vapeur et un régulateur horizontal.

Le tuyau de conduite de vapeur aux cylindres est extérieur.

La machine en général se présente sous l'aspect du croquis ci-dessous (fig. 57).

Fig. 57.

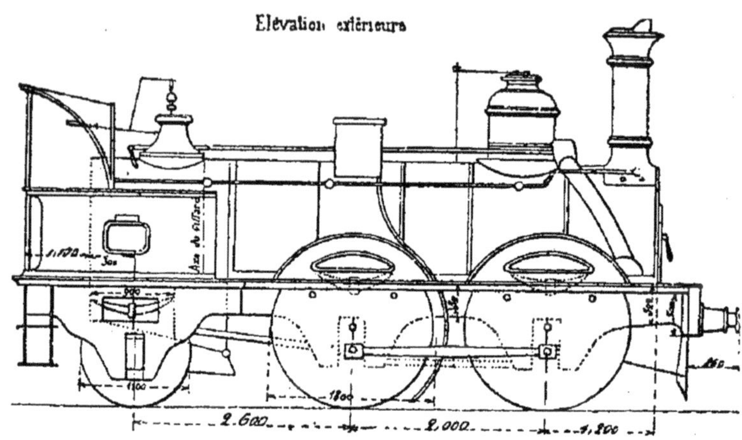

La fig. 58 représente d'une part : les segments et le ressort avant le montage sur le piston. Les dimensions sont celles de ces pièces à ce moment de la construction, lorsqu'on veut les monter sur le corps du piston, on les serre avec un cercle de pression ordinairement employé dans des opérations analogues, et l'introduction dans le cylindre se fait à l'aide de ce cercle de pression, qu'on retire quand le piston est déjà pris dans le cylindre.

A côté, on voit le corps du piston préparé et tourné grossièrement ; plus le chariotage est visible et mieux cela est pour l'opération du soudage.

Les parties A et B sont brutes, on ne les tourne qu'après, tout le reste est tourné de la façon qu'il vient d'être dit. On emmanche la couronne C entre les deux galets A et B, on chauffe les bords par parties de $0^m,10$ à $0^m,15$ de long, et on soude simplement sur une bigorne d'enclume de la manière ordinaire.

Fig. 58.

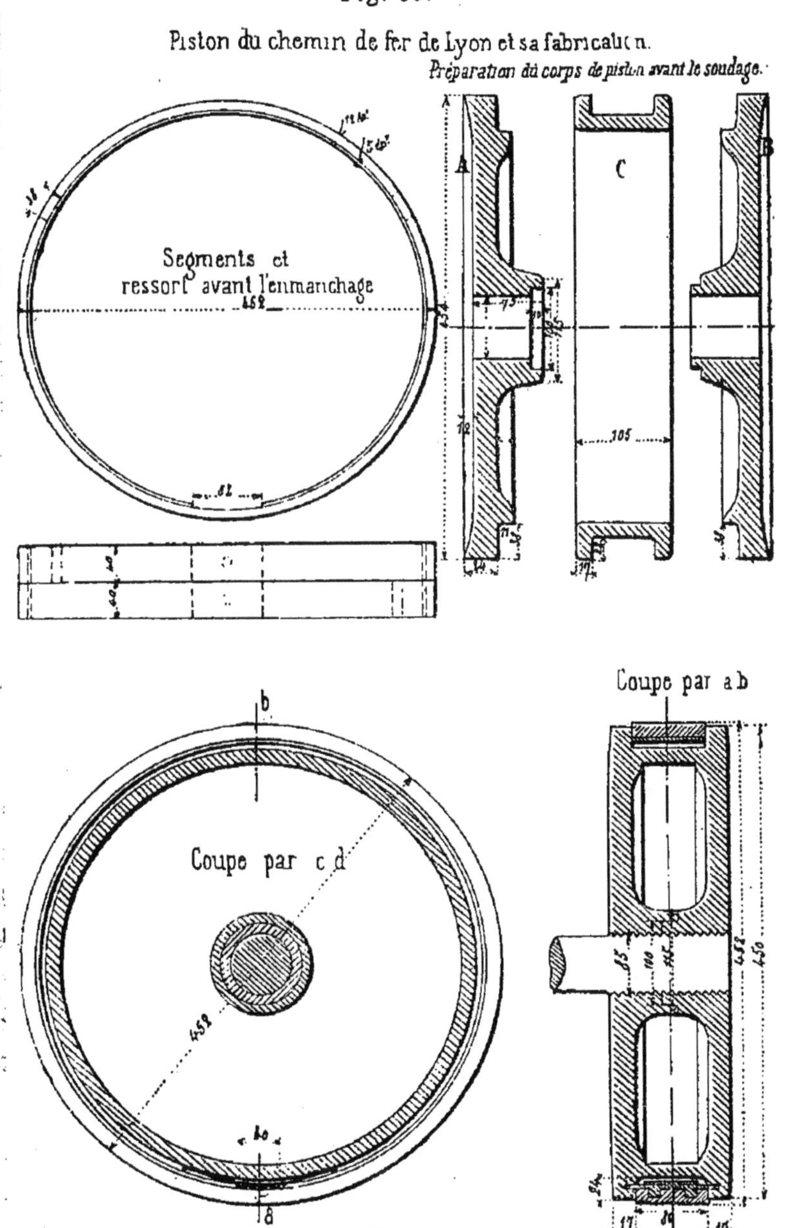

Cette opération terminée, on finit le piston aux dimensions indiquées.

Dans cette figure, on voit que le ressort-cercle maintient fortement contre les parois du cylindre les segments qui font déjà ressorts par leur nature de construction.

Un autre petit ressort placé entre le cercle et le corps de piston sur lequel il appuie ses deux extrémités, porte à à son milieu, par l'intermédiaire d'un téton, une petite plaque rectangulaire qui se loge entre les deux extrémités du ressort-cercle, laquelle plaque a aussi deux tétons qui viennent fixer les deux segments, parce que deux trous borgnes ont été menagés dans ces segments (un trou chaque segment). Cette mesure a pour but de forcer les fentes de ces segments à rester toujours dans les mêmes positions respectives. Si un segment se déplace, l'autre est obligé de se déplacer aussi, tout ce système étant rendu solidaire.

D'ailleurs, on a encore fait à se sujet, deux petites encoches, une en haut l'autre en bas, dans chacun des plateaux, ces encoches sont peu profondes et ont la largeur de la petite pièce rectangulaire rapportée, elles retiennent aussi pour leur compte tout le système de ressorts et de segments.

Boites à graisse à plans inclinés inverses employées par le chemin de Lyon (système Chapman) (1).

On voit, d'après ces croquis, que la pente adoptée pour les plans de friction est de 13^{mm} pour 100^{mm} de long.

On comprend que dans les courbes, lorsque tout le système de la machine suspendu aux ressorts tend à se jeter en dehors du rayon de la courbe, il se déplace, en

(1) *Note du Comité.* — Nos camarades se rappelleront, en lisant ce chapitre, que la priorité de l'invention du déplacement latéral des boîtes à graisse au moyen de plans inclinés, a été revendiquée à juste titre par M. Edmond Roy, membre de la Société.

effet, d'une quantité égale au jeu laissé entre les boîtes et les guides de boîtes. Mais comme la plaque de friction est emmanchée juste dans les guides, c'est-à-dire qu'ils n'ont pas de jeu comme les boîtes, ces plaques suivent le même mouvement que la machine et gravissent le plan

Fig. 59.

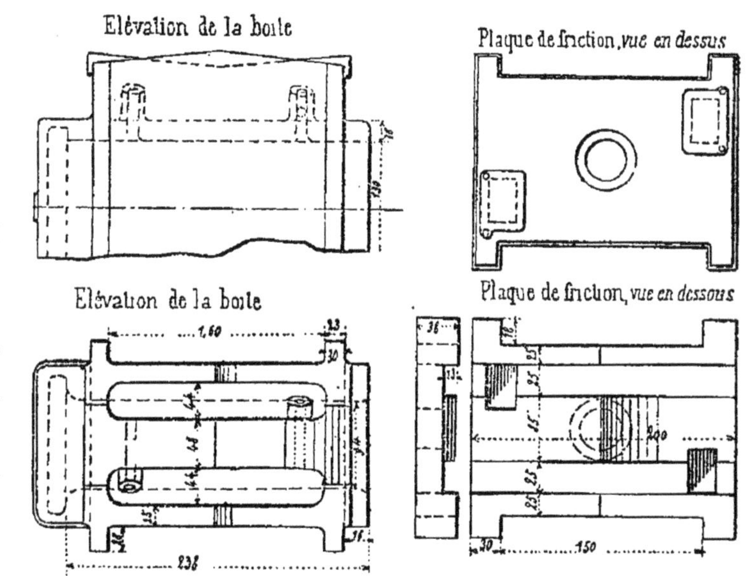

incliné disposé *ad hoc*. Lorsque la machine revient sur une ligne droite, la présence des plans inclinés fait que tout le système se remet dans l'axe des boîtes à graisse.

Cette application de coins de friction présente le même inconvénient que présentait l'osselet imaginé jadis par M. Polonceau, c'est-à-dire que tout en permettant le déplacement de la machine sur ses boîtes à graisse d'arrière, les coins ou plans inclinés la soulèvent, ils déchargent par conséquent les ressorts du milieu, par le fait augmentent la pression sur ceux d'arrière, et partant sur l'essieu qui les supporte.

Si le déplacement latéral est 10^{mm}, comme le rapport de la hauteur à la longueur du plan 13/100, il s'ensuit que cela produira le même effet que si l'on serrait le ressort de $1^{mm},3$. Et si on admet que la flexion du ressort par tonne est 8^{mm}, comme cela paraît être ordinairement pour les machines, on aura une surcharge de ce ressort de $\frac{1000}{7} \times 1,3 = 162^{k}$, soit pour l'essieu $325^{k},00$.

Quoique cette surcharge ne soit relativement pas considérable, il faut se garder de penser qu'elle est insignifiante, et se souvenir surtout que lorsqu'elle se produit, c'est toujours avec un mouvement de trépidation qui tient presque du choc, il est donc facile de conclure qu'elle n'est rien moins que pernicieuse. Nous préférons à cet appareil, un autre mouvement appelé de translation, appareil pour lequel M. Caillet s'est fait breveter et sur lequel nous nous proposons de donner quelques renseignements quand le moment sera venu.

NOTE SUR L'EMPLOI DE LA CONTRE-VAPEUR POUR MODÉRER LA VITESSE DES TRAINS.

Cette note a été faite au chemin de fer de Lyon qui applique en ce moment la contre-vapeur à une grande partie de ses machines après en avoir connu l'application efficace faite aux chemins de fer du Nord de l'Espagne où elle a été admise la première fois.

Définition de la contre-vapeur à marche inverse.

L'emploi de la contre-vapeur consiste à faire marcher la machine dans un sens en employant la distribution de vapeur qui correspond à la marche inverse.

Il résulte de cette disposition une inversion complète des fonctions du piston.

Dans la marche directe, la vapeur sortie de la chaudière pousse le piston et passe dans l'échappement, elle accélère le mouvement de la machine.

Dans la marche inverse, le piston aspire les gaz qui se trouvent dans l'échappement et les refoule dans la chaudière. L'action des gaz refoulés retarde le mouvement de la machine.

Réaction sur le piston, marche directe et marche inverse.

Le tableau suivant indique en regard, pour chacune des périodes principales de la distribution, la réaction de la vapeur ou des gaz, sur une même face du piston, soit pour la distribution directe, soit pour la distribution inverse.

Les périodes successives de la distribution se présentent dans l'ordre inverse par rapport aux positions successives de la marche du piston, suivant que la distribution est directe ou inverse.

Une épure spéciale donne la distribution de la machine 1733 du chemin de fer de Lyon, sur laquelle des appareils de contre-vapeur ont été placés ; elle indique encore mieux que le tableau la correspondance des phases pour les deux marches directe et inverse.

Le travail résistant appliquée au piston dans la marche inverse, varie avec l'introduction ; pour une introduction de 0,60, il donne en général pour les machines à roues couplées bien proportionnées une résistance moyenne sur la barre d'attelage égale à 0,10 du poids de la machine.

Contre-vapeur recommandée comme frein.

Cette propriété de la distribution inverse ou marche à

MARCHE DIRECTE.			MARCHE INVERSE.		
Marche avant du piston, réactions accélératrices.	1re Période.	Admission de vapeur.	Marche arrière du piston, réactions retardatrices.	6e Période.	Refoulement dans la chaudière, contre-vapeur.
	2e Période.	Détente de la vapeur.		5e Période.	Compression, lumières fermées.
	3e Période.	Avance à l'échappement.		4e Période.	Refoulement dans l'échappement.
Marche arrière du piston, réactions retardatrices.	4e Période.	Echappement.	Marche avant du piston, réactions accélératrices.	3e Période.	Echappement suivi d'aspiration, piston aspirant.
	5e Période.	Compression, lumières fermées.		2e Période.	Détente de la vapeur.
	6e Période.	Avance à l'admission, piston *refoulant en contre-vapeur.*		1re Période.	Admission.

contre-vapeur des machines locomotives, a été remarquée dès l'origine du service de ces machines, et depuis cette époque, on a recommandé et réglementé l'emploi de la contre-vapeur pour obtenir le prompt arrêt des trains en présence d'un obstacle; malheureusement, l'emploi de ce moyen présentait des inconvénients considérables, ces inconvénients doivent être divisés en deux classes, les uns relatifs au mécanisme de changement de marche, les autres, aux conséquences mêmes de la marche inverse.

Inconvénients relatifs au mécanisme.

Le levier ordinaire de changement de distribution des machines exige du tact et un certain effort pour changer le cran de distribution. Il y a dans un tour de roues des points qu'il faut saisir, où la réaction du coulisseau sur le levier de changement de marche est minimum et peut être maîtrisé par le mécanicien ; mais lorsqu'il faut changer la distribution de plusieurs crans, et *à fortiori*, lorsqu'il faut renverser la marche, la manœuvre exige un temps assez long pour que la réaction du coulisseau passe nécessairement par toutes ses phases, et c'est au moyen d'efforts considérables que le mécanicien parvient à faire le changement ; souvent il manque son coup, et il arrive malheureusement quelquefois, que les réactions de son levier le blessent grièvement.

De plus, l'opération exige un temps assez long ; il faut fermer le régulateur pour diminuer l'effort à faire, en supprimant la pression sur les tiroirs, changer la marche en une ou plusieurs fois, et rouvrir le régulateur, sauf à recommencer tout cela lorsqu'on veut reprendre la marche directe.

Enfin, la fermeture du régulateur fait le vide dans la boîte à tiroirs; de plus, le changement du levier est brusque, et l'ouverture rapide des lumières cause un entraînement d'eau considérable, il en résulte que les tiroirs se soulèvent, claquent, et finissent souvent par ne plus retomber à leur place.

Inconvénients dûs à la marche inverse elle-même.

Les inconvénients résultant de la marche inverse elle-même, sont plus graves encore que les précédents. Le cylindre aspire dans l'échappement un mélange d'eau, de vapeur, de gaz fixes et de cendres à une température très-élevée. La compression dans la cinquième période augmente notablement la température et la pression du mélange, les tiroirs grippent sur les cylindres, ils s'usent tous deux rapidement; les pistons s'échauffent, les garnitures se brûlent, les joints des cylindres ne tiennent plus, et la machine ne tarde pas à être hors de service. Les gaz fixes comprimés et refoulés dans la chaudière, élèvent rapidement la pression qui monte indéfiniment, malgré les soupapes devenues insuffisantes pour en dégager l'excès.

Enfin, par suite des modifications brusques de pression et de l'introduction des gaz fixes, l'injecteur Giffard cesse de fonctionner.

Répugnance des mécaniciens.

Les inconvénients ci-dessus désignés, qui se produisent toujours dans une certaine mesure, justifient pleinement la répugnance des mécaniciens pour l'emploi de la contre-vapeur; aussi ne s'en servent-ils qu'à la dernière extrémité, en cas de danger imminent, mais toujours trop tard, et rarement avec succès; cet emploi est resté jusqu'à ce jour, une prescription règlementaire bien rarement exécutée, encore plus rarement utile.

Nécessité d'une solution.

Il était possible cependant d'employer la contre-vapeur en évitant tous les inconvénients ci-dessus signalés. La multiplicité des trains, les grandes déclivités admises, rendaient la solution nécessaire ; les meilleurs esprits s'en occupaient, et comme il arrive souvent en pareil cas, la solution ne s'est pas fait attendre.

Modifications expérimentées.

Deux modifications conçues pour arriver à ce but, ont été expérimentées dans ces derniers temps sur le chemin de fer de Lyon ; l'une, relative au mécanisme de change-

Fig. 60.

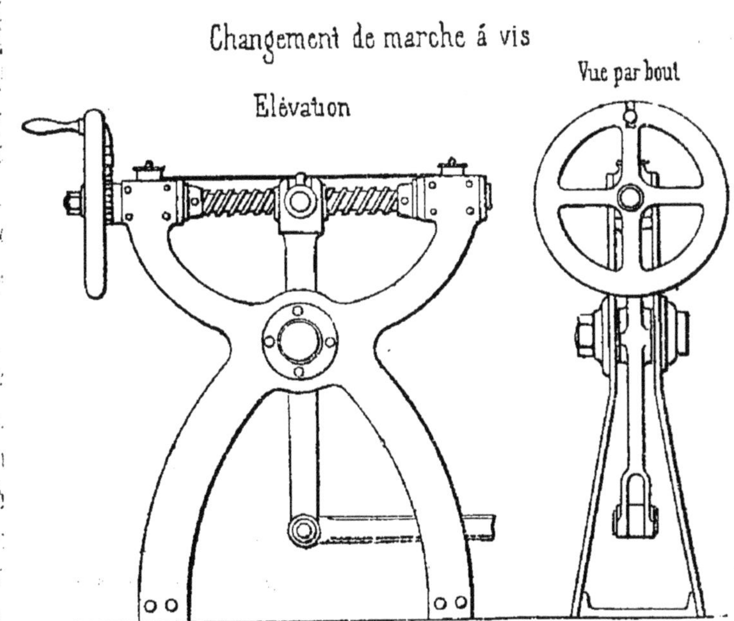

ment de marche, existait sur des machines anglaises ; l'autre, relative à l'emploi de la contre-vapeur elle-même, nous est venue du chemin de fer du Nord de l'Espagne.

Ces deux modifications ont permis dans toutes les expériences, faites jusqu'à ce jour, d'éviter tous les inconvénients de la contre-vapeur signalés ci-dessus.

Changement de marche à vis (fig. 60).

La modification du changement de marche consiste à remplacer le levier par une vis sur laquelle est monté un volant à manivelle. Cet appareil, employé déjà depuis longues années sur certaines machines de bateaux et sur les machines fixes du chemin de fer de Lyon, a été employé depuis quelques années seulement sur certaines locomotives anglaises (1).

La vis a son pas à droite ou à gauche, suivant la disposition du mécanisme de distribution, de telle façon que le volant tourne toujours de gauche à droite par dessus, pour accélérer le mouvement de la machine, lorsqu'elle marche la cheminée en avant, et inversement pour le retarder. L'échelle seule est inversée dans certaines distributions.

Une lanterne est disposée de manière que le mécanicien puisse, la nuit comme le jour, contrôler la position de la distribution.

Avantages du changement de marche à vis.

Les avantages de l'appareil à vis sont les suivants :

La manœuvre du changement de marche est très-douce, une seule main suffit avec grande facilité, elle n'exige plus ni force, ni habileté spéciale. Le premier venu, qui comprend l'appareil, peut le manœuvrer immédiatement sans essai préalable.

La manœuvre ne présente aucun danger, elle est très-

---

1) Nous avons donné déjà la description d'un appareil semblable, appliqué à la machine à marchandises du chemin de fer de l'Est.

rapide, en trois secondes on peut changer la marche d'une extrémité à l'autre de l'échelle ; avec le levier, il fallait neuf secondes, au moins, pour les trois manœuvres à faire, et l'on n'était jamais sûr de réussir du premier coup.

On ne ferme plus le régulateur, la manœuvre rapide, parce qu'il n'y a plus de temps perdu, est moins brusque cependant qu'avec le levier, et les tiroirs ne se soulèvent plus.

Enfin, la douceur, la sûreté, la rapidité de l'appareil, ménagent les forces et le temps du mécanicien, et lui laissent le calme si nécessaire dans les moments difficiles.

Cet appareil présente encore deux avantages indirects assez importants.

Aujourd'hui, les crans des leviers de changements de marche, représentent une division de distribution qui n'a d'une machine à l'autre aucune commune mesure. L'échelle de l'appareil à vis est graduée pour chaque machine sur la machine même, proportionnellement à la longueur de l'introduction, exprimée en dixième de la course du piston. On a ainsi une mesure commune bien définie qui permet, à première vue, d'apprécier la dépense de vapeur, et de mieux fixer les idées des agents sur ce point important de la conduite d'une machine.

Enfin, l'appareil présente au mécanicien un moyen de varier l'introduction, soit dans les démarrages, soit en marche, d'une manière presque continue, ce qui permet d'éviter le patinage et de régler la dépense et la vitesse.

Les avantages de cet appareil sont si évidents et si importants, même en dehors de l'application de la contre-vapeur, qu'on n'hésite pas de proposer de l'établir sur toutes les machines locomotives du chemin de fer de Lyon.

Injection d'eau et de vapeur.

Arrivons maintenant à la deuxième modification qui supprime les inconvénients inhérents à l'emploi de la marche inverse.

Fig. 61.

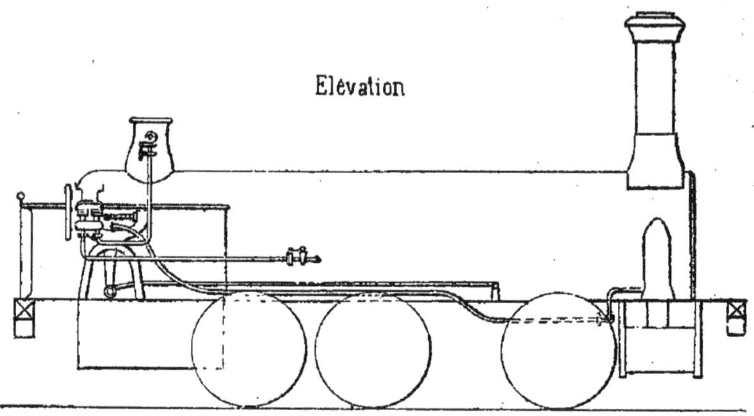

Fig. 62.

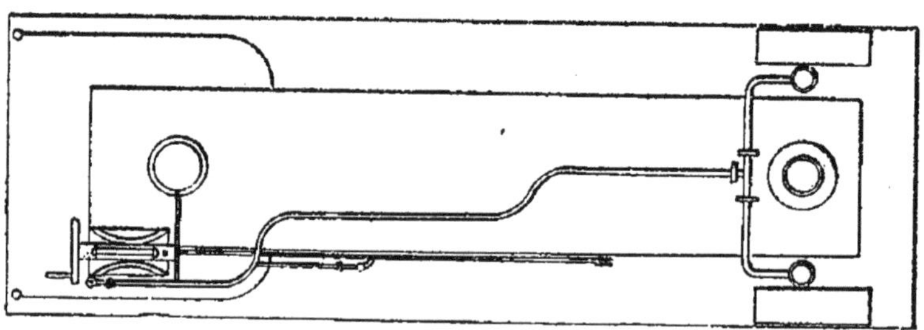

On n'a fait que répéter au chemin de fer de Lyon les expériences intéressantes entreprises par le chemin de fer du Nord de l'Espagne.

Le procédé employé sur cette ligne, consiste à envoyer dans le tuyau d'échappement un mélange d'eau et de vapeur, venant de la chaudière en quantité et proportions convenables pour empêcher les gaz de rentrer dans les cylindres. Le mélange aspiré par les cylindres empêche, par l'évaporation de l'eau, la température et la pression de s'élever, il retourne à la chaudière avec sa pression et sa température initiales que lui a rendues le travail enlevé à la machine par l'action retardatrice du mélange.

Description de l'appareil.

Les figures 61 et 62 présentent l'ensemble des dispositions adoptées. Deux tuyaux prennent dans la chaudière,

Fig. 63.

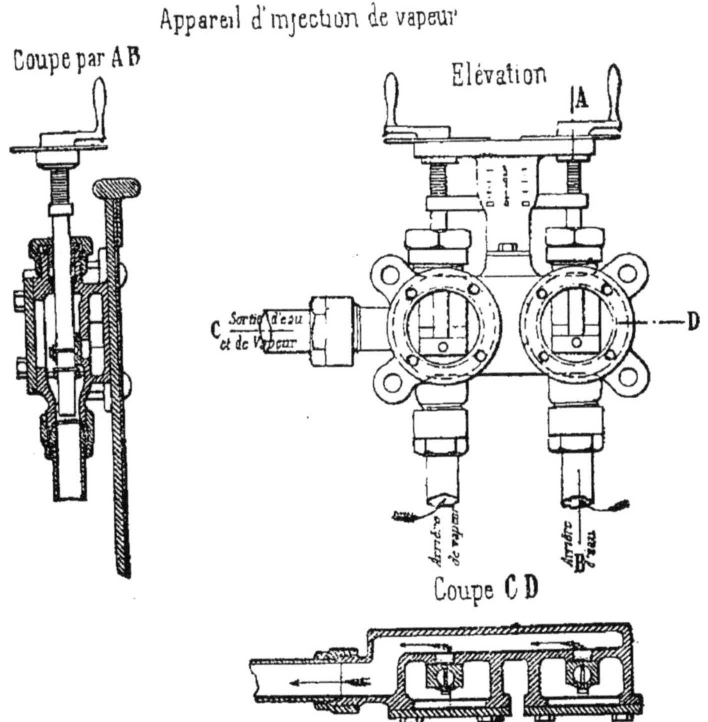

l'un de l'eau, l'autre de la vapeur, ces deux tuyaux se réunissent dans une boîte de distribution commune sur laquelle nous reviendrons tout à l'heure; l'eau et la vapeur se mélangent dans la boite, et sortent par un tuyau commun qui les conduit à l'échappement; ce tuyau commun est lui-même bifurqué au point d'arrivée pour envoyer une branche spéciale dans chacun des tuyaux d'échappement avant leur réunion.

Toute la difficulté de l'étude et de l'usage du procédé, consiste dans la mesure des quantités d'eau et de vapeur à injecter; on a donc fait exécuter l'appareil ci-dessus (fig. 63) qui permet de mesurer exactement ces quantités.

L'appareil se compose d'une petite boite en cuivre divisée en trois compartiments; dans un des compartiments arrive l'eau, dans le deuxième, latéral au premier, arrive la vapeur, une cloison à lumière sépare chacun de ces compartiments du troisième, des tiroirs placés sur ces cloisons règlent l'écoulement des deux fluides qui se réunissent dans le troisième compartiment et se rendent de là dans l'échappement.

Afin de faire varier, à volonté, d'une manière continue, les orifices découverts par les tiroirs et, par conséquent, les écoulements de vapeur et d'eau, la tige de chaque tiroir est filetée, un écrou placé sur cette vis est fixé au support de manière à pouvoir tourner sous l'action de la manivelle, mais sans avancer; un secteur divisé placé sous la manivelle, indique les dixièmes de tours de celle-ci.

Voici, en millimètres, les dimensions adoptées pour l'appareil :

	TIROIRS D'INJECTION.	
	Eau.	Vapeur.
Course du tiroir	30^{mm}	30^{mm}
Recouvrements	5	5
Course utile	25	25
Largeur des lumières	4	20
Pas de la vis	2 1/2	5
Nombres de tours pour effacer le recouvrement	2	1
Surface des lumières découvertes pour un *tour de vis*	10^{mm^2}	100^{mm^2}
Surface des lumières découvertes pour une division du secteur.	1^{mm^2}	10^{mm^2}

Le tableau A placé à la fin de cette note, donne en volume et en poids les quantités d'eau et de vapeur qui s'écoulent par minute à différentes pressions par un orifice de 1 cent. carré. Les poids sont exprimés en kilogrammes, et les volumes en litres.

Ces chiffres sont tirés des formules suivantes, dans lesquelles d exprime la densité de la vapeur,

ω la pression en kilogrammes par C^{m2},

Q et Q' les poids écoulés en kilog.

Pour l'eau : $Q = 0,65 \times 84 \sqrt{\omega}$ (Formule de Toricelli).

$$\text{Pour la vapeur : } Q' = 60 \sqrt{\frac{\omega\, d}{2,37 \log(\omega + 1) + 0,904}}$$

(Formule empirique de M. Résal).

Avantages de l'injection.

Toutes les expériences faites ont confirmé les résultats annoncés ; par l'injection d'eau et de vapeur en quantité convenable, on a pu descendre les rampes très-longues de 20 à 25 kilomètres, en retenant le train par la contre-vapeur, sous une admission inverse de 0,60 de la course du piston; aucun des inconvénients signalés plus haut ne s'est présenté, pas d'échauffement, de grippage ou d'usure de cylindres ou des tiroirs, pas d'échauffements des pistons, les garnitures se sont comportées comme à l'ordinaire; il a été très-facile, en variant l'injection d'empêcher l'élévation de la pression, de faire fonctionner l'appareil Giffard, etc., etc.

Précautions à prendre.

Mais il ne faut pas se dissimuler que si l'emploi de l'injection d'eau et de vapeur permet d'éviter tous les inconvénients de la contre-vapeur, c'est à la condition que le mécanicien apporte un soin continuel à faire varier d'une manière convenable les quantités d'eau et de vapeur injectées ; s'il néglige d'ouvrir à temps utile les tiroirs d'injection, la pression monte si rapidement que l'aiguille du manomètre marche à vue d'œil, l'échauffement et les excès de pression se produisent rapidement.

La conduite de l'appareil d'injection n'exige que de l'attention; mais, si cette attention fait défaut, on retombe immédiatement dans les anciens inconvénients de l'emploi de la contre-vapeur ordinaire.

L'emploi de la contre-vapeur serait surtout dangereux et conduirait infailliblement à des accidents, si le mécanicien avait l'imprudence, si fréquente autrefois, heureusement rare aujourd'hui, de caler ses soupapes.

Une instruction B, placée à la fin de cette note, donne lès règles à suivre par le mécanicien pour l'emploi régulier sans danger de la contre-vapeur.

Résultats d'expériences.

On a réuni dans le tableau suivant, les principaux résultats des diverses expériences qui ont été faites dans ces derniers temps sur le réseau de Lyon pour l'emploi de la contre-vapeur.

DATES.	SÉRIE des machines.	NATURE des trains.	TONNAGE brut des trains.	PARTIE DU RÉSEAU où l'expérience a été faite.	PENTES en millimèt.	CHEMIN parcouru.	OBSERVATIONS. (Dans toutes les expériences, l'injecteur Giffard a toujours bien fonctionné)
			tonnes.		mill.	kilom.	
24 nov. 1866	Marchandises à 6 roues coupl.	Marchandises.	650	Blaizy à Darcey.	8	20	La vitesse a été maintenue à 25 kil. pendant toute la descente, avec la contre-vapeur seulement. Aucune trace d'échauffement ne s'est manifestée.
Id.	Id.	Id.	550	Blaizy à Dijon.	Id.	20	La vitesse a été maintenue à 25 kil. pendant toute la descente. Aucune trace d'échauffement ne s'est manifestée.
25 Id.	Id.	Id.	520	Darcey à Blaizy.	Id.	12	
Id.	Id.	Id.	650	Blaizy à Dijon.	Id.	20	
26 Id.	Id.	Id.	650	Blaizy à Darcey.	Id.	12	
Id.	Id.	Id.	440	Blaizy à Dijon.	Id.	20	
28 Id.	Id.	Id.	560	Blaizy à Darcey.	Id.	12	Ce train, lancé à une vitesse de 30 kil., a été arrêté après un parcours de 800 mètres par le seul effet de la contre-vapeur. Vitesse normale maintenue en variant l'admission de 0,03 à 0,04 sans le secours des freins. Aucun échauffement ne s'est manifesté.
Id.	Id.	Id.	390	Blaizy à Dijon.	Id.	20	La vitesse a été maintenue à 25 kil. pendant toute la descente avec la contre-vapeur seulement. Aucune trace d'échauffement.
29 Id.	Id.	Id.	520	Blaizy à Darcey.	Id.	12	
Id.	Id.	Id.	440	Blaizy à Dijon.	Id.	20	La vitesse a été maintenue avec la contre-vapeur seulement. Il n'y a pas eu d'échauffement.
30 Id.	Id.	Id.	520	Blaizy à Darcey.	Id.	12	
Id.	Id.	Id.	440	Blaizy à Dijon.	Id.	20	L'arrêt a été obtenu sur une pente de 5^{mm}, dans un espace de 400 mètres, sans le secours des freins ; la vitesse était de 23 kil. Il n'y a pas eu d'échauffement.
7 déc. 1866	Id.	Id.	250	Boujeailles à Mouchard.	20	37	La vitesse a été maintenue à l'aide de la contre-vapeur, admission 0,60 de la course des pistons, et le frein du tender serré à moitié. Aucun échauffement ne s'est produit.
8 Id.	Id.	Id.	220	Id.	Id.	Id.	
9 Id.	Id.	Id.	290	Id.	Id.	Id.	Vitesse maintenue à l'aide de la contre-vapeur et deux freins. Pas d'échauffement.
10 Id.	Id.	Id.	220	Id.	Id.	37	Vitesse maintenue avec la contre-vapeur et un frein. Pas d'échauffement.
11 Id.	Id.	Id.	175	Boujailles à Andelot.	Id.	12	Vitesse maintenue avec la contre-vapeur sans le secours d'aucun frein. Pas d'échauffement.
11 Id.	Id.	Id.	250	Andelot à Mouchard.	Id.	25	Vitesse maintenue avec contre-vapeur et le frein du tender. Pas d'échauffement.
12 Id.	Id.	Id.	300	Boujeailles à Mouchard.	Id.	37	La vitesse a été maintenue avec la contre-vapeur et le frein du tender serré à fond, un frein de wagon à moitié serré. Aucun échauffement.
13 Id.	Id.	Id.	290	Id.	Id.	Id.	La vitesse a été maintenue à l'aide de la contre-vapeur et du frein du tender serré à fond, d'un deuxième frein serré à moitié. Aucun échauffement.
14 Id.	Id.	Id.	170	Id.	Id.	Id.	La vitesse a été maintenue à l'aide de la contre-vapeur seulement. Il n'y a pas eu d'échauffement.
15 Id.	Id.	Id.	320	Andelot à Mouchard.	Id.	25	La vitesse a été maintenue avec la contre-vapeur, le frein du tender serré à fond, un frein de wagon serré à moitié, mais par intervalles. Aucune trace d'échauffement ne s'est produite.
16 Id.	Id.	Id.	297	Id.	Id.	Id.	La vitesse a été maintenue avec la contre-vapeur et le frein du tender. Aucun échauffement.
17 Id.	Id.	Id.	191	Id.	Id.	Id.	Vitesse maintenue avec la contre-vapeur seulement.

Un appareil semblable à celui qui a été monté sur la machine à marchandises en expérience, a été appliqué à une machine à voyageurs à quatre roues couplées. Cette machine fait le service des voyageurs entre Paris et Montereau, depuis le 18 novembre 1866. Les pentes sur cette partie de la ligne sont trop faibles (5mm) pour qu'on soit obligé de modérer la vitesse en descendant; mais la machine a toujours arrêté les trains dont le tonnage s'est élevé jusqu'à 240 tonnes, au moyen de la contre-vapeur seulement, sans faire usage des freins. Les arrêts ont été obtenus facilement sans secousses.

Un train composé de 20 voitures (200 tonnes), lancé à la vitesse de 60 kilom. à l'heure, a été arrêté sur une pente de 4mm, après un parcours de 1,050 mètres par le seul effort de la contre-vapeur.

Avantage de l'emploi de la contre-vapeur.

Nous avons indiqué ci-dessus les avantages du changement de marche à vis et de l'injection d'eau et de vapeur, au point de vue de la facilité de manœuvre de l'appareil de distribution et de l'action des gaz sur les cylindres et leurs accessoires ; examinons maintenant les conséquences de l'emploi de la contre-vapeur, au point de vue de la conservation du matériel, de la conduite et de la sécurité des trains.

Influence sur la machine.

Nous avons dit précédemment que l'emploi de l'injection d'eau et de vapeur, convenablement réglé, supprime tous les inconvénients anciens, en ce qui concerne l'échauffement des cylindres et l'exagératon des pressions.

En ce qui concerne le travail de la machine pour transmettre aux roues les efforts résistants du piston, la machine travaille dans la marche inverse, exactement dans les mêmes conditions que pour la marche directe.

Ce travail ne peut la fatiguer exceptionnellement, et si nous pouvions avoir le moindre doute, l'exemple suivant nous rassurerait.

Monte-charge de Bercy.

La gare aux vins à deux étages de la rue de Bercy, construite en 1857, est desservie par un monte-charge à vapeur, qui sert à faire passer les wagons chargés d'un étage à l'autre. En général, on descend les wagons pleins et on les remonte vides, on n'a pas mis de frein spécial. La machine fonctionne comme frein par l'emploi de la contre-vapeur. Ce fonctionnement dure depuis neuf ans. Le temps de la manœuvre étant très-court et la vitesse assez faible, il n'y a pas d'échauffement, l'injection était inutile. Mais, au point de vue du mécanisme, nous n'avons jamais remarqué le moindre inconvénient.

Influence sur les bandages du tender et des véhicules.

L'emploi de la contre-vapeur permettra toujours de supprimer l'action d'un certain nombre de freins du tender ou des véhicules, il en résultera, sans aucun doute, *une notable économie dans l'entretien des bandages et des sabots de frein.*

Garde-freins.

Le nombre des garde-freins pourra être notablement diminué, et le service de ceux qui y seront maintenus sera bien moins fatiguant.

Rails.

La voie qui est si fatiguée par la descente sur les rampes des véhicules à freins serrés, le sera d'autant moins que le nombre des freins sera notablement diminué.

Réactions très-douces.

Les réactions de la machine sur le train, sous l'action de la contre-vapeur, sont si douces, qu'il est impossible de distinguer par le mouvement de la machine ou des véhicules, si la contre-vapeur fonctionne ou non. La vitesse de marche est donc régularisée sur les rampes avec une facilité, une précision et une douceur qui seront très-favorables à la sécurité des trains et à la conservation du matériel.

Arrêts dans les gares.

Les arrêts ordinaires dans les gares s'obtiennent avec précision, rapidité, sans secousses.

Arrêts brusques.

En présence d'un obstacle, l'emploi de la contre-vapeur aux dernières limites de l'admission, permettra en cas de danger, d'arrêter un train dans un espace très-restreint, facilement et sans danger, ni pour le mécanicien ni pour le train.

Résumé.

En résumé, l'appareil de changement de marche à vis et l'injection d'eau et de vapeur dans l'échappement, sont des perfectionnements nécessaires et suffisants pour permettre l'emploi de la contre-vapeur d'une manière normale sans aucun inconvénient.

Nous donnons à la suite du tableau A, une instruction B sur les précautions que l'expérience nous a indiquées, et au moyen desquelles on arrive presque sans tâtonnements à un emploi facile et régulier de la contre-vapeur.

Paris, le 24 décembre 1866.

L'Ingénieur en chef, adjoint du matériel et de la traction,

Signé : E. MARIÉ.

TABLEAU A

DES VOLUMES ET DES POIDS D'EAU ET DE VAPEUR ÉCOULÉS PAR MINUTE A DIFFÉRENTES PRESSIONS PAR UN ORIFICE D'UN CENTIMÈTRE CARRÉ.

PRESSIONS effectives en kilogrammes par cent. carré.	POIDS de l'eau en kilogrammes. Densité = 1.	VAPEUR.		
		Volumes en litres.	Densités.	Poids en kilogrammes.
1kil,000gr	54kil,600gr	1979	0,000,576	1kil,140gr
1 ,500	62 ,712	1816	0,000,839	1 ,524
2 ,000	76 ,986	1746	0,001,093	1 ,908
2 ,500	86 ,268	1727	0,001,341	2 ,316
3 ,000	94 ,458	1719	0,001,585	2 ,724
3 ,500	102 ,102	1686	0,001,826	3 ,078
4 ,000	109 ,200	1663	0,002,064	3 ,432
4 ,500	115 ,712	1638	0,002,297	3 ,762
5 ,000	122 ,304	1616	0,002,530	4 ,092
5 ,500	128 ,310	1602	0,002,760	4 ,422
6 ,000	133 ,770	1589	0,002,985	4 ,740
6 ,500	139 ,230	1577	0,003,212	5 ,064
7 ,000	144 ,144	1565	0,003,436	5 ,376
7 ,500	149 ,604	1554	0,003,657	5 ,682
8 ,000	154 ,518	1545	0,003,876	5 ,988
8 ,500	159 ,432	1536	0,004,095	6 ,288
9 ,000	163 ,800	1527	0,004,315	6 ,588
9 ,500	168 ,168	1518	0,004,530	6 ,876
10 ,000	172 ,596	1510	0,004,745	7 ,170

INSTRUCTION (B) SUR LES PRÉCAUTIONS A PRENDRE POUR L'EMPLOI DE LA CONTRE-VAPEUR.

ARRÊT DES TRAINS.

1° Manœuvre à effectuer pour obtenir l'arrêt.

Pour arrêter un train, le mécanicien doit :

1° Laisser la régulateur ouvert ;

2° Ouvrir le tiroir d'injection de vapeur ;

3° Renverser la distribution jusqu'à fin de course de la marche inverse ;

4° Ouvrir lentement le tiroir d'injection de l'eau, jusqu'à ce que la vapeur qui s'écoule par la cheminée soit légèrement humide.

En cas de danger imminent, le mécanicien, pour obtenir un effet plus prompt de la contre-vapeur, commence par renverser la distribution jusqu'à fin de course, il ouvre ensuite successivement les tiroirs d'injection de vapeur et d'eau.

2° Après l'arrêt.

Une fois l'arrêt obtenu, le mécanicien fait serrer le frein du tender, ferme le régulateur, les tiroirs d'injection de vapeur et d'eau, ouvre les purgeurs et met la distribution au point mort.

Limites de l'effort résistant.

Lorsque dans la marche inverse, la réaction de la vapeur sur les pistons est supérieure à l'adhérence des roues motrices et accouplées, la machine patine, le mécanicien doit alors diminuer l'introduction en ramenant le curseur vers le point mort, jusqu'à ce que le patinage soit arrêté.

Modération de la vitesse sur les pentes.

Pour modifier la vitesse des trains sur les pentes dont l'inclinaison est supérieure à la résistance que développe la vitesse, le mécanicien effectue les mêmes manœuvres que celles indiquées pour l'arrêt ; il règle l'admission de vapeur en raison du travail à vaincre, mais en restant au-dessous de l'admission qui produirait le patinage.

CARACTÈRES APPARENTS QUI SERVENT DE GUIDES AU MÉCANICIEN POUR RÉGLER L'INJECTION DE VAPEUR ET D'EAU DANS LES TUYAUX D'ÉCHAPPEMENT.

Injection de vapeur.

Le volume de vapeur à injecter dans les tuyaux d'échappement pour empêcher l'aspiration des gaz dans les cylindres, doit toujours excéder d'une petite quantité le volume aspiré par les pistons ; le mécanicien doit, en conséquence, régler la position du tiroir d'injection de vapeur, de telle façon qu'il aperçoive constamment un léger nuage de vapeur sortir à jet continu par l'orifice de la cheminée. L'insuffisance du volume de vapeur injectée dans les tuyaux d'échappement se manifeste par les phénomènes suivants :

1° Il ne sort pas de vapeur d'eau par la cheminée, ou elle s'échappe par jets intermittents ;

2° La pression s'élève rapidement dans la chaudière ;

3° L'injecteur Giffard s'arrête s'il fonctionnait, il ne s'amorce pas s'il était arrêté.

Injection d'eau.

Le mécanicien reconnaît que l'eau est injectée en quantité suffisante lorsqu'une petite partie s'échappe par la cheminée, et produit en retombant une pluie fine, comme fait une machine qui prime très-légèrement.

Si le poids d'eau injectée est insuffisant, la pression s'élève brusquement dans la chaudière ; si cet état se prolonge pendant quelques minutes seulement, les garnitures des tiroirs et des pistons s'échauffent et se brûlent rapidement.

Précautions à prendre en marche.

Le mécanicien doit, pendant la marche à contre-vapeur sur les pentes, porter particulièrement son attention sur le manomètre, lorsque la contre-vapeur est employée pour modérer la vitesse des trains sur un parcours de plus de 1 kilomètre, les soupapes sont desserrées de 1 kilogramme au-dessous de leur tension normale, afin de prévenir à temps utile, le mécanicien de l'accroissement de pression, et de limiter cet accroissement.

Le calage des soupapes absolument interdit dans tous les cas, serait excessivement dangereux pendant la contre-vapeur, la pression croissant très-vite pourrait produire l'explosion.

Lorsque l'orifice d'injection de vapeur est ouvert de la quantité qui convient pour empêcher l'aspiration des gaz extérieurs, il n'est plus nécessaire, en général, de le faire varier qu'à de rares intervalles ; mais le tiroir d'injection d'eau doit être manœuvré fréquemment pour maintenir la pression constante dans la chaudière, et empêcher l'échauffement des cylindres et des tiroirs.

Si l'injecteur Giffard s'arrête ou s'il ne peut être amorcé, le mécanicien augmente l'injection de vapeur et d'eau dans les cylindres, et ramène la distribution dans le voisinage du point mort, en ayant le soin de faire serrer les freins pour maintenir à vitesse uniforme.

Si ces moyens sont insuffisants, le mécanicien fait arrêter le train, ouvre le robinet souffleur, et l'injecteur fonctionne immédiatement, s'il est en bon état.

Afin d'éviter les inconvénients que peuvent amener les difficultés d'alimentation, le mécanicien doit toujours maintenir l'eau dans la chaudière à un niveau élevé.

Fig. 64.

Explication de l'épure ci-dessus.

Dans la fig. 64, qui représente le mouvement relatif du tiroir et des lumières, la courbe tracée est rapportée successivement à quatre systèmes de coordonnées rectangulaires.

Les quatre systèmes ont tous le même axe des ordonnées O, O'.

Prenons les ordonnées positives en dessus, les axes des abscisses sont successivement AA', BB', CC', DD'.

Prenons les abscisses positives à droite ; dans les quatre systèmes, les positions du piston sont représentées par les abscisses et les ouvertures des tiroirs, correspondantes à ces positions du piston, sont représentées par les ordonnées correspondantes, ainsi qu'il va être expliqué.

1° Dans le premier système d'axes (OO', AA'), l'axe AA' représente l'arête A de la lumière d'introduction, et les divers points de la courbe représentent les positions successives occupées par l'arête A' du tiroir (fig. ci-dessous) relativement à l'autre A des lumières. Les ordonnées représentent pour la face gauche du piston, savoir :

Fig. 65.

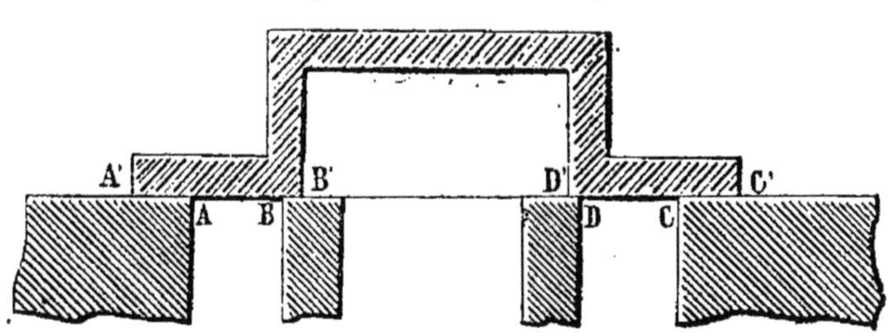

Les ordonnées positives, les ouvertures d'introduction et les ordonnées négatives, les recouvrements introduction fermée.

2° Dans le deuxième système d'axes (OO', BB'), l'axe BB' représent l'arête B de la lumière d'introduction, et les divers points de la courbe représentent les positions successives occupées par l'arête B' du tiroir relativement à l'arête B des lumières.

Les ordonnées représentent pour la même face (gauche) du piston savoir : les ordonnées négatives, les ouvertures d'échappement, et les ordonnées positives, les recouvrements échappement fermé.

3° Dans le troisième système d'axes (OO', CC'), l'axe CS' représente l'arête C de la lumière d'introduction et les divers points de la courbe représentent les positions successives occupées par l'arête C' du tiroir (fig. 4) relativement à l'arête C des lumières.

Les ordonnées représentent pour la face droite du piston savoir : les ordonnées négatives, les ouvertures d'introduction, et les ordonnées positives, les recouvremerts introduction fermée.

4° Dans le quatrième système d'axes (OO', DD'), DD' représente l'arête D de la lumière d'introduction, et les divers points de la courbe représentent les positions successives occupées par l'arête D' du tiroir relativement à l'arête D des lumières.

Les ordonnées représentent pour la même face (droite)

Fig. 66.

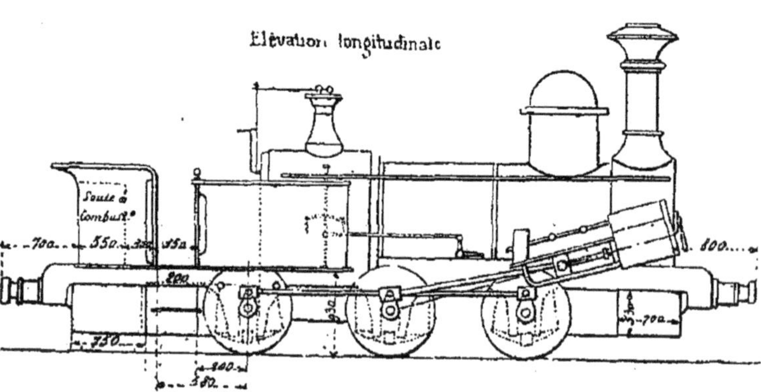

du piston, savoir : les ordonnées positives, les ouvertures

d'échappement et les ordonnées négatives, les recouvrements échappement fermé.

Les écritures qui contiennent la ligne pointée - · - · - indiquent les périodes de la distribution correspondant à la marche *directe*.

Les écritures qui contiennent la ligne pointée - -- -- - indiquent les périodes de la distribution correspondant à la marche *inverse*.

Machine économique construite par la Société de Commentry.

(*Société des houillères de Commentry et des forges, fonderies et ateliers de construction de Fourchambault, Montluçon, Torteron et la Pique*).

Objet.

Cette machine est à six roues couplées, elle a été construite pour voie étroite (largeur 1^{m}) par la Compagnie Boigues-Rambourg pour ses propres besoins, elle est présentée comme un spécimen pour chemins économiques.

Service.

Cette machine fait le service du chemin de fer de Commentry au canal du Berry. On prétend qu'elle a fait ce service pendant *un mois* sans rentrer à l'atelier pour y recevoir le moindre coup de marteau ou de lime ; ceci n'a rien qui nous étonne, cet exemple s'est souvent produit à notre connaissance.

Profil.

Le profil du chemin se présente sous le tracé suivant :

Sur 13 kilomètres de longueur, les pentes sont comprises entre l'horizontale et 12^{mm} par mètre ; puis viennent les plans desservis par machines fixes.

7

Mesures adoptées résultant des mesures antérieures.

Le chemin de fer a été exploité pendant dix ans avec des chevaux ; en 1854, la première locomotive y a été mise en service, mais le matériel roulant, les ouvrages d'art construits très-économiquement, n'étant point disposés en vue

Fig. 67.

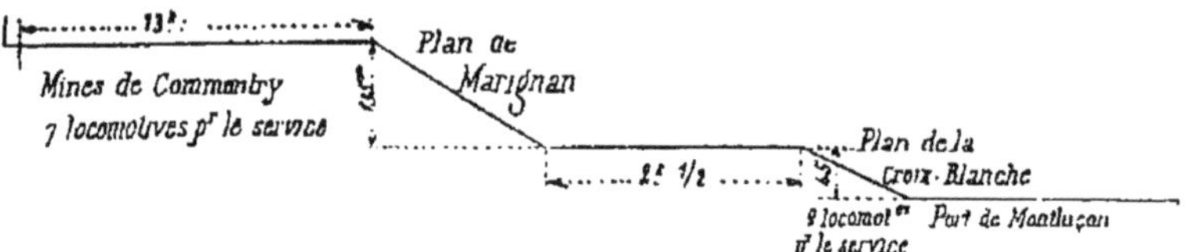

d'un service pour locomotives, on a dû se plier aux exigences de ce qui existait.

C'est ainsi que le porte-à-faux des tampons a été commandé par la forme des wagons ; que le faible écartement des rails a obligé à un faible diamètre de roues pour conserver les conditions de stabilité ; que les faibles accotements et la disposition des quais et des ouvrages d'art ont conduit à l'adoption de cylindres inclinés.

Puissance.

Ces locomotives font un excellent service, elles remorquent 40 wagons vides sur une rampe de 12^{mm} par mètre, à une vitesse de 26 kilomètres à l'heure, et 40 wagons de coke sur rampe de 4^{mm} 1/2 par mètre à une vitesse de 10 kil. à l'heure.

Les courbes descendent à 100 mètres de rayon, la machine a passé sur des rayons de 40 mètres.

Trafic.

Le trafic total du chemin est 400,000 tonnes par année, dans un seul sens, les retours sont de 25,000 tonnes.

La chaudière de cette machine n'offre rien de particulier,

nous remarquons seulement qu'il est très-difficile de la nettoyer, car nous ne voyons absolument qu'un robinet de vidange; s'il y a des bouchons autoclaves, nous ne parvenons pas à les découvrir, ils doivent donc être inabordables s'ils existent toutefois.

Le corps cylindrique, la boîte à feu, la boîte à fumée, toute la surface enfin est garnie en laiton, nous ne pouvons pas faire autrement que de penser que c'est là un luxe inutile, surtout pour le service que cette machine fait.

L'alimentation est faite par un Giffard qui refoule l'eau par un robinet ordinaire placé à $0^m,50$ environ de la plaque tubulaire de boîte à feu. Cette condition est mauvaise, les tubes doivent fuir souvent par leurs bagues, le robinet ne nous satisfait pas non plus.

Il y a deux caisses à eau, l'une à l'avant et l'autre à l'arrière; à l'extérieur des longerons, la caisse à eau d'arrière a $\frac{750}{350}$ et elle avance jusqu'à environ $0^m,200$ de l'axe de l'essieu d'arrière.

De même à l'extérieur des longerons, la caisse à eau d'avant a $\frac{1,000}{0,530}$ et elle avance jusqu'à $0^m,200$ de l'essieu d'avant.

Il y a sur la première virole d'avant du corps cylindrique un dôme garni en laiton dans lequel a lieu la prise de vapeur verticale. Les tuyaux de prise de vapeur et d'échappement sont dans la boîte à fumée.

Un grand tuyau longitudinal met en communication les caisses à eau; la soute à coke ou à charbon est tout à fait derrière le mécanicien.

Une petite colonne placée à l'arrière de la chaudière contient les soupapes et les balances.

Les cylindres sont inclinés pour éviter l'écartement qui

en résulterait si on n'avait pas pris cette mesure ; l'essieu moteur est au milieu.

Les cylindres sont fixés aux longerons et à la tôle de boite à fumée ; une tôle horizontale garnie de cornières forme entretoises en ce point en même temps que fond de boite à fumée.

Il n'y a pas de rattrapage de jeu aux boites à graisse.

La distribution a une disposition particulière, elle se fait cependant avec deux excentriques, et la coulisse de

Fig. 68.

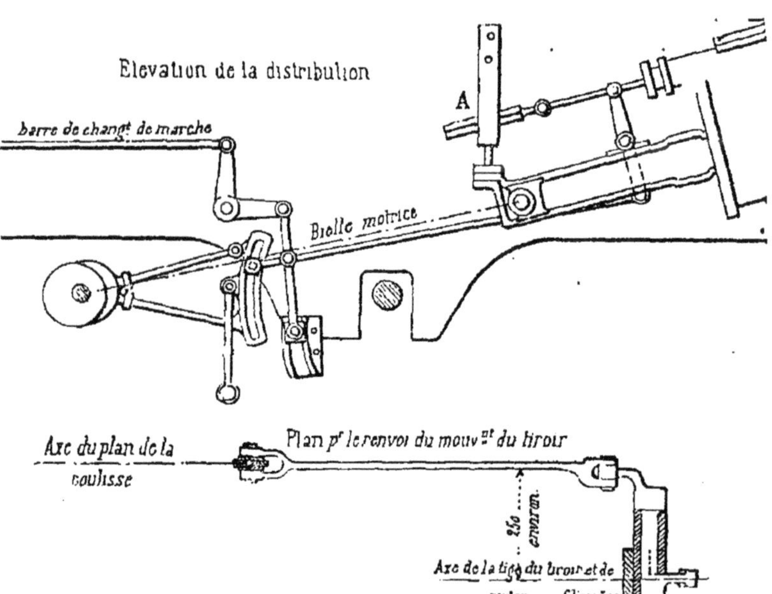

Stéphenson, mais comme les excentriques et la coulisse sont à l'intérieur et la boite à vapeur à l'extérieur des longerons, on a été obligé de renvoyer le mouvement en dehors par un arbre intermédiaire qui s'appuie sur la glissière supérieure.

Le relevage se fait comme ordinairement, c'est le coulisseau qui est relevé, la coulisse est fixe et toute simple. Le coulisseau n'a pas de perturbation due au mouvement de la bielle de suspension, car on a fait en sorte que l'extrémité opposée de cette bielle soit maintenue dans un chemin ou coulisse cintrée qui permet le mouvement à ce point, et qui est fixée d'une manière invariable à la plaque de garde du longeron.

Le support de glissière A est fixé au corps cylindrique de la chaudière, les glissières y sont pendues.

Le levier de changement de marche n'a rien de particulier, le secteur n'a que cinq crans, il est fixé au longeron.

Les ressorts de suspension sont placés par dessous les boites à graisse, et y sont accrochés.

Le châssis est placé à l'intérieur des roues, il y a un support de boîte à feu ordinaire, et il n'y a pas de support du corps cylindrique.

Pour éviter l'écartement transversal des bielles d'accouplement, on a pris sur la tête de bielle motrice un point fixe auquel s'attache la tête d'accouplement d'arrière, et sur le corps longitudinal de la même bielle motrice, on a pris également un point fixe très-voisin du centre, auquel on a lié la tête d'accouplement d'avant. Bien que cette manière ne soit pas entièrement radicale, car en faisant l'épure, on trouverait une différence assez sensible peut-être pour la longueur de la bielle d'accouplement d'avant, nous pensons cependant que pour cette machine, qui n'est pas appelée à marcher vite, on peut adopter ce système, car on voit que par ce moyen, on a réduit sensiblement l'écartement des bielles d'accouplement et aussi les boutons de manivelles dans le sens de leur longueur.

Pour nous résumer : cette machine, à part son genre de construction, surtout en ce qui a rapport à la distribution, peut faire un très-bon service au chemin où elle est employée ; la surface de chauffe cependant nous paraît bien un peu faible, eu égard aux dimensions des cylindres.

L'installation des caisses et leur répartition paraît logiquement distribuée.

Frein.

Fig. 69.

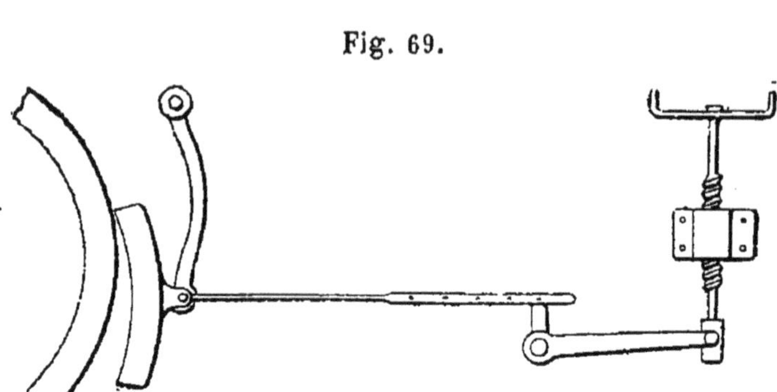

Un frein à vis est établi à l'arrière, il est à portée du mécanicien, et est simple, c'est-à-dire qu'il n'attaque la roue d'arrière que d'un seul côté,

Traverses.

Fig. 70.

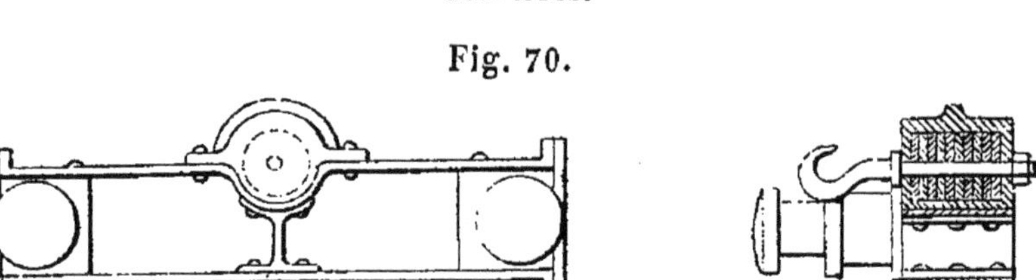

Les traverses sont en tôle entretoisées par des pièces de fonte, les crochets d'attelage fonctionnent dans des boîtes contenant des rondelles en caoutchouc.

Machine du chemin de fer du Midi, le PIC DU MIDI, construite aux ateliers de la Compagnie, à Bordeaux.

Cette machine est destinée à remorquer des voyageurs ou des marchandises, sur des rampes de 0^{m},010 à 0^{m},017.

Le croquis ci-contre la représente à peu-près dans sa forme extérieure.

Elle a été disposée pour recevoir des roues de 1m,600 ou de 1m,300 suivant le service qu'elle sera appelée à faire.

Fig. 71.

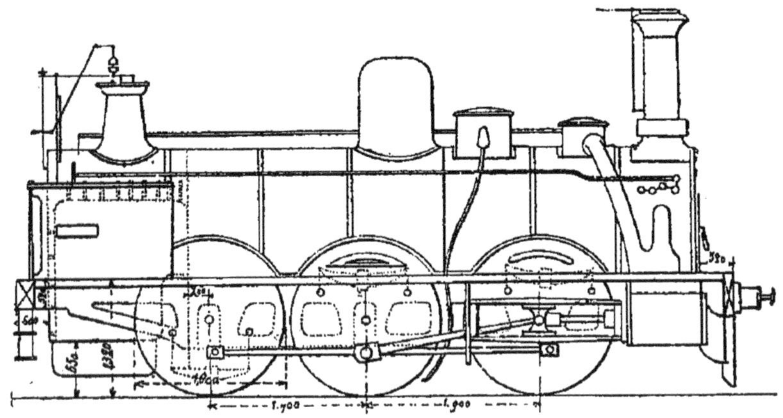

La chaudière est en tôle d'acier de 0m,009 d'épaisseur.

La boite à feu a des autoclaves aux angles inférieurs abordables.

Il y a dessous un cendrier fermé de toutes parts, excepté à l'avant, la porte de ce côté est mise en mouvement par des leviers et tringles.

Le tablier est très-commode, on y arrive par la bordure qui se trouve le long de la rampe à l'extérieur, cette bordure a environ 0m,160 de largeur.

Les traverses sont en bois à l'avant et à l'arrière.

A l'avant seulement, il y a des tampons ; on peut les démonter et les retourner le haut vers le bas lorsqu'il s'agit de baisser la machine pour l'application de roues plus petites.

Les rotules sont construites pour le même cas, c'est-à-dire qu'elles sont infléchies pour qu'on puisse les retourner au moment voulu et que leur centre soit toujours à la même hauteur au-dessus du rail.

Pour l'alimentation, on a placé un seul Giffard vertical sur le côté gauche de la machine dans la rampe, il est très-abordable.

Fig. 72.

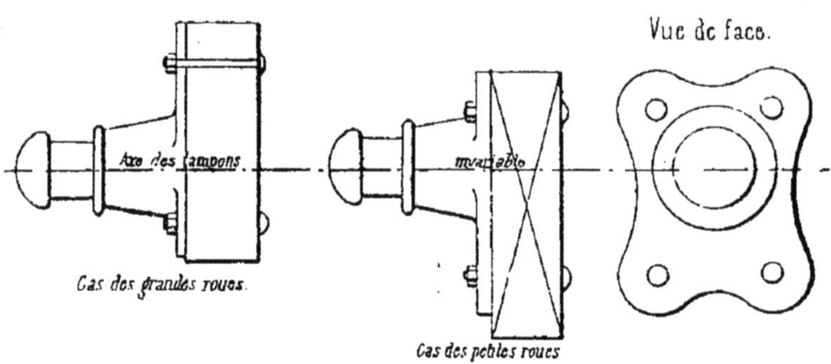

Il y a deux boîtes à clapets de retenue, chacune d'elles est placée sur le côté de la chaudière, au milieu de la longueur du corps cylindrique.

Fig. 73.

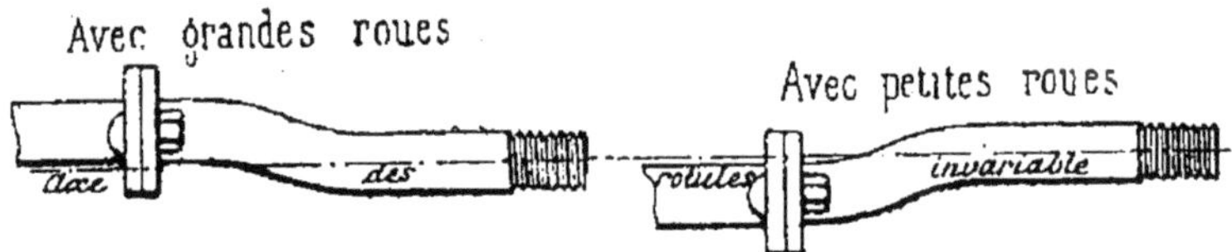

On a placé un robinet de vidange de la chaudière sur le côté inférieur gauche de la boîte à feu.

Une colonne de soupapes de sûreté portant balances, est à l'arrière de la machine, la prise de vapeur du Giffard est dessus.

Une lunette est disposée au-dessus de la face arrière de boîte à feu, elle a la forme du croquis (fig. 74).

La porte du foyer est ordinaire.

Le régulateur est horizontal, placé sur la première virole avant du corps cylindrique.

Sur la deuxième virole il y a le sablier, et sur la troisième virole un dôme de prise de vapeur.

Les traverses d'avant et d'arrière sont solidement attachées aux longerons par de fortes équerres forgées qui sont boulonnées à la traverse par trois forts boulons, et rivées au longeron par neuf rivets. Ces pièces ont 25^{mm} d'épaisseur.

Fig. 74.

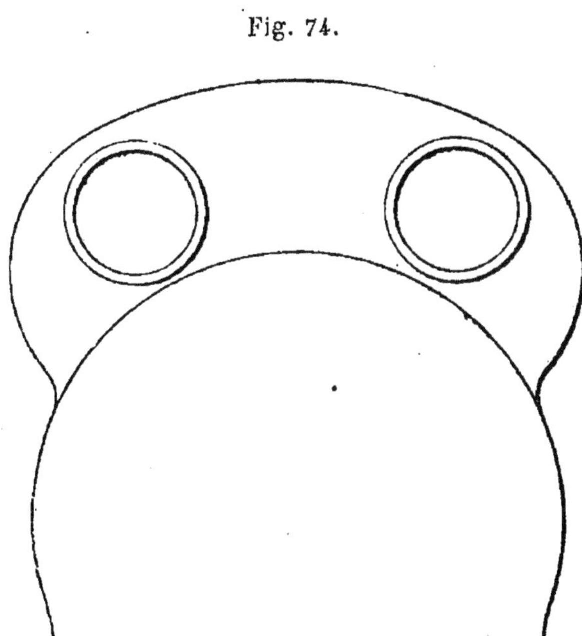

Les cylindres sont très-solidement fixés au longeron et à la tôle de boite à fumée à l'aide de dix-neuf boulons, la

Fig. 75.

bride du cylindre qui forme cette attache prend toute la largeur du longeron en ce point, et elle y appuie par un patin supérieur.

Il y a deux supports de boite à feu ordinaires.

Les longerons sont intérieurs aux roues et la chaudière s'y applique latéralement par la boîte à feu.

Les supports de corps cylindrique sont en fer forgé, il y en a deux de chaque côté de la machine, ils sont fixés au corps cylindrique, les boulons qui les attachent au longeron sont à dilatation.

Les supports de glissières sont de formes ordinaires, mais ils sont en *cuivre jaune* ; nous ne savons quel est le motif qui a dicté cette mesure, attachés du reste de la manière ordinaire par un bon empattement supérieur s'appuyant sur le haut du longeron, et par une patte spéciale s'adaptant à la partie inférieure de ce longeron qui, en ce point, forme entretoise de plaques de gardes en ce même point et attachée par les mêmes boulons, on a placé une entretoise inférieure qui va transversalement d'un longeron à l'autre.

Fig. 76.

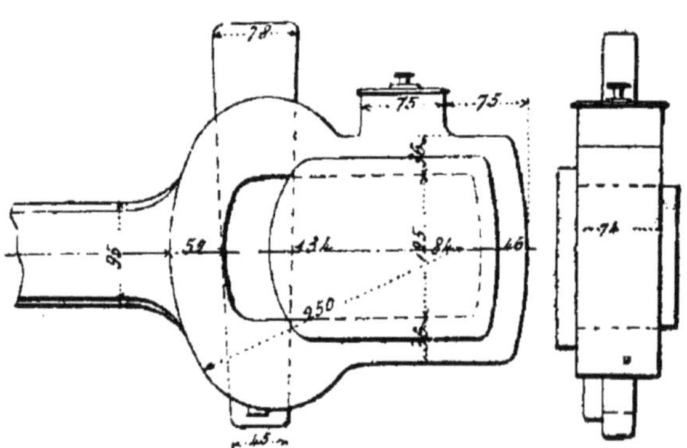

Les suspensions d'avant et de milieu sont en dessus ; celle d'arrière a son ressort par dessous.

Les boîtes à graisse sont en fer, elles ont des coins analogues à ce qui a été décrit pour Paris-Lyon.

Les roues sont du genre Arbel. Les bandages sont en acier.

La tête de bielle d'accouplement du milieu porte une

articulation horizontale pour faciliter le passage dans les courbes. (Voir ce qui a été dit à la machine Saint-Léonard, Belgique.)

La forme de la tête de bielle motrice nous parait par-

Fig. 77.

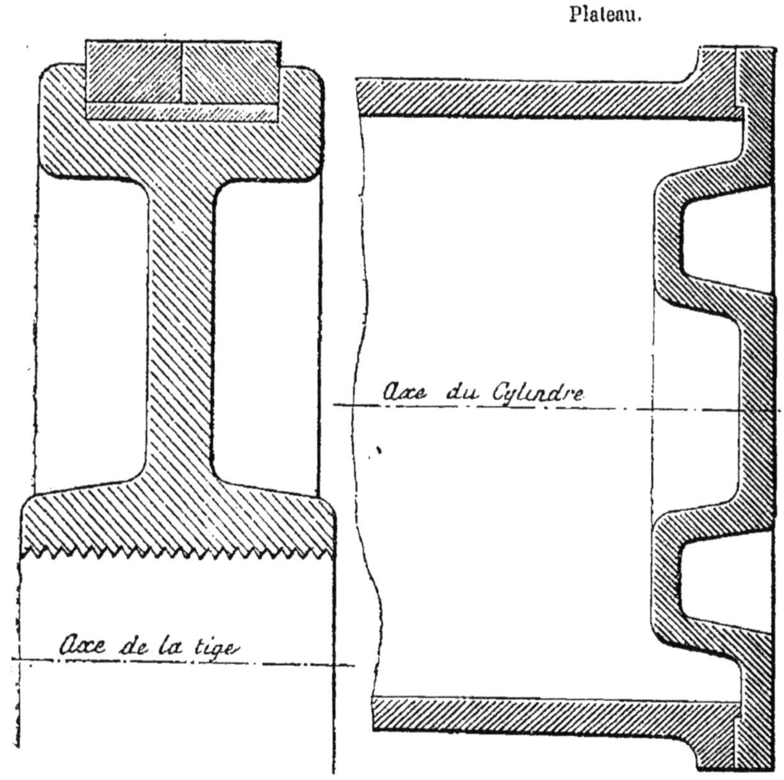

faitement étudiée ; nous en donnons un croquis aussi juste que possible.

Les pistons ont la forme indiquée à la fig. 77 ; ils sont en fer, les segments en fonte et le ressort en acier.

Les fonds des cylindres sont conformes à la forme du piston (voir la fig. 77, plateau).

Les crosses ou têtes de pistons sont très-longues, leur surface de frottement est parfaitement bien comprise, environ 0^m, 40 de longueur.

Le mouvement des bielles est en fer ; on pense, au chemin de fer du Midi, que si les pièces qui le composent étaient en acier, elles auraient plus de chances de ruptures.

La distribution est très-simple :

Deux excentriques ordinaires, des barres assez longues à cause d'une disposition particulière (1^m environ au lieu de 0,600 qu'elles auraient eu). La fig. 78 donne la forme adoptée pour ce cas particulier.

Fig. 78.

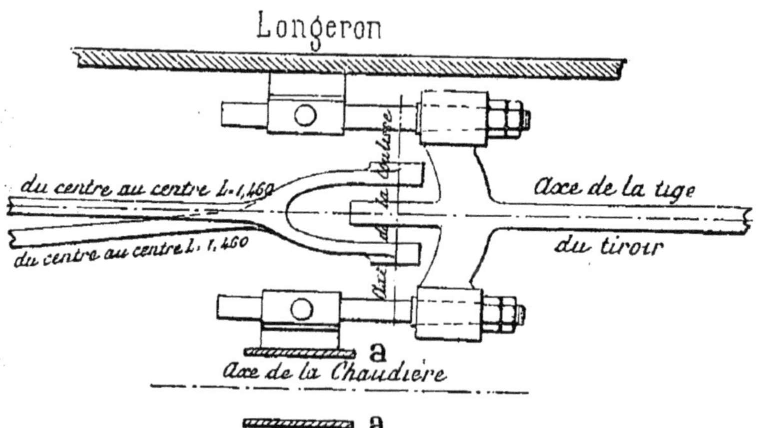

a, *a* sont deux supports en tôle fixés par des cornières à la chaudière.

La coulisse est enlevée par le levier de relevage, le coulisseau est fixe.

Le levier de changement de marche est aussi un cas spécial que nous n'avons pas encore vu appliquer. Le secteur contenant des crans intermédiaires par la raison qu'on a taillé une de ses flasques avec des crans en regard des pleins de la flasque voisine, et cela pour en avoir le double en disposition (voir la fig. 79).

L'idée de multiplier les crans n'est pas mauvaise, sans doute, mais la construction du levier à double verrou présente quelques difficultés ; nous craignons que celui qui est représenté au croquis ci-après (fig. 80) ne soit pas tout-à-fait la solution du problème. La pièce unique, recevant la pression due aux deux ressorts à boudin et ne tenant au corps du levier que par une cheville rivée, ne nous parait pas destinée à rester longtemps à sa place.

Fig. 79.

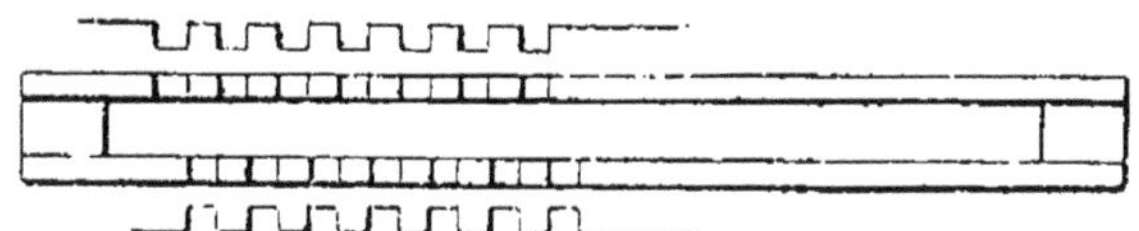

Nous remarquons qu'on a installé un petit tuyau pris sur le régulateur qui injecte dans la tuyère d'échappement un mélange d'eau et de vapeur, on forme ainsi un un appareil assimillable à celui du Nord de l'Espagne dont nous avons déjà donné la description.

Cette machine présente de bonnes conditions de marche, elle sera, nous pensons, d'un bon service.

Nous préférons ses conditions d'établissement à celles de la machine à 6 roues du Creuzot.

	Creuzot.	Midi.
Poids de la machine vide	$29^{t},000$	$30^{t},500$
Surface de chauffe	119^{m2}	145^{m2}
Adhérence.	$5,300^{k}$	$5,783^{k}$
Diamètre des pistons	$0^{m},440$	$0^{m},450$

Pour mémoire, nous ajouterons qu'en ce moment le chemin de fer du Midi est en train d'étudier un moyen nouveau d'attacher la plaque arrière de la boîte à feu, afin de permettre facilement l'enlevage d'un foyer renflé à la partie supérieure. Voici le moyen qu'on étudie en ce moment : au lieu de river la plaque en question en dedans, on la rive en dehors (voir la fig. 81). Ce qui permettra, en cas de réparations, de la dériver facilement, d'emmancher un autre foyer et de refaire le rivetage.

Les fermes du ciel de foyer sont aussi l'objet de l'at-

Fig. 80.

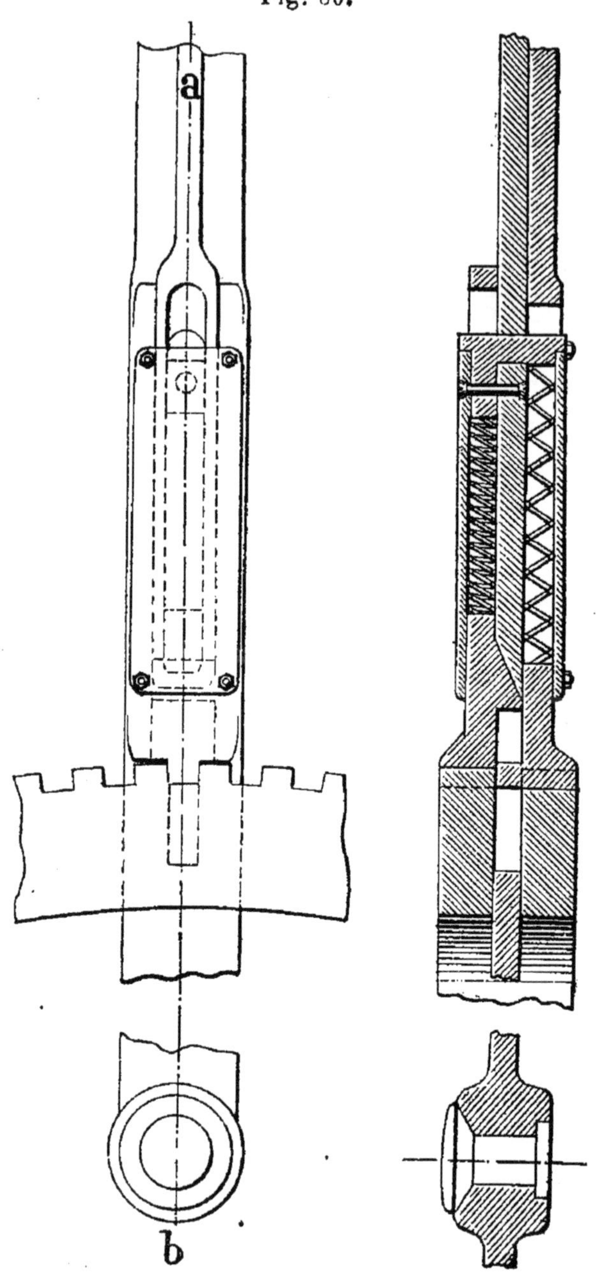

tention du moment; on a l'intention de les faire appuyer,

non-seulement sur le ciel du foyer, mais encore sur des supports particuliers rivés à la paroi verticale de l'enve-

Fig. 81.

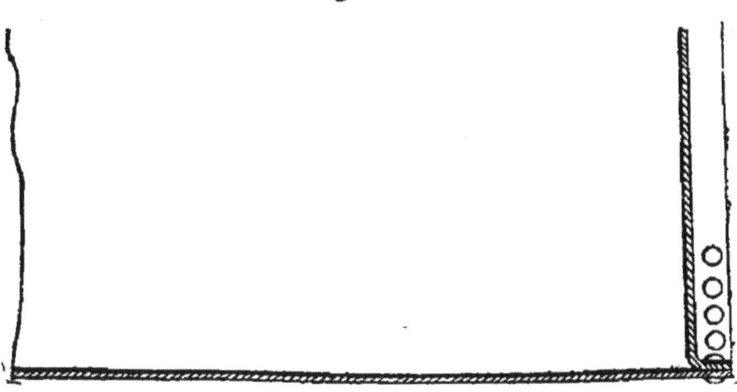

loppe de boîte à feu. Cette disposition est très-bonne et ne peut donner que de bons résultats (voir la fig. 82).

Fig. 82.

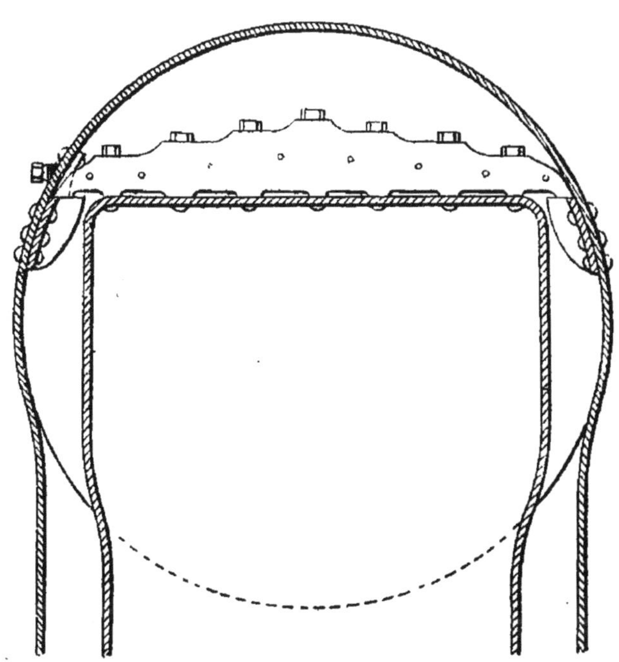

On parle même d'étudier les supports des extrémités des fermes, de façon qu'ils puissent en même temps servir de siége à un bouchon autoclave qui permettrait de nettoyer entre deux fermes consécutives.

Locomotives à quatre essieux couplés pour le chemin de fer du Nord. — Constructeur, Compagnie de Fives-Lille.

Fig. 83.

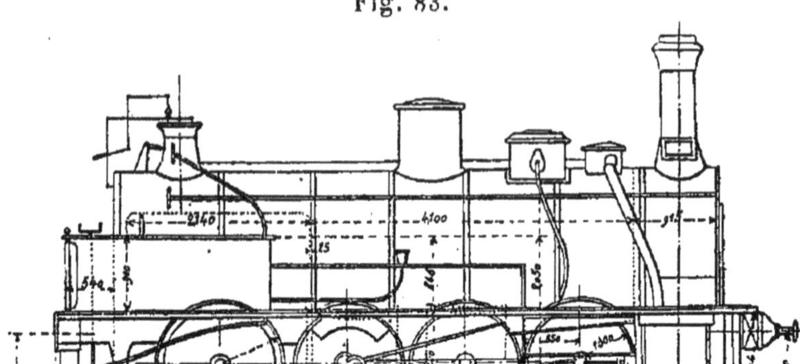

Comme on le voit par le croquis d'ensemble, la paire de roues d'arrière vient se placer sous la boite à feu, l'essieu est recouvert par une espèce de manchon en tôle, qui se trouve dans le cendrier, et dont la partie inférieure peut être démontée pour permettre l'enlevage de la roue.

Les deux paires de roues du milieu sont réunies par la conjugaison des ressorts de suspension qui se fait par un levier de compensation.

Le ressort d'arrière est placé dans la boîte à graisse.

Les longerons sont intérieurs.

Les boîtes à graisse sont en fer cémenté.

Il y un frein qui prend les roues d'arrière des deux côtés, la colonne de frein est placée sur la plate-forme du mécanisme.

Derrière le mouvement de frein se trouve le mouvement du jette-feu, qui se manœuvre par une vis, l'arbre horizontal porte un levier à contre-poids, les supports de boite à feu n'ont rien de particulier.

Ceux du corps cylindrique sont en tôle, cornières et fer forgé à l'endroit de l'appui sur le longeron. La chaudière glisse sur ces supports comme ce qui se fait à toutes les machines françaises. On a ajouté une espèce de bride de sûreté qui empêche les mouvements verticaux du corps cylindrique sur les supports; cette bride peut s'enlever en desserrant les quatre boulons qui la fixent, on peut donc, en desserrant également les boulons d'attache des cylindres, enlever la chaudière très-facilement.

La chaudière n'offre rien de particulier comme système, il y a un cadre avec coins qui permettent une bonne rivure des tôles de boîtes à feu. Un bouchon autoclave à chaque coin inférieur du foyer, et un bouchon de lavage entre chaque ferme.

Le ciel de foyer a des fermes transversales qui posent également sur des supports latéraux comme au chemin de fer du Midi.

La porte du foyer a deux battants qui se manœuvrent par deux poignées recourbées, il y a un petit regard de 100^{mm} à chaque battant.

Les dimensions de cette porte sont de $^{600}/_{450}$.

Il y a un tuyau qui conduit de la vapeur dans l'échappement afin de produire un tirage artificiel en temps opportun, ce tuyau prend la vapeur dans le dôme, le robinet qui y est adapté est ouvert au moyen d'un levier fonctionnant sur un petit secteur en bronze, placé à portée du mécanicien.

Dans la boîte à fumée, le tuyau d'échappement est commun aux deux cylindres, il monte verticalement à sa jonction avec la calotte d'échappement, on a placé une grille contre les flammèches.

Les longerons sont parfaitement entretoisés partout où

on a pu le faire, ils se présentent sous les meilleures conditions de rigidité.

Les cylindres sont attachés fort solidement aussi. Le support des glissières se trouve réuni à la face arrière du cylindre par une tôle verticale qui en même temps sert d'appui au support d'arbre de relevage (fig. 84).

Fig. 84.

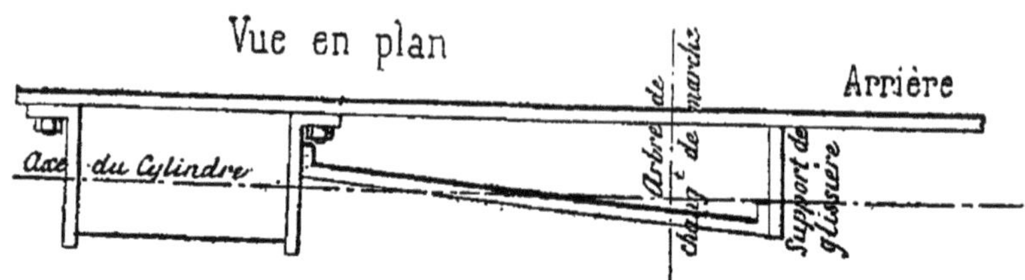

Le support de glissières est une pièce de fer forgé qui se cramponne au longeron, et qui porte les deux supports d'arbre de relevage de chaque côté (fig. 85).

Fig. 85.

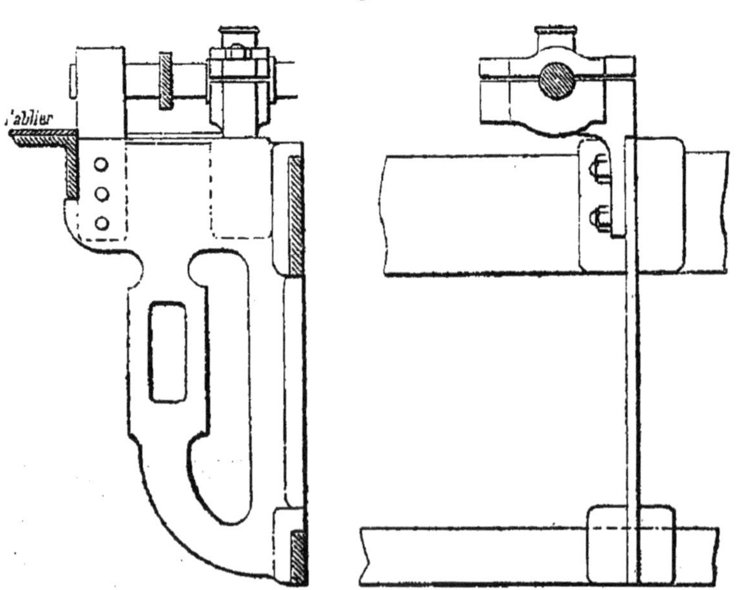

La porte de boîte à fumée a une fermeture à excentrique ; outre cette fermeture, elle possède aussi quatre petits verrous ou leviers pivotant sur des points fixes pris sur la tôle avant de boîte à fumée ; ils viennent presser la porte en quatre points qui reçoivent cette pression par l'intermédiaire de plaques dont le plan de frottement est un peu incliné. La fermeture est hermétique. La surface de frottement présentée aux têtes de pistons est de $^{125}/_{400}$.

En général, toutes les pièces frottantes ou ayant un mouvement de rotation, présentent des surfaces dans les

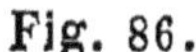

Fig. 86.

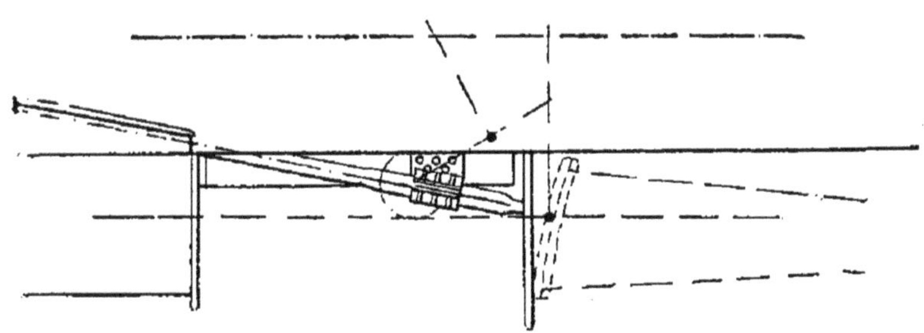

meilleures conditions possibles pour une bonne exploitation de machines.

Le mouvement de distribution est tout à fait extérieur ; c'est la coulisse qui s'enlève, elle est suspendue par le milieu au levier d'arbre de relevage.

La tige du tiroir est guidée par une pièce carrée de fortes dimensions, qui glisse dans un guide en fonte attaché à une bande de tôle ou petit longeron, qui prend ses points d'appui au cylindre d'une part et au support de glissières de l'autre (voir la fig. 86), et dont il vient déjà d'être question plus haut.

Toutes les pièces du mouvement et de la distribution sont en fer, toutes les parties de ces pièces qui, par leurs fonctions, sont appelées à être usées par le frottement sont cémentées et trempées.

Si l'on se reporte aux dimensions principales et aux

conditions générales du tableau publié dans le Bulletin d'octobre, on verra que cette machine est peut-être celle de l'Exposition, qui dans son genre est la mieux entendue, tant sous le rapport des conditions de surface de chauffe par rapport au travail ou service à faire, que sous celui des proportions entre les différentes parties.

Du reste, en présence de la machine, on sent que toutes les pièces en sont sagement étudiées, rien n'a été négligé, tout est proportionnel, une pièce ne frappe pas plutôt que l'autre, l'ensemble est satisfaisant. Les constructeurs ont réuni les meilleures conditions de solidité, de durée et d'économie de construction première, sans compter pour l'avenir peu de réparations pour l'entretien en bon état de cette machine.

A l'arrière, sur la chaudière, on a placé une petite colonne de soupapes qui contient tous les appareils de sûreté tels que, balances, soupapes, sifflet, robinets de prise de vapeur des Giffards.

L'alimentation est faite par le système de Giffard modifié par M. Turck. Le refoulement se fait au milieu du corps cylindrique.

Fig. 87.

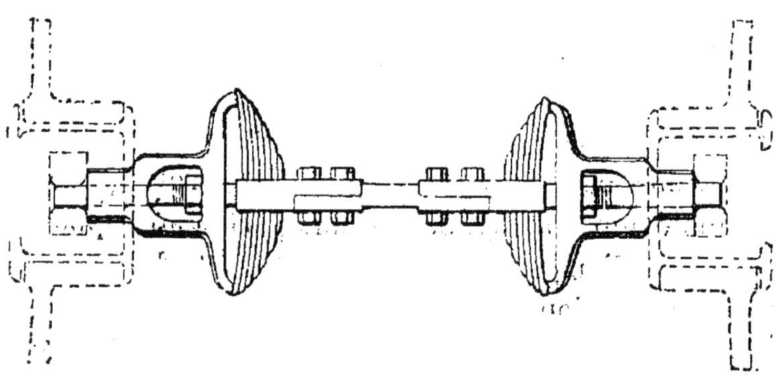

Cette locomotive est, à notre avis, le type qu'il faut admettre comme machine de grande puissance, car on y trouve : facilité de conduite et d'entretien en service, abord facile partout, grande production de vapeur relativement au poids mort, adhérence totale sur les huit roues.

Bref, cette machine nous paraît être ce qu'il y a de mieux, et certes nous lui donnons de beaucoup la préférence sur les énormes locomotives qu'on nous présente, comme devant faire un service exceptionnel ; jusqu'à preuve du contraire, nous serons de cet avis, nous pensons qu'il serait difficile de nous convaincre, car des hommes assez compétents en cette matière, les mécaniciens-conducteurs, sont demeurés d'accord avec nous à ce sujet, il n'est pas d'éloges qu'ils ne fassent de la machine à huit roues de Fives-Lille, construite pour le Nord, et il n'est pas de critiques qu'ils ne fassent contre tout autre système plus encombrant, plus difficile à conduire, presque impossible à soigner.

Quoique cette machine n'ait pas aux essieux extrêmes d'appareils de translation, il est opportun ici d'en parler, il est connu sous le nom d'appareil Caillet. Nous en donnons le croquis (fig. 87) même exposé sur le tablier de la machine, et qui représente l'exécution qui en a été faite et exposée également à part, tout contre cette même locomotive.

COPIE DE LA NOTE ANNEXÉE A L'APPAREIL EXPOSÉ. APPAREIL DE TRANSLATION POUR ROUES ET ESSIEUX DE LOCOMOTIVES (système Caillet).

Cet appareil a pour fonction de permettre le déplacement des essieux pour le passage dans les courbes de petits rayons, sous l'influence de la tension de deux petits ressorts, que la pratique a indiquée comme ne devant pas excéder 1,800 kilog.

Sous cette faible pression, le mouvement de lacet se trouve complètement annulé dans les lignes droites ou courbes, l'usure des boudins est notablement réduite, et les roues reprennent leur position normale lorsqu'on passe de la courbe franchie à la ligne droite à parcourir.

Près de 400 de ces appareils sont appliqués depuis quatre ans, tant en France, qu'en Angleterre, en Italie et en Espagne, où ils donnent les meilleurs résultats.

Il est urgent d'ajouter une annotation des constructeurs, nous la trouvons au tableau des dimensions principales qu'ils ont placé sur la machine même.

Écartement des essieux	1er avant au	2e		1,380
—	2e	—	3e	1,380
—	3e	—	4e	1,490

Effort de traction calculé avec 0,65 de la pression effective :

$$\frac{0,65 \times P \times d^2 \times l}{D} = \frac{0,65 \times 8 \times 50^2 \times 65}{130} = 6,500\,k.$$

Nombre de wagons remorqués en service sur rampe de de 5mm par mètre................ 45 wagons.
Poids brut du train (14t par wagon.).. 630 tonnes.
Vitesse réglementaire entre les stations. 25 kilom.

(Nota). Par suite du très-grand effort de traction dont ces machines sont susceptibles, on peut estimer que l'essieu d'arrière a une surcharge d'environ 1000 kilog. Il en résulte pour les deux paires de roues d'avant une diminution équivalente soit :

1er avant	11,600	kilog.
2e —	10,680	—
3e —	11,300	—
4e —	9,800	—

Il n'est pas hors de propos de parler ici de l'attelage Stradal dont la même Compagnie a également le privilége de construction.

Les dessins fig. 88 et 89 que nous en donnons ci-contre suffiront pour en faire suffisamment comprendre tout l'effet.

Nous ajoutons seulement que cette manière d'attacher

Fig. 88.

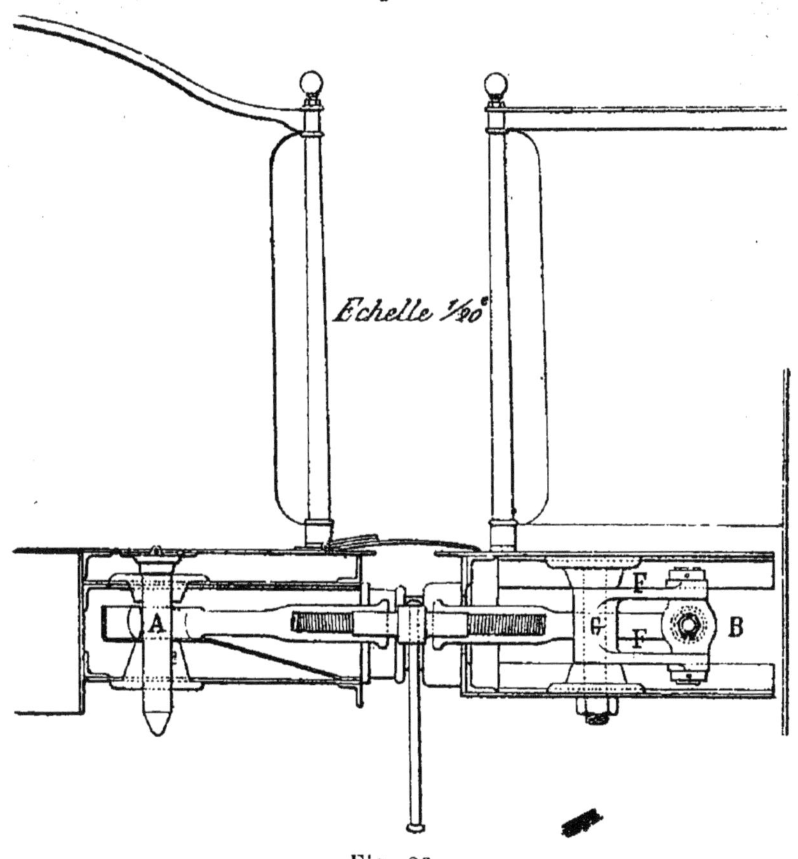

Fig. 89.

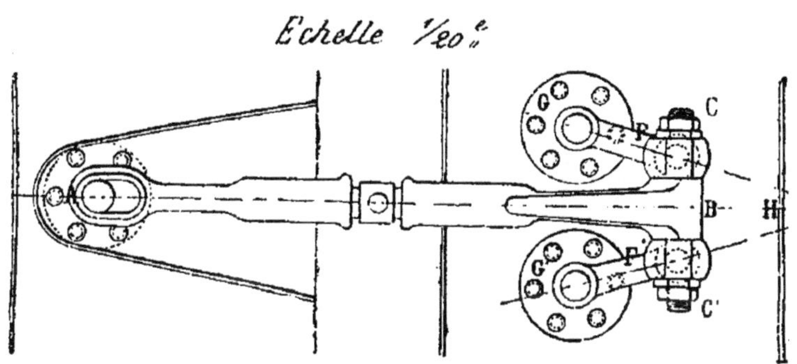

la machine au tender et d'opérer la traction du train,

est un problème résolu fort logiquement, avec autant d'intelligence que d'élégance; il y a loin de ce petit appareil peu encombrant et remplissant les conditions exigées pour une bonne traction, à ces monstrueuses barres d'attelage, qui vont, passant sous le foyer et sous les essieux, s'accrocher à une traverse non moins monstrueuse placée au centre de figure d'une machine et par laquelle on opère la traction dans certains types étrangers dont nous parlerons en temps utile. (Voir les machines belges.)

Locomotive à voyageurs. 4 roues couplées pour le chemin de fer du Nord (construite par la participation Fives-Lille et J.-F. Cail.)

Comme dispositions générales, cette machine a la plus grande analogie avec celle de la Compagnie Paris-Lyon-Méditerranée dont il a déjà été question.

Nous donnons un croquis approximatif qui en fera connaître les principales conditions.

Fig. 90.

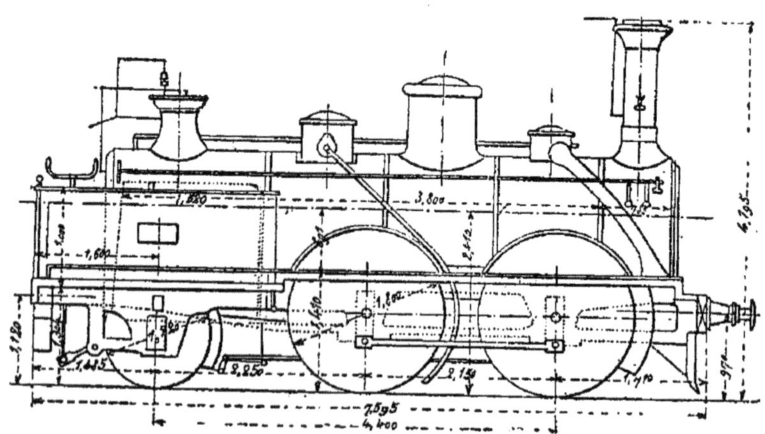

Elle ne présente rien d'absolument particulier comme système, quelques perfectionnements de construction connus cependant depuis quelques années.

Des coins de cadre faciles à river par la forme spéciale de l'angle forgé.

Échappement variable mu par deux leviers portant écrous, l'un fileté à gauche, l'autre à droite.

Fig. 91.

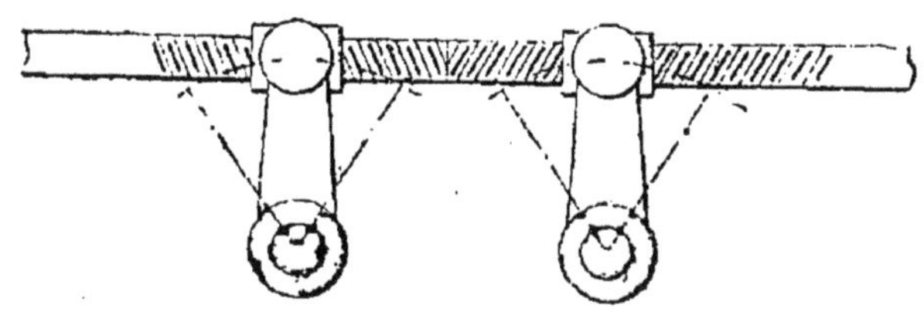

Le foyer est ordinaire, bouchons de lavage aux coins inférieurs avec pièces rapportées intérieurement et ressortant de quelques millimètres.

Deux bouchons de chaque côté pour le lavage entre les fermes transversales, on aurait peut-être pu en mettre en plus grand nombre, puisqu'on se décidait à adopter ce système.

Fermes transversales appuyant par leurs extrémités sur des supports intérieurs fixés à la paroi verticale de la boite à feu.

Un dôme de prise de vapeur séparé du régulateur.

Un robinet et tuyau souffleur pour activer le tirage, comme à la machine à quatre essieux à marchandises.

Porte de foyer à deux battants avec poignées recourbées et petits regards de $^{100}/_{100}$ environ.

Frein prenant l'avant de la roue d'avant et de la roue de support qui est sous la boîte à feu, mis en mouvement par une vis.

Changement de marche ordinaire, distribution intérieure. La coulisse est suspendue par le bas au levier de relevage par les bielles de suspension. La tige de tiroir n'a pas de guide, elle est très-courte ; les barres qui la commandent sont également courtes et passent par dessous l'essieu d'avant. Le point d'attache des suspensions de coulisse est le même que celui de la barre d'excentrique inférieure. Les barres d'excentriques sont très-longues, environ $1^{m},800$ à partir du centre de l'excentrique jusqu'aux points d'attache de la coulisse (fig. 90).

Boîtes à graisse en fer cémenté et trempé.

Essieu coudé moteur.

Tout le mouvement à l'intérieur.

On ne voit absolument qu'une bielle d'accouplement à l'extérieur.

La même petite colonne porte-système des appareils de sûreté existe ici comme à la machine à huit roues couplées.

En comparant toutes les parties de cette machine, on est frappé de l'ensemble harmonieux qui règne dans tous

Fig. 92.

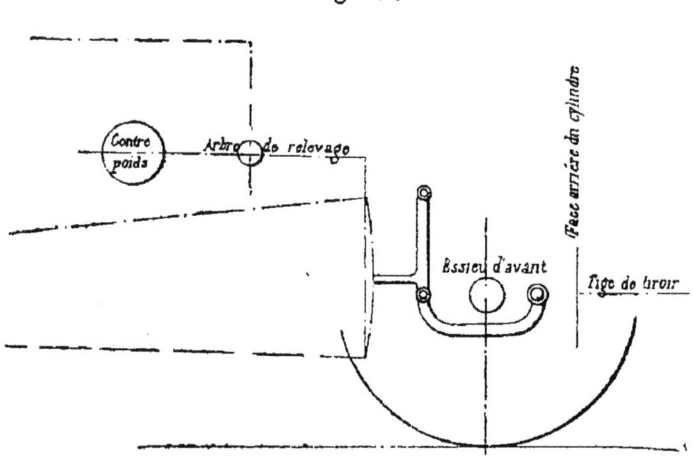

les moindres détails. Comme pour la machine à huit roues, nous dirons que celle qui nous occupe en ce moment est un type d'élégance, de force et de solidité. On sent que cette machine est complète, rien n'y manque, et cependant peu de complication, tout est très-abordable, sur le tablier du mécanicien tout se trouve immédiatement sous la main. Quand on passe par dessous et qu'on regarde le mouvement et la distribution, toutes ces pièces sont à leurs places et de la manière la plus logique, quelques boulons desserrés et voilà tout le système démonté et descendu dans la fosse, sans effort et sans fausser quoi que ce soit.

CHEMIN DE FER D'ORLÉANS.

(M. Forquenot, ingénieur en chef.)

Machine à voyageurs (grande vitssse), avec un foyer fumivore système Tembrinck.

Cette machine, construite en 1864, a été mise en service en décembre de la même année, elle a fait la traction des trains de vitesse entre Périgueux et Agen, et Capdenac (rampe de 12 1/2 à 16 millimètres).

Depuis cette époque jusqu'au 28 février 1867, elle a effectué un parcours de 145,734 kilom., soit en moyenne 5,605 kilom. par mois ou 67,260 kilom. par année.

La consommation moyenne de houille a été de 5^k,91 de houille par kilomètre.

La dépense totale d'entretien s'est élevée à 2,658 fr., soit 0^f,01,82 par kilomètre.

Les 12 machines du même type (de 201 à 212) ont parcouru ensemble depuis leur mise en service, 1,328,229 kilomètres.

Leur consommation moyenne a été de 6^k,14 de houille, et la dépense moyenne d'entretien de 0^f,014 mill.

Les bandages en acier fondu des roues d'avant ont été changés après un parcours de 69,242 kilomètres.

Ceux des roues couplées n'ont été ni tournés ni changés pendant ce parcours, ils sont également en acier fondu.

La chaudière est ordinaire, sauf le foyer fumivore Tembrinck que chacun connait et qu'on trouve décrit dans la publication Armengaud ; nous en donnerons cependant un croquis approximatif ; sauf cette particularité, elle ne présente rien autre chose de bien saillant.

Les coins de boîte à feu sont avec pattes au cadre pour faciliter la rivure.

Bouchons autoclaves aux angles inférieurs, assez difficiles à aborder.

Dans le dessous du corps cylindrique, un peu vers l'avant, c'est-à-dire à environ 0,40mm de la plaque avant de boîte à feu, il y a un trou de vidange avec traverse qui a environ 0m,180 à 0m,200 de diamètre.

La jonction du corps cylindrique et de la boîte à fumée est faite à l'aide d'une colerette en cornière, la boîte à fumée est donc renflée.

Le régulateur est horizontal, placé dans le dôme qui est très-grand.

Tout contre, un peu vers l'arrière, il y a un sablier.

Tout à fait à l'arrière, à peu près dans l'axe de la boîte à feu, une colonne portant le sifflet et les robinets à volant pour prise de vapeur de Giffard.

Enfin à environ 0m,50 en avant de la plaque arrière du foyer, la lunette du mécanicien réduite à sa plus simple expression.

Le châssis est à l'intérieur des roues, les boîtes à graisse sont à l'intérieur du châssis.

Les roues portent de forge leurs manivelles.

Les cylindres sont extérieurs et la distribution aussi.

Pour suspension, il y a un ressort commun aux deux roues couplées qui reçoit le longeron par ses extrémités et qui la reporte par son milieu sur une barre d'égale résistance qui, elle-même, répond par ses extrémités sur les tiges de pression des boîtes à graisse.

Les supports de boîte à feu sont de formes ordinaires.

Ceux de corps cylindrique sont à peu près conformes au croquis que nous donnons à la suite de ces notes.

Tuyaux de prise de vapeur et d'échappement partie en dehors, partie en dedans de la boîte à fumée.

Coulisse renversée pour la distribution.

Guides de tige de tiroir à glissières.

Point de suspension de la coulisse en haut du support de glissières, point de relevage en bas.

Alimentation par un Giffard placé à gauche du mécanicien, par une pompe à droite en dessous de la chaudière, le mouvement lui est donné par un excentrique monté sur l'essieu.

Refoulement par un robinet à clef près la boîte à fumée.

L'ensemble de la locomotive se présente à peu près sous la forme du croquis ci-contre.

Fig. 93.

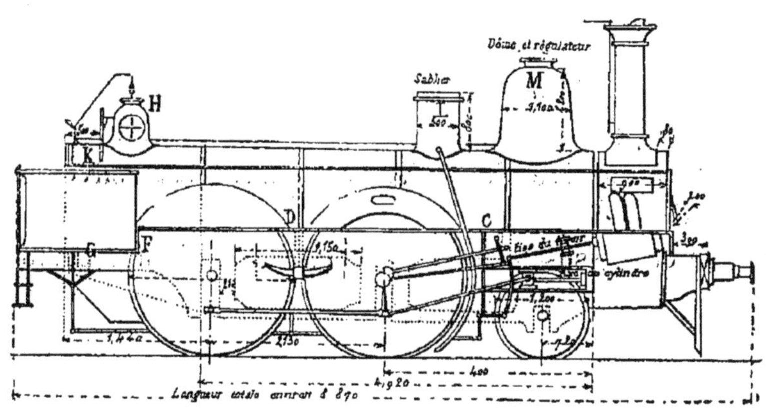

LÉGENDE EXPLICATIVE.

A, face arrière du cylindre.

B, support de glissières.

C, support de chaudière corps cylindrique.

D, support de chaudière corps cylindrique et axe du levier de compensation du ressort.

F, support de boîte à feu (large.)

G, support de boîte à feu (étroite.)

H, colonne pour sifflet et prise de vapeur de Giffard.

K, lunette du mécanicien.

L, sablier.

M, grand dôme et régulateur horizontal.

La distribution se présente sous l'aspect de la fig. 92; une sorte de petit longeron s'appuyant d'un côté sur le support de glissières, et de l'autre sur la face arrière

Fig. 94.

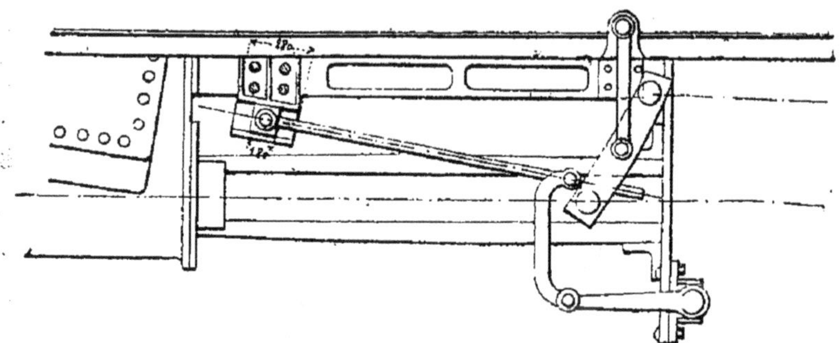

du cylindre, réunit ces deux pièces, et sert en même temps d'appui à un support à glissières en fonte servant de guide à la tige de tiroir. La coulisse est renversée, l'arbre de relevage est en dessous, et la suspension de la coulisse en dessus, on voit qu'il doit y avoir une pertur-

Fig. 95.

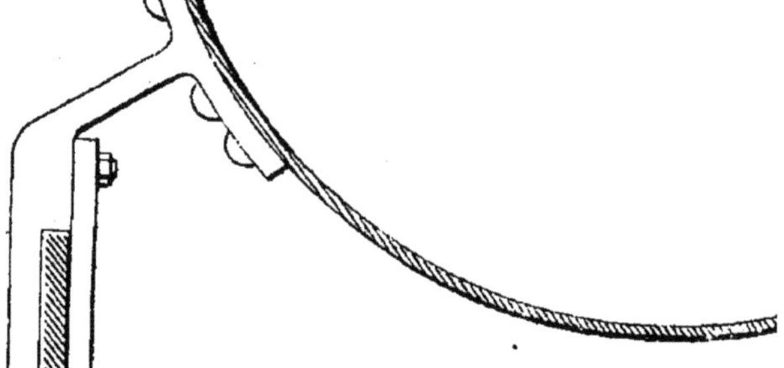

bation double, car les deux flèches des arcs décrits viennent s'ajouter et la rendent de ce fait plus sensible.

Le support de chaudière placé en C du croquis d'ensemble, est en fer forgé, il est de forme ordinaire, il s'emboîte sur le longeron où il glisse, et est rivé au corps cylindrique.

En D du croquis d'ensemble, il y a un support également, dont la forme se rapproche du croquis ci-oontre.

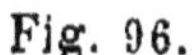

Fig. 96.

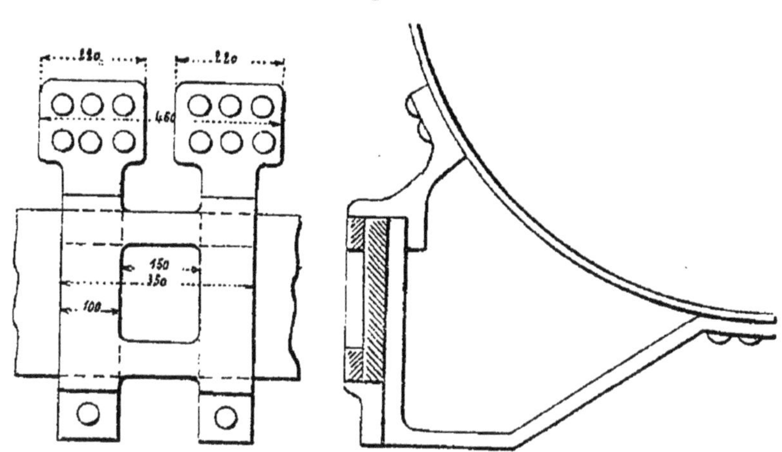

Le ressort de suspension est commun aux deux paires de roues motrices. La fig. 95 en donne une disposition approximative.

Fig. 97.

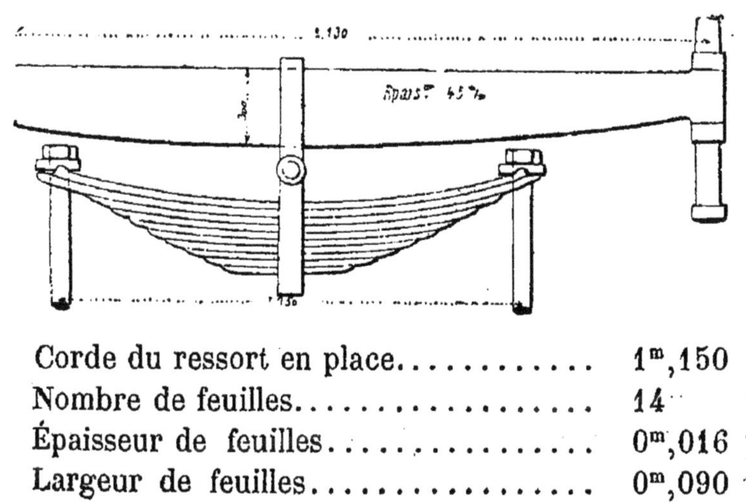

Corde du ressort en place............	1m,150
Nombre de feuilles..................	14
Épaisseur de feuilles................	0m,016
Largeur de feuilles.................	0m,090

BOUILLEUR-FUMIVORE TEMBRINCK.

On charge par le gueulard en tôle A, la houille s'étend sur la grille inclinée en-dessous du bouilleur qui est attaché à la plaque tubulaire et qui communique à l'intérieur de la chaudière par deux tubulures inférieures, deux autres tubulures supérieures établissent la circulation de l'eau de bas en haut. On maçonne ce bouilleur sur les côtés et sur la plaque tubulaire avec une espèce de glaise réfractaire, de façon qu'il n'y ait communication de la chambre de combustion de houille B à la chambre de

Fig. 98.

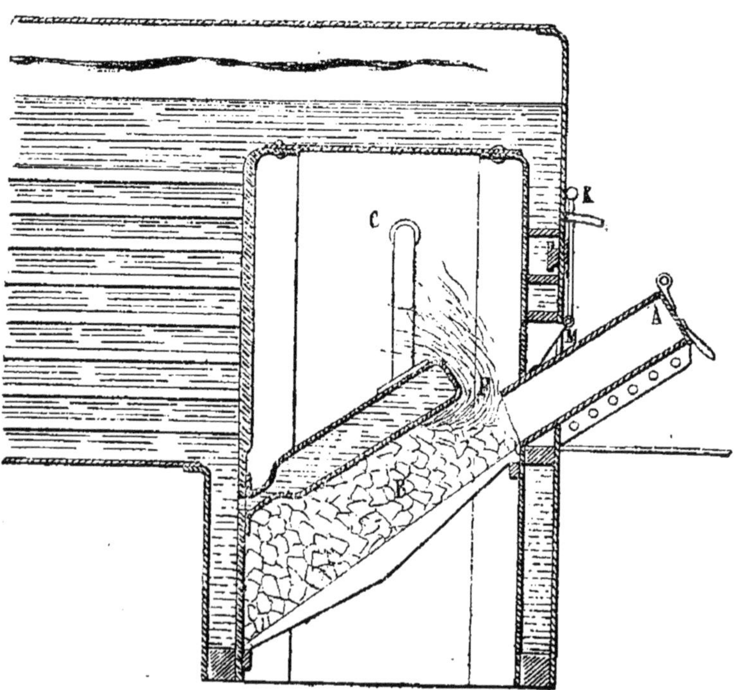

combustion de gaz C que par le passage F. Lorsqu'on veut donner de l'air, on ouvre la valve M à l'aide du levier à secteur K. Généralement, les mécaniciens font tout leur possible pour ne pas se servir des machines qui ont le tembrinck, ils prétendent que le service est difficile. A première vue, il nous semble que la flamme doit sortir par l'orifice que bouche la valve M, le joint ne nous paraît pas assez bien fait pour que cela n'arrive pas; le service, en effet, doit être dur, si les hommes risquent à chaque instant d'avoir la figure brûlée par le fait de cette disposition d'appareil.

Cette machine doit être d'un excellent service, car elle se trouve dans des conditions toutes spéciales de surface de chauffe. Comparée au poids total, on voit en effet, qu'elle a une surface totale de chauffe de 137^{m2} pour un poids de machine de 30,000; kilog. ces conditions sont plus belles que celles de la machine à voyageurs de Cail et Fives-Lille, décrite précédemment. Il est à remarquer cependant que cette augmentation de surface vient évidemment de la longueur des tubes, qui est de 5 mètres, tandis que ceux de la machine Cail n'ont que 3^{m},800; et à cette distance du foyer, la surface est bien moins importante que vers la boîte à feu.

DÉSIGNATION DES USINES QUI ONT FOURNI LES MATIÈRES EMPLOYÉES.

Petin et Gaudet, à Rive-de-Gier (Loire). —Tôle d'acier fondu pour chaudière; tôle, fer fort pour longerons, bielles en acier fondu, brutes; acier Bessemer en barres pour ressorts.

Laveissière et Fils, à Paris. — Cuivre rouge en plaques pour foyer et bouilleur; tubes en laiton.

Estivan frères, à Givet (Ardennes). —Tuyauterie étirée en cuivre rouge.

Ch. Mercié, à Paris. — Cuivre jaune pour enveloppes.

De Diétrich et Cie, à Niederbronn (Bas-Rhin). — Essieux en fer aciéreux, bruts de forge.

Arbel, Déflassieux et Peillon, à Rive-de-Gier. — Roues système Arbel, brutes de forge, martelées d'une seule pièce.

Krupp, à Essen (Prusse Rhénane). — Bandages de roues en acier fondu.

Compagnie anonyme des aciéries d'Imphy. Scurin à Paris. — Tiges de pistons en acier fondu; glissières en acier fondu.

Compagnie anonyme de Châtillon et Commentry. — Tôles pour tabliers, trottoirs et rampes.

Compagnie des forges d'Audincourt. — Fer martelé pour fabrication des grosses pièces du mécanisme.

Broquin et Lainé, à Paris. — Robinetterie en bronze.

Ateliers de la Compagnie, à Orléans. — Fer et fonte diverse; fer de riblon pour fabrication des pièces de forge.

Locomotive à marchandises (Le Cantal à 10 roues couplées), construite aux ateliers du chemin de fer d'Orléans (gare d'Ivry). M. Thétard, ingénieur des ateliers.

Fig. 99.

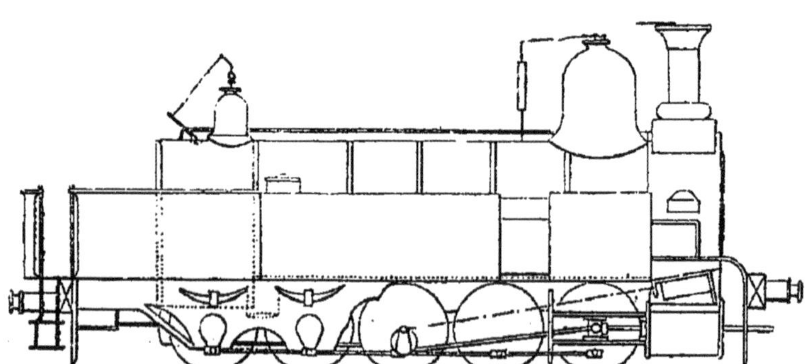

Cette machine a été construite pour faire le service de

la ligne d'Aurillac à Murat, les rampes à gravir sont de 30 millim., et les courbes de 300 mètres de rayon.

Les caisses à eau qui font partie de la locomotive font de cette machine un type de machine-tender; elles sont au nombre de quatre, deux grandes caisses à l'arrière et deux autres bien plus petites à l'avant.

Nous donnons ici, comme pour la précédente machine, la désignation des usines qui ont fourni les matières de fabrication.

Petin et Gaudet, à Rive-de-Gier. — Tôles d'acier fondu pour chaudière; tôles en acier Bessemer pour longerons; essieux en acier Bessemer, bruts de forge; acier Bessemer pour ressorts.

Estivant frères, à Givet (Ardennes). — Cuivre rouge en planches pour foyer.

Laveissière et fils, à Paris. — Tubes à fumée en laiton; tuyauterie étirée en cuivre rouge.

Veuve Laurent et Thiébaut. — Cylindres à vapeur, bruts de fonte.

Ch. Mercié, à Paris. — Cuivre jaune pour enveloppes.

Arbel, Déflassieux et Peillon, à Rive-de-Gier. — Roues système Arbel, brutes de forge, martelées d'une seule pièce.

Krupp, à Essen (Prusse Rhénane). — Bandages de roues en acier fondu.

Compagnie anonyme des aciéries d'Imphy. Représentant, Scurin, à Paris. — Tiges de pistons en acier fondu; glissières en acier fondu.

Compagnie anonyme de Châtillon et Commentry. — Tôles pour tabliers, trottoirs, rampes et caisses à eau.

Compagnie des forges d'Audincourt. — Fer martelé pour fabrication de grosses pièces de forge du mécanisme.

Broquin et Lainé, à Paris. — Robinetterie en bronze.

Ateliers de la Compagnie d'Orléans. — Fonte et bronze divers; fer riblon pour fabrication des pièces de forge; barreaux de grille, système Raymondière (B. S. G. D. G.).

La locomotive *le Cantal* est destinée à remorquer les trains de marchandises entre Aurillac et Murat (ligne de Figeac à Arvant).

Fig. 100.

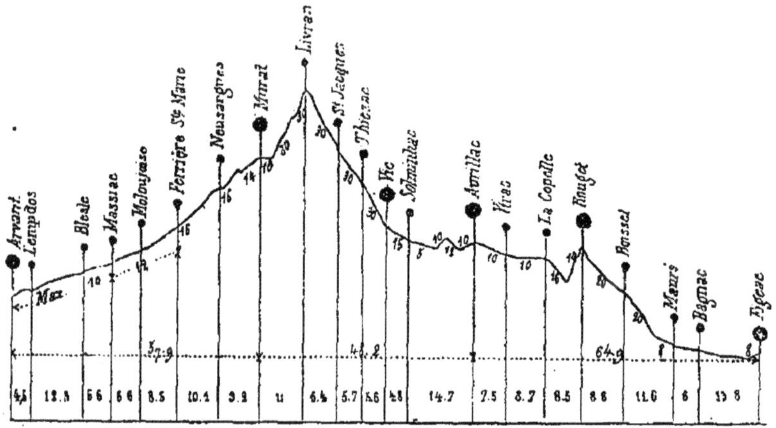

Cette section présente le profil ci-dessus.

On voit que dans le sens d'Aurillac à Murat il y a une montée de 18 kilomètres en rampe de 30 millim., coupée par deux plans de stations. Dans le sens de Murat à Aurillac une rampe de 30 millim. continue de 9 kilom., avec un palier. Les courbes sont très-nombreuses et d'un rayon de 300 mètres.

En raison des conditions du trafic entre les deux têtes de ligne Figeac et Arvant, on a prévu que le service ne comprendrait que deux espèces de trains.

1° Les trains mixtes à vitesse moyenne de 40 kilom.

2° Les trains de marchandises à vitesse moyenne de 15 à 25 kilom.

Les premiers seront remorqués par des machines à 6 roues couplées de grand diamètre, de Figeac à Aurillac et de Murat à Arvant, et par des machines à huit roues d'Aurillac à Murat.

Les seconds, par les machines à huit roues couplées indiquées ci-dessus, et pour le passage des rampes de 30 millim., par des machines du type *Cantal*.

DESCRIPTION.

La locomotive le Cantal a été établie pour remorquer des trains de 150 tonnes de poids brut, elle a deux cylindres extérieurs et 10 roues accouplées, elle porte son combustible et son eau.

On a adopté 2 cylindres de préférence à 4, afin d'obtenir le meilleur effet utile de la vapeur, en divisant le moins possible son emploi. Deux cylindres suffisent d'ailleurs pour entraîner un train de 150 tonnes, et c'est le maximum que la résistance des attelages permet sur des rampes de 30 millimètres.

On a adopté 10 roues accouplées parce que ce nombre est nécessaire pour que le poids ne dépasse pas 12 tonnes par essieu, fixé habituellement comme limite pour la résistance de la voie. L'emploi de bandages durs en acier fondu nous fait considérer l'accouplement de 10 roues comme étant aussi pratique que celui des machines à 8 roues munies de bandages ordinaires.

On a adopté le système de machine-tender portant son combustible et son eau, parce que la distance à parcourir (48 kilomètres) est relativement courte, et que l'alimentation peut se faire à presque toutes les stations à des réservoirs remplis d'une manière très-économique à cause des circonstances locales.

Les dispositions générales étant ainsi arrêtées, on a été conduit par l'étude des détails à donner les dimensions principales de la machine qu'on trouve au tableau général.

L'écartement des essieux extrêmes ayant atteint 4m,550, il y avait lieu, pour faciliter le passage dans les courbes de faible rayon, de permettre aux essieux de se déplacer latéralement. Pour obtenir ce résultat, on a employé comme d'habitude au chemin d'Orléans, la disposition à plans inclinés. Cette disposition imaginée et mise en pratique par la Compagnie du chemin d'Orléans (brevet du 1er juillet 1862), a déjà été présentée à l'Exposition universelle de Londres, et existe maintenant sur plus de la moitié des machines, elle consiste en une pièce spéciale à inclinaison convenable placée entre les boîtes à graisse et le siége d'appui des ressorts de suspension.

L'expérience de plusieurs années a fait connaître l'angle à adopter suivant la charge qui pèse sur chaque essieu, pour conserver à chaque type de locomotive une stabilité satisfaisante.

Dans la machine *le Cantal*, la disposition ordinaire a été modifiée, la partie mobile est interposée entre les coussinets et les boites à graisse, afin que leur mouvement vertical de glissement reste bien assuré. Pour ne pas contrarier le jeu latéral des essieux par la raideur des bielles, celles-ci sont réunies par une articulation sphérique, les tourillons de manivelles restent d'ailleurs cylindriques. Ce mode d'articulation permet aux bielles de suivre le mouvement latéral des essieux, et de céder aux mouvements de tension résultant des inégalités de la voie et de la surélévation du rail extérieur à l'entrée des courbes.

Il était avantageux avec une chaudière de grandes dimensions, de donner au foyer la plus grande largeur possible. La disposition spéciale du longeron extérieur à l'arrière a permis d'atteindre la limite de largeur fixée par la distance entre les bandages de roues. En outre, les boîtes à graisse des roues d'arrière sont aussi éloignées que possible de la grille.

La bielle motrice est placée entre les deux bielles d'accouplement, il résulte de cette disposition un minimum d'effort à la rupture au collet du tourillon de manivelle des roues motrices.

Les roues accouplées forment deux groupes de 2 essieux chacun, séparés par l'essieu moteur, dans le but de répartir également la charge portée par chacun d'eux. Les deux essieux d'un même groupe ont leurs ressorts de suspension réunis au moyen de balanciers.

L'appareil de contre-vapeur destiné à modérer la vitesse des trains sur les pentes rapides est appliqué à la machine *le Cantal*. Cet appareil, employé d'abord par le chemin de fer du nord de l'Espagne, puis par la Compagnie de Paris-Lyon-Méditerrannée, est disposé comme celui de cette dernière, avec cette particularité qu'il comprend en plus deux soupapes de sûreté placées sur les cylindres dans le but d'éviter l'accumulation de pression dans la chaudière.

DISPOSITIONS DE DÉTAILS.

Nous citerons encore les autres dispositions de détails suivantes :

1° La boite à fumée allongée à sa partie supérieure, et la cheminée placée à son extrémité de manière à favoriser le mouvement du gaz sortant des tubes.

2° La cheminée prolongée dans la boite à fumée, de manière à gagner le plus de longueur possible.

3° La sablière disposée dans l'embase de la cheminée pour avoir du sable toujours sec et le distribuer en avant des premières roues.

4° Les entretoises de foyer semi-creuses ; la perforation intérieure des entretoises au lieu d'être sur toute la longueur, n'a que 0m,035 de profondeur environ à chaque extrémité, et le trou n'a que 0m,004 de diamètre au lieu de 0,008 qu'on donne aux entretoises creuses étirées; elles conservent ainsi presque toute leur section, leur fabrication est très-peu coûteuse.

5° Les soupapes de sûreté ont leurs balances à ressort fixées sur un balancier compensateur, de manière à leur permettre de s'ouvrir simultanément.

6° Une échelle graduée d'une manière spéciale pour le tube de niveau d'eau, indique dans chaque changement de profil la quantité d'eau au-dessus du ciel de foyer.

7° Les deux portes du foyer facilitent la répartition du combustible sur toute la grille, et permettent de travailler facilement le feu sur les côtés latéraux.

8° La grille système Raymondière (B. S. G. D. G.) est formée de larges bandes de fer plat de 0m,010 d'épaisseur, posées sur champ et séparées par des têtes de rivets rondes n'offrant que des points de contact, leur espacement est de 0m,010, par conséquent, la surface libre de la grille pour le passage d'air est de la moitié de sa surface totale. Les barreaux sont en outre parfaitement rafraichis par l'air, n'ayant ni talons ni entretoises. Ce système de grille expérimenté sur plusieurs des locomotives de la Compagnie, donne de bons résultats. Sa fabrication et son montage sont très-simples.

9° Le double tiroir du régulateur. Cette disposition employée depuis plusieurs années sur un grand nombre de locomotives de la Compagnie, rend la manœuvre des régulateurs très-facile. Elle empêche en outre le grippement des surfaces. Le petit tiroir qui s'ouvre seul au premier mouvement du levier à main, donne accès à la vapeur sous le grand tiroir, et lorsque celui-ci s'ouvre à son tour par la continuation du mouvement du levier, la pression étant en partie équilibrée, il n'existe plus autant de frottement sur les surfaces en contact. Les deux tiroirs se referment également au moyen du levier manœuvré en sens inverse.

La locomotive *le Cantal*, est l'une des plus puissantes machines qui aient été construites jusqu'à ce jour pour l'exploitation des chemins de fer à fortes rampes ; elle peut facilement remorquer le train le plus lourd que comportent les attelages du matériel français. Pour utiliser une machine encore plus puissante, il faudrait, au lieu de tirer les trains dans les rampes, s'imposer la règle de les pousser ; ce dernier moyen n'est pas sans offrir de notables inconvénients.

Nous devons à l'affectueuse obligeance de M. Forquenot, ingénieur du matériel de la Compagnie d'Orléans, la bonne fortune d'avoir pu posséder les utiles renseignements qui précèdent. Nous ne saurions trop le remercier de la communication qu'il a bien voulu nous en faire.

A l'inspection des dimensions principales relatées au tableau du Bulletin d'octobre on reconnait facilement que cette machine sera ou doit être d'un bon service. On trouve là une surface de chauffe bien suffisante, 210^{m2} pour les 60 tonnes d'adhérence. Il est vrai de dire que les tubes sont longs et que la surface résultant de leur extrémité ne sera pas à beaucoup près aussi productive que celle des autres parties ; mais en somme, on ne peut pas obtenir de surface autrement. Celle qui est à la machine *le Cantal* sera, nous pensons, suffisante pour le service de la rampe de 30 millim.

CHEMIN DE FER DU NORD.

(Ingénieur en chef, M. Pétiet.)

Locomotion à grande puissance pour marchandises (4 cylindres), construite par M. Gouin, à Paris.

Nous commencerons par donner les dimensions principales de la machine.

Fig. 101.

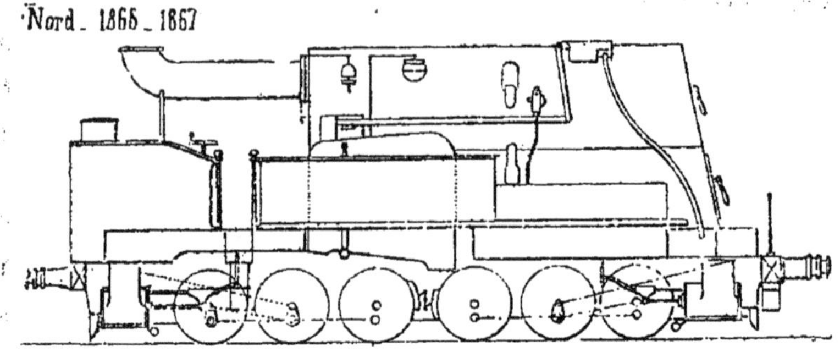

Chaudière.

Grille. — Longueur, 1m880 ; largeur, 1m,600 ; surface 3 mètres.

Hauteur du ciel de foyer au-dessus de la grille. — Avant, 1m,296 ; arrière, 1m,093.

Diamètre intérieur du corps cylindrique, 1m,450.

Tubes. — Nombre, 275 ; longueur 2m,500 ; diamètre intérieur, 0m,051 ; épaisseur, 0m,002.

Sécheur tubé.

Diamètre intérieur du sécheur, 1m,040.

Tubes. — Nombre, 86 ; longueur, 0m,800 ; diamètre intérieur, 0m,069.

Réchauffeur.

Diamètre du réchauffeur, 1m,040.

Tubes. — Nombre, 86 ; longueur, 1m,100 ; diamètre intérieur, 0m,069.

Surface de chauffe.

Foyer	9m,600
Tubes de la chaudière	108m,400
Sécheur	15m,000
Réchauffeur	20m,000
Surface totale	153m²,000

Tension de la vapeur dans la chaudière en kilog. effectifs, P = 8 kilog. par centimètre carré.

Diamètre des cylindres $d = 0^m,440$.

Course des pistons, $l = 0^m,440$.

Effort de traction calculé avec un coefficient de 0,65 de la pression effective :

$$2\left(\frac{0,65 \times P \times d^2 \times l}{D}\right) = 2\left(\frac{0,65 \times 44^2 \times 8 \times 44}{106,5}\right) =$$

8,320 kilogrammes.

Diamètre des roues au contact, $D = 1^m,065$.

Écartement des essieux.

1 à 2 avant, $1^m,14$; 2 à 3, $1^m,14$; 3 à 4, $1^m,44$; 4 à 5, $1^m,14$; 5 à 6, $1^m,14$.

Écartement des essieux fixes, 2 à 5, $3^m,720$; écartement des essieux extrêmes, 6 mètres.

Contenance des soutes à eau, 8 tonnes ; contenance des soutes à combustible, $2^t,200$.

Poids total de la machine ou poids adhérent.

1° Avec approvisionnements complets, $59^t,900$; 2° avec approvisionnements à moitié épuisés, $54^t,800$; 3° avec approvisionnements épuisés, $49^t,700$.

Répartition du poids avec approvisionnements complets.

1er essieu avant	....	$10^t,000$
2e Id.	....	$10^t,600$
3e Id.	....	$8^t,600$
4e, 5e Id.	....	$19^t,200$
6e Id.	....	$11^t,500$
		$59^t,900$

Poids de la machine entièrement vide, 46,200.

Nombre de wagons remorqués en service sur une rampe maxima de 5 millim. par mètre, 45.

Poids brut du train remorqué (14 tonnes par wagon), 630 tonnes.

Vitesse réglementaire entre les stations, 25 kilom. à l'heure.

Il serait très-long de détailler cette machine, nous ne le ferions du reste pas à beaucoup près aussi bien que M. Armengaud, et d'ailleurs, nous ne pourrions manquer que d'être obligé d'emprunter ce que nous pourrions en dire à l'intéressant ouvrage de cet auteur.

Nous nous contenterons donc de renvoyer le lecteur au volume 16me de la *Publication industrielle*, machines-outils et appareils (pl. 11 et 12, 3me livraison, page 133).

Nous ajouterons seulement une observation qui nous paraît nécessaire pour renseigner suffisamment au sujet de l'idée qui semble avoir présidé à la création de cette machine puissante. Le problème qu'on a voulu résoudre est celui-ci : élever la chaudière au-dessus des roues, afin de lui donner une largeur telle qu'elle permette d'en augmenter notablement la surface de chauffe, qui cependant, n'a atteint que 153^{m^2}, y compris les 35 mètres en retour, avoir 4 cylindres qui, 2 à 2, forment un ensemble assimillable à 2 locomotives attelées par les foyers, et partant, à avoir de petites roues et de petits cylindres, le tout placé un peu bas, à cause des conditions de stabilité dont il n'a pas fallu s'écarter. Beaucoup de jeu dans les guides de boîtes à graisse des roues 1, 3, 4 et 6. Pas du tout de jeu aux roues 2 et 5 (essieux moteurs), dont l'entre-axe est de 3^m,720, ce qui permet à la machine de de passer dans des courbes de 200 mètres de rayon ; mais, pour passer dans celles de 80 mètres, diminuer les boudins de ces roues, afin de donner beaucoup de jeu entre les rails et ces boudins.

Pouvoir faire fonctionner ensemble ou séparément les 2 systèmes de cylindres, et cela à l'aide d'un régulateur double et 2 leviers, l'un pour les 2 cylindres avant, l'autre pour les 2 cylindres arrière.

Avoir deux systèmes de mécanisme de distribution dans le même cas que ce qui précède.

C'est bien là, en effet, ce qui a été fait. Mais cette machine ne présente-t-elle pas beaucoup de complications, relativement aux avantages qu'elle est appelée à produire?

Nous pensons d'ailleurs que, outre la conduite et l'entretien qui ne manqueront pas de présenter quelques difficultés, elle devra, pour faire un service réellement en rapport avec ce qu'on est en droit d'en exiger, consommer du combustible en plus grande quantité qu'une autre machine établie dans des conditions toutes autres de surface de chauffe.

APPAREIL DE BERGUE.

PLANCHE N° 31 DE L'ATLAS.

Principe du frein.

Lorsqu'une locomotive est en marche normale, et qu'on renverse le mouvement de distribution, les pistons fonctionnent comme une pompe à air aspirant les gaz de la cheminée, et les refoulant dans la chaudière, le travail résistant qui résulte de là, tend à arrêter la machine.

C'est cette particularité que présentent les locomotives que M. de Bergue a mise à profit pour composer un frein, en comprimant dans un réservoir spécial de l'air pris à l'extérieur.

Nomenclature des figures de la planche n° 31 de l'atlas.

A, Régulateur à 3 lumières *a*, *b*, *c* (les lumières *a* et *b* servent à introduire la vapeur dans les cylindres, la lumière *c* à établir la communication avec le réservoir B).

B, réservoir où l'air se comprime ;

C, soupape servant à limiter la pression dans le réservoir B, et par conséquent, derrière les pistons.

D, régulateur à air servant à régler la pression contre les pistons ;

E, mouvement du régulateur à air D ;

F, tuyau de communication de la boîte du régulateur avec le réservoir B ;

G, prise d'air extérieur, fermée pendant la marche normale de la machine ;

H, tuyau conduisant l'air extérieur dans la calotte d'échappement pendant le fonctionnement du frein ;

J, vis et volant servant à la manœuvre du régulateur et du tiroir de la prise d'air G. Cette vis peut faire 2 tours, dans le 1er tour ; les lumières *a* et *b* d'admission de vapeur aux cylindres sont ouvertes, et la lumière *c* de communication des cylindres avec le réservoir à air reste constamment fermée, ainsi que la prise d'air G. Dans le 2me tour, au contraire, les lumières d'admission de vapeur *a* et *b* restent constamment fermées, et la lumière *c* est ouverte, ainsi que la prise d'air G ;

K, prise de vapeur pour lubrifier au besoin les tiroirs et les cylindres pendant le fonctionnement ;

L, soupape fermant le tuyau d'échappement des cylindres et ouvrant en même temps une entrée d'air extérieur à l'aspiration des cylindres ; cette soupape, qui a ici un mouvement indépendant, pourrait être reliée au mouvement du régulateur, dans ce cas, la prise d'air G pourrait être supprimée.

Manœuvre du frein.

1re *Manœuvre.* — Mettre le régulateur à fond de course de manière à opérer simultanément la fermeture complète des lumières d'admission de vapeur *a* et *b* aux cylindres, l'ouverture de la lumière *c* de communication des cylindres avec le réservoir d'air B, et l'ouverture de la prise d'air extérieur G.

2e *Manœuvre.* — Renverser le mouvement de distribution. Dans ces conditions, l'air extérieur aspiré entre par la prise d'air G, suit le tuyau H, entre dans la calotte d'échappement, et pénètre dans les cylindres par les lumières d'émission, l'air refoulé sort des cylindres par les lumières d'admission, suit les tuyaux de vapeur *m*, entre dans la boîte du régulateur et pénètre dans le réservoir B par la lumière C du régulateur en suivant le tuyau F.

En faisant varier la pression dans le réservoir au moyen du régulateur à air D, on règle la résistance derrière le piston.

(*Note particulière*). — L'application de ce système a été faite au chemin de fer de l'Ouest. On a remarqué que les presse-étoupes, et en général toutes les pièces à frottement, s'échauffent très-vite, cela vient de l'application de l'air comprimé qui ne tarde pas à prendre une assez haute température.

Un manomètre spécial est installé à l'arrière de la machine, il communique avec l'intérieur du réservoir B par le tuyau V, et donne au mécanicien l'indication de la pression dans ce réservoir.

BELGIQUE.

Machine-locomotive spéciale destinée au service des charbonnages, des usines et des Gares, (Brevet de MM. Bika et Guinotte), exposée par la Société de Couillet et Marcinelle.

Le service des charbonnages, des usines et des gares exige des locomotives qui circulent aisément dans des courbes d'un faible rayon et qui gravissent de fortes rampes en donnant le plus grand effet utile; leur entretien doit être facile, car il faut que des mécaniciens ordinaires puissent l'exécuter et enfin leurs foyers doivent pouvoir consommer des charbons de médiocre qualité comme ceux des autres machines à vapeur employées dans l'industrie.

Le type exposé par la Société de Couillet remplit parfaitement toutes ces conditions ; en effet :

La locomotive est à quatre roues couplées et porte ses réservoirs à eau et à charbon ; on utilise donc pour l'adhérence, le poids complet de la machine et de ses approvisionnements.

Elle a un axe coudé moteur sans roues, ce qui permet de régler la position des essieux porteurs, de manière à répartir également la charge sur les quatre roues, et ces essieux peuvent être aussi rapprochés que l'exigent les rayons des courbes à parcourir.

Les locomotives à six roues ne présentent point tous ces avantages ; la distance entre les roues extrêmes est trop grande pour que l'on puisse circuler dans les courbes d'un petit rayon lorsque toutes les roues sont couplées ; et si l'on en couple quatre seulement, on perd comme adhérence une partie du poids de la machine.

Les locomotives à six roues sont également d'un prix plus élevé que celles à quatre roues et leur entretien est plus dispendieux, à cause de l'usure inégale des bandages des roues.

Lorsque les charbons sont de médiocre qualité, il faut nécessairement un plus grand foyer; dans les locomotives à quatre roues, une bonne répartition de la charge amène l'essieu d'arrière au-dessous du foyer et l'on devrait, dans ce cas, renoncer aux cylindres intérieurs si l'on n'avait pas l'essieu coudé intermédiaire; sans ce dernier, il faudrait surélever le foyer à cause des boîtes à graisse qui se placeraient immédiatement en dessous de celui-ci, ou bien l'on devrait établir les longerons et les boîtes à graisse à l'extérieur des roues et commander le mouvement de distribution par des manivelles en retour; les cylindres auraient alors leurs axes très-écartés l'un de l'autre, ce qui occasionnerait, dans les courbes, une grande irrégularité dans la distribution de la vapeur.

Les cylindres intérieurs et l'axe coudé intermédiaire tel qu'il est établi dans la machine de Couillet, placent naturellement à l'intérieur des longerons tout le moteur qui se trouve ainsi dans les mêmes conditions qu'un moteur fixe, car tous les organes sont dans des positions fixes les uns par rapport aux autres, et cet axe coudé n'est plus en quelque sorte qu'un arbre de couche à double manivelle d'une machine à vapeur quelconque.

Les réparations des machines à six roues couplées sont plus fréquentes et beaucoup plus coûteuses que celles des machines à quatre roues, elles proviennent de l'usure inégale des bandages des roues et le remplacement de celles-ci est une opération assez délicate qui exige le concours d'ouvriers spéciaux.

Lorsque, dans la machine de Couillet, l'usure des bandages des roues nécessite le remplacement des deux essieux porteurs, il suffit de soulever la machine et de les remplacer par les essieux de rechange; cette opération est extrêmement simple, puisque ces pièces ne portent aucun organe moteur ; elle peut s'exécuter dans un temps très-court et par des ouvriers ordinaires ; cet avantage est sérieux pour les exploitations charbonnières qui, généralement, manquent d'ouvriers spéciaux.

La machine doit être munie d'un frein énergique afin de fonctionner sur de fortes rampes ; les freins adaptés aux roues détruisent promptement les bandages et occasionnent la rupture des bielles d'accouplement ; celui qui est appliqué à la locomotive de Couillet agit sur les rails de chaque côté de la machine, au moyen d'un sabot, par l'intermédiaire d'un balancier fixé d'une part au longeron et de l'autre en dessous de la boîte à graisse de la roue d'arrière ; le centre de gravité de la locomotive étant à égale distance des essieux d'avant et d'arrière, lorsque le frein est serré, les sabots portent les deux tiers du poids de la machine.

Dans les machines-tenders, les soutes diffèrent de forme et leur disposition varie selon les types des machines. Dans la locomotive de Couillet, elles sont placées de manière à démasquer complètement la vue du mécanicien et à permettre le graissage et la visite de toutes les pièces du mouvement.

Dimensions principales de la machine.

Longueur de la chaudière entre les plaques tubulaires	2m, 335
Diamètre extérieur	1m, 140
Épaisseur des tôles	11mm
Surface de chauffe du foyer	5m2, 70
Surface de chauffe des tubes	56m2, 89
Nombre de tubes	162
Pression effective de marche	8 atm.
Diamètre des cylindres	0m, 35
Course des pistons	0m, 46
Diamètre des roues	1m, 20
Distance d'axe en axe des roues	2m, 750
Poids en ordre de marche	23,200 kil.
Poids sur les roues d'avant	11,480 »

Poids sur les roues d'arrière	11,720 kil.
Poids de la machine à vide	19,050 »
Contenance d'eau des bâches	1,800 lit.
Poids du charbon	400 kil.
Longueur totale de la chaudière	4^{m},594
Le frein agissant dans toute son intensité,	
La charge sur l'essieu d'avant est de	7,715 kil.
Et la charge sur le frein	15,485 »
Effort de traction (environ 3,000 kil.)	

L'entretien des voies des charbonnages n'étant jamais aussi bien fait que celui des autres chemins de fer, et laissant parfois beaucoup à désirer sous le rapport de la propreté, on a compté sur un coefficient d'adhérence de $\frac{1}{7}$.

La chaudière de cette machine n'a de particulier que la boîte à feu extérieure qui est plate sur le dessus, c'est-à-dire qu'elle se présente sous forme d'un parallélipipède rectangle; c'est du reste ainsi que sont faites toutes les chaudières des locomotives belges ; en d'autres points, elle n'a rien de spécial.

La boîte à feu a 4 bouchons autoclaves à sa partie inférieure, un à chaque angle; il n'y a pas d'autoclave au corps cylindrique.

Les tirants de ciel de foyer sont de simples tiges en fer filetées, il n'y a pas d'armatures.

Ce mode d'entretoises est évidemment plus économique que les traverses ordinairement employées, mais à notre avis, nous préférons ces dernières, car en cas d'un changement de foyer, ce qui peut avoir lieu plusieurs fois pendant tout le temps de service que cette machine pourra faire, on sera obligé chaque fois de remettre des entretoises neuves et de tarauder à nouveau les trous de la chaudière qui les reçoivent, et par conséquent, d'agrandir ces trous ; on ne démanche pas impunément des tirants semblables qu'on est quelquefois obligé d'arracher de force, en les enfonçant à l'aide de mandrins.

Les angles de boîte à feu sont pliés sur un très-grand

rayon avec les tôles belges qui ne sont généralement pas de bonne qualité, c'est évidemment une bonne mesure qu'on a prise.

Le cendrier est fermé de toutes parts, il y a une paroi ; celle d'arrière se met en mouvement par un levier manœuvré par le mécanicien, c'est le moyen employé depuis longtemps.

La porte du foyer est très-grande, elle a 2 battants qu'on met en mouvement à l'aide de poignées qui y sont fixées (fig. 102).

A chaque battant, il y a un regard double.

Le régulateur est vertical dans le dôme.

L'alimentation est faite par 2 Giffards qui refoulent l'eau à environ un mètre de la plaque tubulaire de boite à fumée, par un simple robinet à clef, et non par des soupapes de retenue ; cette disposition n'est pas aussi radicale que celle qui comporte des clapets.

Fig. 102.

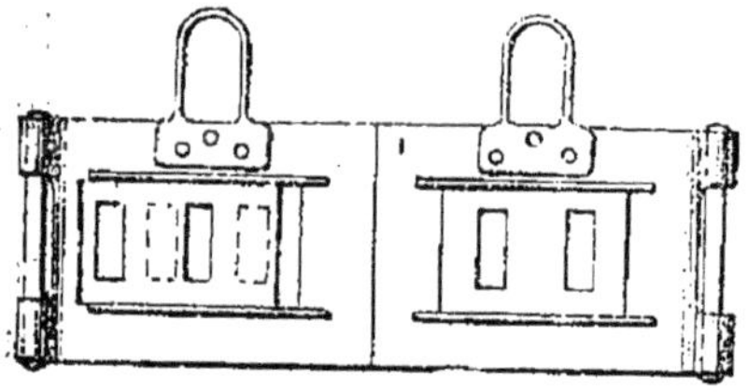

Le châssis est composé de deux longerons extérieurs ordinaires, il y a un troisième longeron intérieur qui porte une boite à graisse dont le serrage des coussinets a lieu horizontalement ; ce longeron a pour but de maintenir d'une manière plus rigide l'essieu coudé intérieur qui ne porte pas de roue, et qui sert exclusivement à transmettre le mouvement aux deux autres, au moyen de manivelles extérieures aux longerons; cet essieu porte aussi les excentriques de distribution.

Ce longeron intérieur est fixé d'un bout aux brides de joint intérieur des cylindres et de l'autre bout à un support en tôle pendu au corps cylindrique de la chaudière, il passe aussi à travers un support en tôle qui sert de support intermédiaire de chaudière, de support des glissières et de l'arbre de relevage.

Fig. 103.

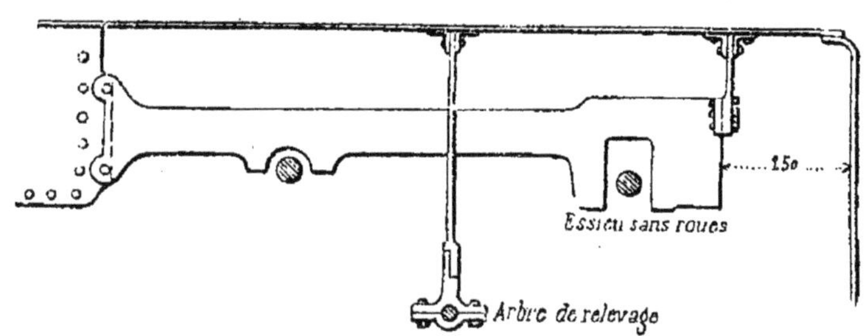

Les boites à graisse des roues n'ont pas de rattrapage de jeu, celles de l'essieu moteur en ont qui se fait par 2 coins, un de chaque côté, lesquels sont tirés ou poussés

Fig. 104.

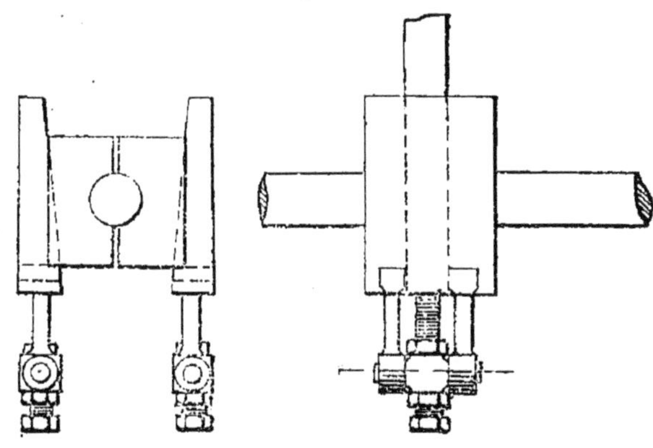

à l'aide d'une traverse dont la tige filetée est fixée dans la partie inférieure du longeron, il y a, par conséquent, un écrou en dessus et un écrou en dessous de la traverse. C'est à l'aide de ces 2 écrous que s'opèrent le serrage et le desserrage des coins.

Le frein à patin est mis en mouvement par une vis; l'arbre horizontal du frein, lorsqu'il est sollicité par la barre longitudinale, tourne et communique son mouvement au levier qu'il porte à son extrémité et dont le centre peut s'abaisser dans la boite à coulisse qui fait partie du longeron. L'extrémité de ce levier, montée sur le bout d'une bielle pendue au longeron, fait que tout le système tend à se placer sur une ligne verticale, et le sabot du frein se met en prise sur le rail.

Fig. 105.

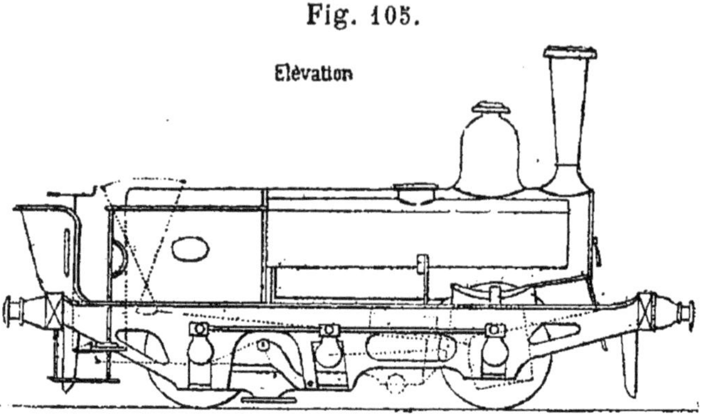

Bien que ce système de frein soit celui qui convienne le mieux pour ne pas avoir d'usure sur les bandages, nous n'en sommes pas très-partisan, il semble qu'à un moment donné, la pression sur le rail peut devenir telle, que la machine elle-même doit en être soulevée, de là au déraillement, il ne doit pas y avoir très-loin ; d'ailleurs, l'expérience a démontré déjà que cette appréciation ne manque pas d'une certaine raison d'être.

On a placé sur chaque longeron extérieur une boîte à sable, dont les ouvertures sont mises en mouvement par la même barre horizontale qui ouvre les leviers de purgeurs des cylindres.

Un tablier fait le tour de la machine, mais à l'endroit où il devrait être assez large il n'y a que 60 millim. de largeur, c'est sur le côté, à l'endroit de la boîte à feu ; il y a donc impossibilité matérielle pour les gens de service, de passer de l'arrière à l'avant de la machine, lorsque cette dernière est en mouvement ; il devrait même à notre avis, exister des ordonnances sévères de police pour empêcher semblables dispositions, car bien que cette espèce de bordure soit tout à fait insuffisante pour une circulation possible, les machinistes ou chauffeurs sont toujours tentés d'en user en marche aux moments où ils ont absolument besoin de circuler sur leurs machines.

Contre les boîtes ou caisses à eau, on peut passer, car elles se trouvent assez élevées au-dessus du tablier, et puis la rondeur de la forme inférieure des caisses laisse un peu plus de latitude ; d'ailleurs, on a placé sur ces caisses des mains-courantes en laiton.

Fig. 106.

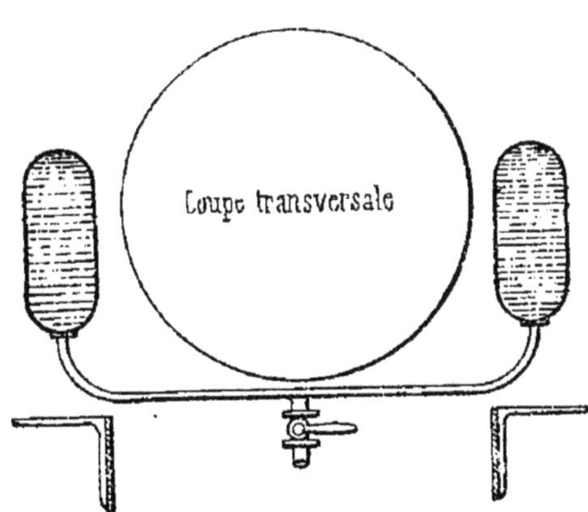

Les caisses à eau sont de formes arrondies à leurs parties supérieure et inférieure, elles communiquent par

Fig. 107.

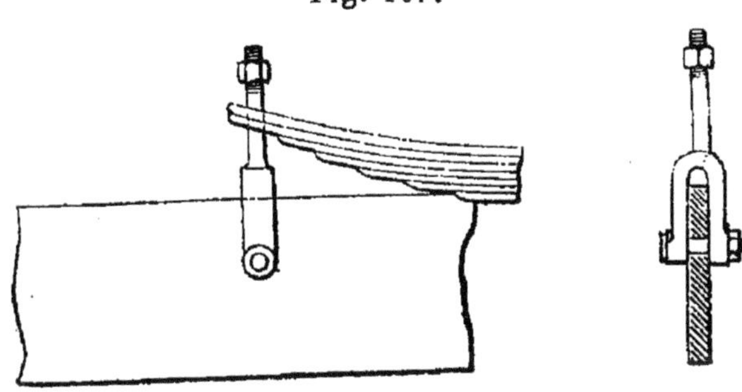

dessous, à l'aide d'un tuyau qui possède un robinet de vidange.

Les tiges de suspension des ressorts sont à cheval sur les longerons.

Seulement, au lieu de faire la maîtresse feuille supérieure comme nous avons l'habitude de la voir, on a ajouté une sellette en fer cémenté et trempé.

Chaque ressort se compose de 13 feuilles de 10 millim. environ d'épaisseur et de 100 millim. de largeur.

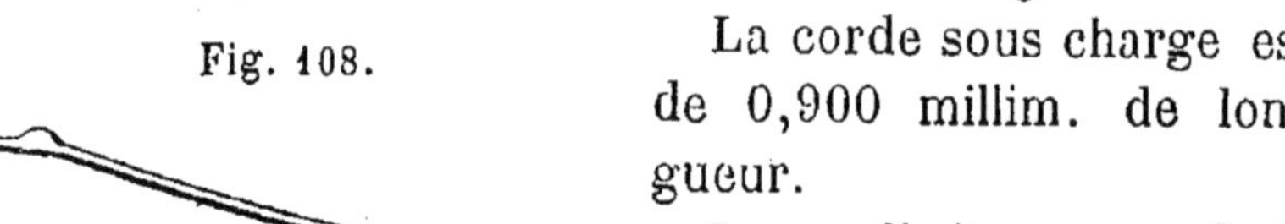
Fig. 108.

La corde sous charge est de 0,900 millim. de longueur.

Les cylindres sont fixés aux longerons par 12 boulons de 22 millim. ; les pattes d'attache de ces cylindres sur les longerons, n'ont pas plus de 400 millim. de largeur.

Fig. 109.

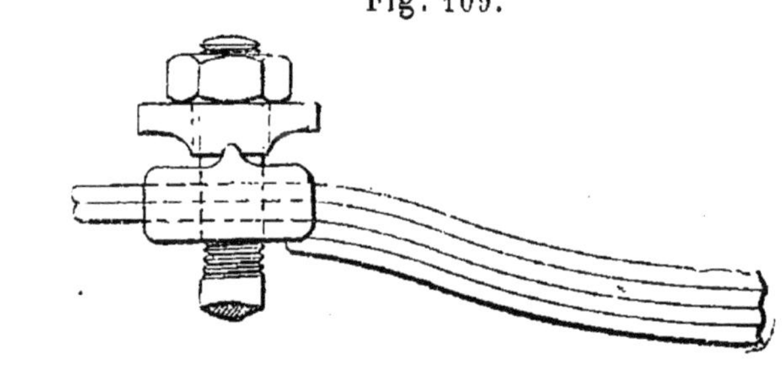

Cela ne nous paraît pas suffisant pour répondre aux

Fig. 110.

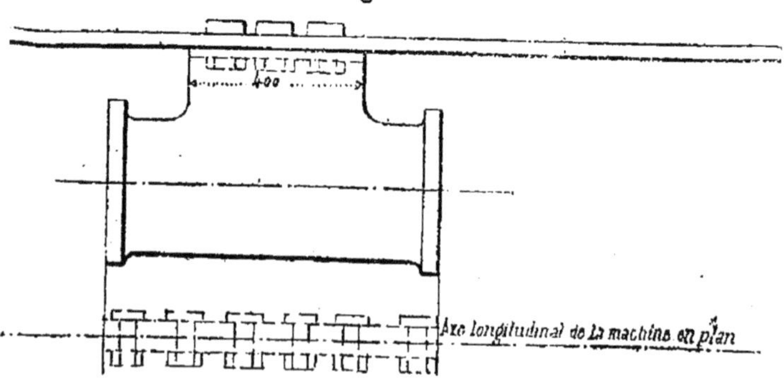

vibrations réitérées des efforts qui sont communiqués par les têtes de piston.

Ces cylindres sont entretoisés par leur attache commune intérieure.

Des cylindres s'entretoisant ainsi, et destinés également à maintenir l'écartement des longerons, ne nous paraissent pas destinés à devoir rester longtemps en place; à notre avis, il manque là un bon auxiliaire en tôle renforcée de cornières qui, à son corps défendant, servirait exclusivement d'armature transversale. Nous aurions aimé aussi qu'on eut profité de toute la longueur des cylindres pour y mettre une patte d'attache embrassant toute cette longueur, rien ne s'y opposait du reste.

Fig. 111.

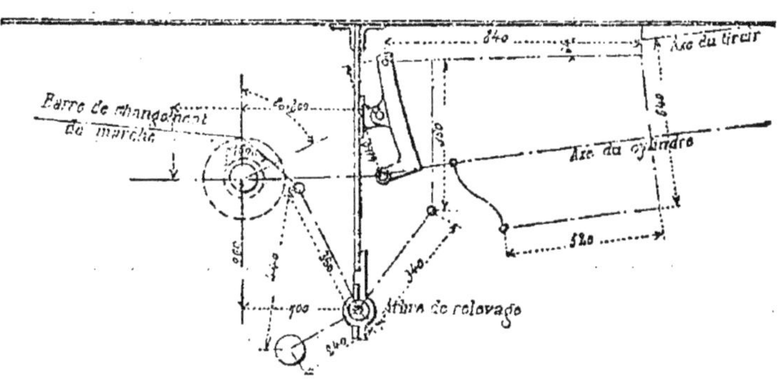

La distribution se fait par un seul excentrique qui met en mouvement une coulisse fixe destinée au changement de marche; on a pris, en outre, un mouvement sur la crosse même du piston, et voici à peu près la forme sous laquelle se présentent les organes de l'épure graphique.

Course de l'excentrique	160^{mm}
Course du piston	460
Distance horizontale du centre de l'essieu moteur au centre de l'arbre de relevage. . . .	700
Distance horizontale du centre de l'essieu au centre fixe de la coulisse.	800
Hauteur verticale de l'essieu au centre de la coulisse	240

Hauteur verticale de l'essieu au centre de l'arbre de relevage	260
Longueur du levier de contre-poids.	240
— d'arbre de relevage . . .	360
3e côté du triangle résultant	440
Longueur du levier de suspension du coulisseau.	340
— de la bielle — —	360
— de la barre du tiroir à partir du centre du coulisseau jusqu'au point d'attache. .	840
Longueur du levier contourné qui prend le mouvement à la tête du piston	440
Longueur de la barre qui renvoie le mouvement de la tête de piston à la tige de tiroir . . .	520
Longueur du levier qui y donne le mouvement $\frac{640}{64}$. Rapport	$\frac{1}{10}$
Longueur de la coulisse de changement de marche	440

L'angle du calage de l'excentrique unique paraît être 80° du même côté que la manivelle.

Fig. 112.

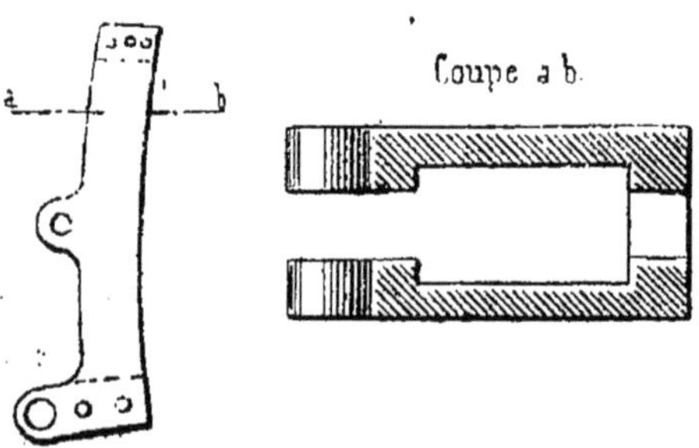

A l'aide de ces renseignements, il est facile de faire l'épure et de se rendre compte de cette distribution.

Le support d'arbre de relevage est fixé au support intérieur de chaudière; du reste, ce support de chaudière porte presque tout le système de la distribution et du mouvement.

La coulisse se compose de deux parties ajustées, elle porte une queue à la partie inférieure, cette queue reçoit le mouvement de l'excentrique, dont la barre est un peu courte, elle a environ 750^{mm}. On pouvait la faire plus longue, rien ne s'y opposait. La forme de la coulisse est comme ci-contre :

Nous ne comprenons pas trop une semblable disposition pour distribution, pourquoi n'avoir pas employé la coulisse de Stéphenson, cela n'eût pas été plus compliqué; sans avoir fait l'épure, mais nous rendant compte des différents mouvements, nous pensons qu'on a voulu obtenir de grandes courses de tiroirs avec une course d'excentrique ordinaire, car on remarque que les deux mouvements viennent une partie du temps s'additionner entre eux; somme toute, cet appareil paraît être fait afin d'avoir de grandes ouvertures de tiroir aux points ordinaires du secteur de changement de marche.

Le secteur est à crans, il y a également un levier à verrou.

Pour nous résumer au sujet de cette machine, nous dirons qu'elle nous paraît assez bien combinée pour le service auquel on la destine, mais l'exiguité des dimensions des pièces principales qui la composent fait qu'elle sera évidemment souvent en réparation. Les essieux nous paraissent beaucoup trop faibles pour les charges qu'ils supportent. Les organes de la distribution sont mesquins, tout cela fléchira en son temps, les articulations en sont trop petites, l'usure les atteindra bien vite. Le longeron intérieur n'est pas assez attaché; les cylindres non plus à beaucoup près.

La construction des bielles et des glissières se présente sous d'anciennes formes rejetées depuis quelques années à cause du mode de rattrapage de jeu.

On pourrait se rendre compte des dimensions des ressorts en supposant une flexibilité de 8^{mm} par tonne, à première vue nous les croyons trop faibles.

COMPAGNIE BELGE POUR LA CONSTRUCTION DE MATÉRIEL DE CHEMINS DE FER.

(Directeurs : M. Évrard.)

Planches n° 32 et 33.

NOTE DU CONSTRUCTEUR.

Conditions générales.

Cette machine est à cylindres intérieurs et à 6 roues couplées pour trains de marchandises.

Elle est du type qui a été adopté pour les lignes de la grande Compagnie du Luxembourg, lignes dont le profil offre des rampes de 18 à 20^{mm} par mètre, et des courbes de 350^{m} de rayon, sur lesquelles se fait un trafic considérable.

Le poids de la machine est : à vide 31 tonnes et demie environ et en service 35 à 36 tonnes ; il est à peu près également réparti sur les trois essieux.

La disposition et les dimensions du foyer permettent l'emploi, comme combustible, de toute espèce de charbon.

En service ordinaire et à la vitesse de 30 à 35 kilom. à l'heure, ces machines remorquent, outre leur tender, 19 wagons chargés chacun de 10 tonnes, sur les rampes précitées de 18 à 20^{mm} par mètre.

Détails d'exécution.

La chaudière est avec boite à feu carrée à la partie supérieure et montée à dilatation libre de l'avant à l'arrière sur le bâti. La prise de vapeur se fait dans un dôme de 0,70 de diamètre, par un régulateur à 2 tiroirs superposés ; la vapeur est amenée dans la boite à tiroirs communs aux deux cylindres par un seul tuyau placé dans la boite à fumée ; la vapeur, dans son parcours de la chaudière aux cylindres, n'est exposée à aucun refroidissement.

L'échappement est fixe.

La grille du foyer est inclinée de l'arrière vers l'avant de la machine, et est terminée à l'avant par un jette-feu.

Les tubes en laiton sont à épaisseur variable et montés avec viroles d'acier aux deux bouts.

Le bâti est composé de deux longerons extérieurs et d'un longeron intérieur ; ce dernier est fixé d'un bout aux cylindres et repose de l'autre sur l'avant de la boite à feu. Les longerons extérieurs sont découpés chacun dans une même feuille de tôle. Les roues d'avant et du milieu sont placées sous le corps de chaudière, celles d'arrière sont sous le foyer, l'essieu de ces dernières passe dans l'intérieur du cendrier. L'expérience a prouvé que la circulation d'air frais dans le cendrier suffit pour empêcher l'essieu de s'échauffer.

Les bandages de roues sont en acier fondu au creuset.

Les essieux sont en fer à fins grains.

Les cylindres sont assemblés sur le milieu de la boite à tiroirs ; les conduits d'échappement se confondent en un seul en cet endroit.

Les pistons sont complètement en bronze, ce qui est rendu nécessaire à la descente des rampes par le fonctionnement sans vapeur.

Les tiges de pistons, les glissoirs, les bielles d'accouplement, ainsi que les ressorts, sont en acier fondu.

La distribution de vapeur s'effectue au moyen de coulisses droites avec relevage en partie sur la coulisse, en partie sur la bielle du tiroir ; toutes ces pièces sont en fer cémenté et trempé.

L'alimentation de la chaudière se fait au moyen de deux injecteurs Giffards placés à droite et à gauche de la boîte à feu, à portée du machiniste.

Les rampes supportent un abri pour le machiniste.

Dimensions principales.

Diamètre des cylindres	0^m,450
Course des pistons	0, 650
Diamètre des roues au contact	1, 450
Écatement d'axe en axe des roues extrêmes.	4, 100
Timbre de la chaudière (pression effective) .	8^{at}
Longueur intérieure du foyer	1^m, 800
Largeur — —	1, 100
Longueur des tubes entre-plaques	3, 660
Nombre de tubes.	200
Diamètre extérieur des tubes.	0^m, 050
Diamètre du corps cylindrique (extérieur). .	1, 320
Surface de chauffe du foyer	9^{m2},17
— — des tubes	115, 00
Surface totale	124, 17
— de la grille.	1, 980
Poids de la machine vide.	31^k, 500
Poids de la machine en service.	35 , 500

Répartition de poids sur les roues.

Avant	12, 000
Milieu	12, 000
Arrière	11, 500

Cette machine est livrée à Bruxelles pour 60,000 fr. Le tender destiné à cette machine avec l'outillage ordinaire est fourni pour 10,000 francs, soit un prix total de 70,000 francs.

Cette machine est représentée par les deux planches ci-jointes, nos 32 et 33.

1re PLANCHE.

1° En coupe longitudinale par l'axe de la chaudière; 2° en coupe horizontale et en plan.

2e PLANCHE.

1° Élévation longitudinale; 2° vue d'arrière de la machine; 3° coupe transversale par la boîte à feu.

Cette machine ne présente rien d'absolument particulier; le ciel de foyer n'a pas de fermes, mais des entretoises, comme la machine de Couillet décrite précédemment. La construction des angles de cadre est, comme nous le voyons déjà depuis longtemps en France, c'est-à-dire pour éviter les vis des coins (voir Graffenstaden, machine avec tender adhérent pour le chemin de l'Est).

L'enveloppe supérieure de foyer est plate et non de forme arrondie, du reste, c'est la forme adaptée à toutes les locomotives belges de l'Exposition, cette année. Nous ne voyons pas que les avantages présentés par cette disposition soient réellement assez notoires pour qu'on l'admette ainsi sans conteste, car nous voyons que, outre les entretoises verticales du ciel de foyer, il y a encore des tirants horizontaux pour maintenir l'écartement des parois verticales de l'enveloppe de boîte à feu, trois rangées de ces entretoises ont été placées. N'est-ce pas là se donner gratuitement bien des sujets de fuite, de cette façon, la chaudière est trouée de tous côtés; il y a loin de cette construction à celle qui paraît vouloir prendre pied chez nous, de construire des chaudières sans clouures.

Il y a un jette-feu, dont les barreaux se présentent perpendiculairement aux autres barreaux du foyer, la grille est composée de trois jeux de barreaux courts, parallèles.

Le châssis est extérieur aux roues, il est simplement découpé.

On a placé un longeron intérieur qui part de l'avant de la boîte à feu auquel il est attaché par le moyen d'une plaque et de cornières, et va jusqu'à l'attache commune des cylindres, à laquelle il se joint également. Il n'a été placé que pour supporter en son milieu l'essieu moteur coudé.

Les roues sont en fer et ont des bandages en acier fondu.

Les boîtes à graisse sont en fer, il n'y a pas de rattrapage de jeu.

Les cylindres sont intérieurs et se joignent par le joint de leurs boîtes à vapeur, laquelle est commune aux déux cylindres; l'attache extérieure se fait sur le longeron par une patte bien nervée qui vient au cylindre. Cette attache est dans le genre de celle de Couillet, sauf qu'on a profité ici de toute la longueur du cylindre pour donner de la largeur à la patte.

Il y a un grand support intermédiaire de chaudière fixé aux longerons et sur lequel glisse librement le corps cylindrique; à ce grand support, viennent s'attacher les glissières et l'arbre de relevage. Somme toute, cette disposition est tout à fait la même que celle de Couillet, sauf que les différentes parties sont mieux proportionnées et mieux étudiées.

Dans la distribution, on remarque que la coulisse est relevée en même temps que le coulisseau est abaissé, et *vice versa*, ce qui se fait par deux leviers opposés sur l'arbre de relevage. Ce mode de relevage est assez généralement employé pour les machines prussiennes et allemandes, il présente l'avantage de nécessiter une moins grande course de levier de changement de marche, il est du reste connu depuis quelques années, au bureau des brevets en France, sous le nom de coulisse de Lemonnier; dans cette acception, la coulisse est droite. C'est également ce qui a lieu à la machine Évrard. On doit remarquer aussi que cette coulisse est suspendue par son même point supérieur qui reçoit la commande de l'excentrique.

Les tiges de suspension de ressorts sont à cheval sur le longeron.

Les tiges de pression sont de longues fourchettes dont les branches vont rejoindre la bride du ressort, et dont la jonction inférieure appuie sur la boîte à graisse (voir la coupe transversale par la boîte à feu).

Le longeron intérieur possède un ressort inférieur pendu à la boîte à graisse de ce longeron.

Il y a un régulateur vertical placé dans un dôme de prise de vapeur, dont la partie supérieure porte les soupapes et les balances, ce dôme est tout à fait à l'arrière.

Un robinet souffleur mis en mouvement de la place du mécanicien, lance de la vapeur dans la cheminée pour en activer le tirage au repos.

La traverse d'avant est en bois, elle porte des tampons avec ressorts Belleville, dont nous donnerons plus tard une description et quelques renseignements pratiques.

La traverse d'arrière est en tôle et cornières, il n'y a pas de tampons ni faux tampons.

L'alimentation est faite par deux grands Giffards verticaux qui refoulent l'eau tout près de la plaque tubulaire de boîte à fumée, excellente disposition.

Il existe un cendrier fermé par dessous, mais ouvert à l'avant et à l'arrière, à l'aide de portes manœuvrées par le mécanicien.

Une guérite-abri en tôle est disposée au-dessus de la place occupée par les hommes de service ; cette guérite nous paraît avoir été étudiée pour pouvoir être enlevée l'été. C'est, du reste, ce qui se fait dans le nord de l'Europe, nous-même avons appliqué cette construction en plusieurs occasions.

Avec la plus grande impartialité, nous devons dire que la machine belge étudiée et construite par M. Évrard, offre un modèle de construction parfaitement convenable; on y reconnaît facilement qu'une longue pratique a guidé cet ingénieur, les formes des pièces y sont très-rationnelles, tous les différents organes sont faciles à démonter, tout y est très-abordable, on voit enfin des formes et des dispositions naturelles, et tout paraît parfaitement proportionné.

On aurait peut-être pu allonger les barres d'excentriques, car nous les trouvons un peu courtes pour une bonne distribution, mais pour cela, il eut fallu faire un peu différemment que Couillet, en ce qui concerne le support sur lequel tout le principe du mouvement vient s'attacher.

Nous eussions également préféré des fermes de ciel de foyer, c'est décidément plus radical et de meilleure construction, malgré l'exemple que nous en donnent ordinairement les Anglais et surtout les Américains.

Machine à voyageurs à deux paires de roues couplées (2 mètres de diamètre), par M. John Cockerill.

Cette locomotive est la 656e machine construite depuis 1832, elle est vendue à l'État.

La forme sous laquelle se présente cette machine est à peu près conforme au croquis ci-après.

Avant de parler des quelques particularités de la machine, nous croyons devoir commencer par donner connaissance de la note fournie par la Société Cockerill au sujet du système dont M. Belpaire est l'inventeur.

Fig. 113.

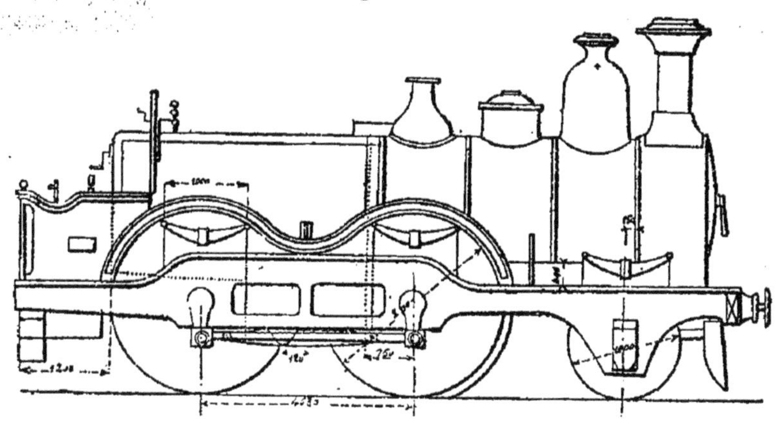

NOTICE SUR LA LOCOMOTIVE, SYSTÈME BELPAIRE, ENVOYÉE A L'EXPOSITION UNIVERSELLE PAR LA SOCIÉTÉ COCKERILL.

Depuis plusieurs années, la plupart des Compagnies de chemins de fer sont arrivées à remplacer le coke brûlé dans les foyers des locomotives par du charbon en roche ou des agglomérés.

L'économie de frais d'exploitation qui en est résultée a été naturellement fort considérable. Cependant le prix de ces derniers combustibles était relativement élevé comparé à celui des menus. Depuis lors, il n'a fait que croître et la rareté du bois sec a rendu difficile la fabrication des agglomérés.

M. Belpaire, ingénieur en chef de la traction au chemin de fer de l'État belge, s'est proposé de transformer les dispositions du foyer et de la chaudière des locomotives, de manière à pouvoir employer ces menus maigres ou demi-gras.

Une expérience de plusieurs années a pleinement sanctionné son invention.

La locomotive sortie des ateliers de la Société Cockerill et figurant à l'Exposition universelle est donc du système Belpaire, et la vapeur n'y est produite que par la combustion du charbon de qualité très-inférieure, par conséquent de prix relativement bas.

Pour arriver avec un tel charbon à donner à la combustion une activité assez grande sans encrasser rapidement la grille d'une part, et de l'autre sans en perdre considérablement par l'intervalle séparant les barreaux, on a été conduit à donner au foyer une profondeur très-grande (2m,68 intérieur) ; de cette manière, on est parvenu à obtenir la surface de grille nécessaire. Mais, comme une telle boite à feu devient très-lourde, qu'il ne peut être question de la laisser en porte-à-faux, et que d'un autre côté, l'entraxe extrême fut devenu trop grand pour le passage facile des courbes, si l'on eût disposé un essieu derrière cette boite à feu, on a dû installer ce dernier sous la grille elle-même, à peu près vers le milieu de sa longueur. Comme les roues motrices des machines à voyageurs sont de grand diamètre, pour ne pas élever démesurément le centre de gravité général, on a dû réduire autant que possible la hauteur entre la rangée inférieure des tubes et le dessus de la grille. C'est ainsi que cette dernière vient presque affleurer contre le seuil de la bouche du foyer, qui a reçu des dimensions en rapport avec la facilité de chargement pour ces dimensions et la nature du combustible. La surface du ciel du fir-box étant de 2,8944, elle est soumise à une pression de 8 atmosphères, à une charge de 231,500 kilog. environ. Les parois verticales, quoique fortement entretoisées et faisant corps avec la tôle de fer extérieure ne pourraient supporter sans se voiler un tel effort de compression. On a donc cherché à les y soustraire, en établissant une solidarité intime entre le ciel de l'enveloppe en fer et celui du fix-box. Les deux parties sont soumises, la première à une pression de bas en haut, et l'autre de haut en bas. On les a assemblées au moyen de forts boulons distribués symétriquement et bien vissés dans les tôles de fer et de cuivre, leur écartement étant tel que, dans ces limites, la roideur naturelle des portions de parois soutenues suffit à les empêcher de se voiler. La grille est une des parties la plus intéressante de ce système de machine. Elle est établie tout entière sur un chassis en tôle servant de couvre-essieu et de cendrier et se logeant sous le foyer, auquel il est boulonné par des cornières latérales.

Les grilles et les barreaux des sommiers sont entièrement en fer. Les grilles sont composées de fer laminé ayant un profil transversal triangulaire. Elles ont une épaisseur en haut de 8 mill. et de 4 mill. seulement par le bas, et une hauteur de 5 mill. L'intervalle qui les sépare est seulement de 6 à 7 mill. Elles sont assemblées par faisceau au moyen de deux longs boulons transversaux. Ils se distribuent côte à côte suivant la largeur du foyer. Cet assemblage est peu coûteux ; les barreaux, très-minces, s'échauffent et se déforment difficilement, l'air afflue avec beaucoup de facilité et le faible écartement ou vide entre les barreaux rend les pertes du menu combustible insignifiantes.

Un jette-feu est installé pour faire basculer la partie inférieure de la grille. La disposition générale donnée à la chaudière et permettant de brûler les combustibles menus dont il vient d'être parlé, est telle, comme nous l'avons fait entrevoir, qu'on n'a dû sacrifier aucune des qualités essentielles de l'appareil moteur. Ainsi, le centre de gravité général demeure modérément élevé et l'entraxe extrême permet de passer facilement dans des courbes d'assez faible rayon.

D'un autre côté, la position de ce centre de gravité est telle qu'on a pu faire reposer sur les roues motrices une partie du poids total fournissant largement l'adhérence en rapport avec l'effort de la traction.

Les balanciers compensateurs intercalés entre les axes moteurs égalisent exactement la charge que reçoivent chacune d'elles. Les cylindres étant disposés intérieurement, l'équilibre s'établit facilement entre les organes moteurs intérieurs et les bielles et manivelles de connexion, et la tendance aux mouvements perturbateurs est moins prononcée.

Si l'on passe à l'examen de chaque partie de l'organisme, on trouve aussi qu'elle a été soigneusement étudiée. Le mouvement de renversement de marche permet d'agir ou avec instantanéité ou d'un mouvement peu rapide. La disposition à quatre longerons, deux intérieurs et deux extérieurs, prouve les plus sérieuses garanties de sécurité dans un cas de rupture d'essieu.

Aux conditions de puissance, de stabilité, d'adhérence, sont donc réunies celles d'un travail économique, dues à l'emploi d'un combustible de qualité inférieure.

Voici les principales dimensions de cette locomotive :

Diamètre des cylindres...........	0m,43
Course des pistons...............	0 ,50
4 roues motrices.................	2 ,00
2 roues porteuses................	1 ,20
Entraxe extrême..................	4 ,63
Fix-box..........................	
Hauteur..........................	1,335 à 1,085
Profondeur.......................	2 ,68
Largeur..........................	1 ,08
Tubes............................	0 ,045
Longueur entre plaques...........	3 ,06
Nombre...........................	2 ,08
Corps cylindrique................	1 ,286
Surface de chauffe.	
Fix-box..........................	11 ,694
Tubes............................	84 ,651
Total.............	96 ,345

Ces machines font le service des trains ordinaires à voyageurs et des express. Elles traînent régulièrement des convois de 15 voitures à la vitesse normale de 75 kilom. à l'heure sur des lignes à rampe de $0^m,005$.

Leur consommation est d'environ 8 kilog. de charbon par kilomètre de parcours (allumage et stationnement compris).

Le charbon employé est du charbon menu qui revient en moyenne à l'État belge et au cours actuel, à 10 fr. la tonne.

L'essieu d'arrière est tout à fait placé sous le foyer. Celui du milieu (moteur) est à $0^m,750$ environ en avant de la boîte à feu. — Celui d'avant est à $0^m,150$ environ en arrière de la plaque tubulaire de boîte à fumée.

Fig. 114.

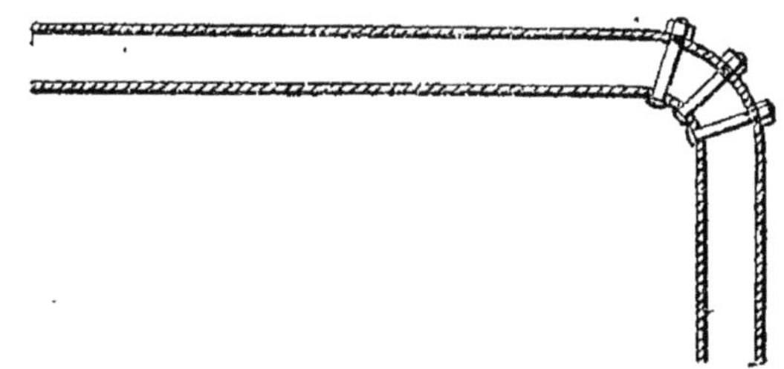

Comme il est facile de s'en rendre compte, le foyer est très-long, il est plat sur le dessus, comme toutes les machines belges, les entretoises de ciel de foyer sont des tirants filetés; nous avons dit à ce sujet ce que nous pensions lorsqu'il s'est agi de la machine de Couillet (s'y reporter).

On a placé deux grands bouchons autoclaves à l'arrière et dans le bas du foyer, deux autres autoclaves beaucoup plus petits sont à l'avant. Rien autre chose n'a été prévu pour le nettoyage, qui se fera par conséquent difficilement.

Les coins de boîte à feu sont arrondis sur un rayon

d'au moins 0,25 à 0,30 extérieurement, ce qui a donné la facilité de mettre des boulons au lieu de vis aux angles du cadre (fig. 114).

Nous ne craignons pas d'affirmer pourtant que les fuites devront s'y produire bientôt, car l'écartement de ces boulons n'a pu être assez rapproché pour qu'on soit certain du joint.

Sur la première virole d'avant du corps cylindrique, il y a un dôme de prise de vapeur avec un régulateur vertical.

Sur la deuxième virole, un sablier dont le mouvement pour le sable doit être produit par une hélice, une petite manivelle se trouvant à la portée du mécanicien.

Sur la troisième virole, près du foyer, une colonne portant soupape et balance ; il n'y a qu'une soupape et une balance pour la machine.

La porte du foyer est à deux battants, elle a au moins 0m,70 de largeur sur 0m,550 de hauteur. — Chaque battant est muni d'une poignée comme ceux de la machine de Couillet, et aussi d'un regard à double ouverture et à coulisse (fig. 115).

Fig. 115.

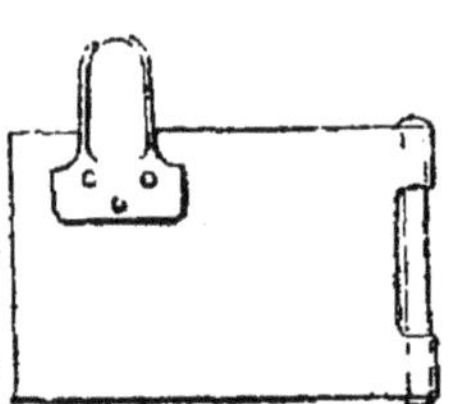

Il y a deux cendriers qui se rejoignent au-dessus de l'essieu d'arrière et qui s'inclinent vers le sol chacun de leur côté. — Celui d'arrière a une porte à l'arrière celui d'avant en a une à l'avant et une autre par dessous, toutes ces portes sont manœuvrées par deux leviers et tringles à la portée du mécanicien.

Il y a un jette-feu, avec mouvement à vis mu par le mécanicien à gauche de la chaudière (fig. 116).

Le châssis se compose de deux longerons extérieurs dont la section est $^{300}/_{20}$ au-dessus des boîtes à graisse et $^{200}/_{20}$ dans le corps.

Ces longerons vont d'un bout à l'autre de la machine, ils sont extérieurs aux roues et sont en fer ou tôle forte découpée.

Fig. 116.

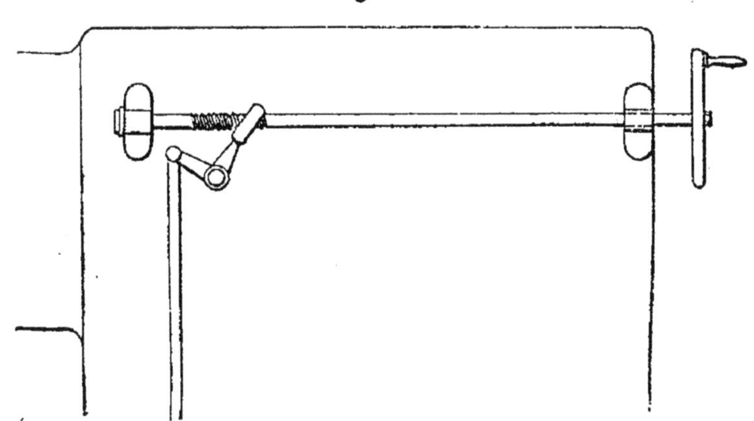

Deux autres longerons auxiliaires vont de la boite à feu jusqu'à l'extrémité avant de la machine, ils ont une section de $^{300}/_{20}$; c'est sur eux que se fait l'attache des cylindres qui est d'une solidité remarquable. Le croquis donne une approximation de l'ensemble de ce châssis; à l'arrière du foyer en A, il y a une tôle qui forme traverse et entretoise de longerons, cette tôle est liée aux

Fig. 117.

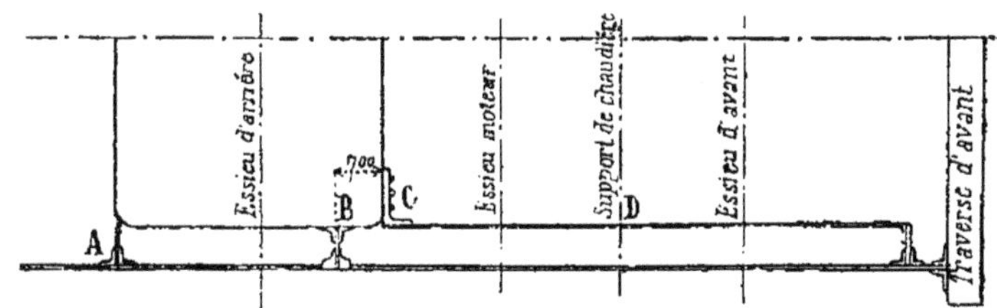

longerons par de bonnes cornières rivées. La boite à feu s'appuie sur la tôle.

En B, à environ $0^m,70$ de l'avant du foyer, il y a un support de boite à feu a peu près conforme au croquis (fig. 117).

Voici enfin des supports de chaudière comme nous désirons les rencontrer depuis que nous examinons les machines de l'Exposition. Ceux-là, au moins sont bien compris.

Fig. 118.

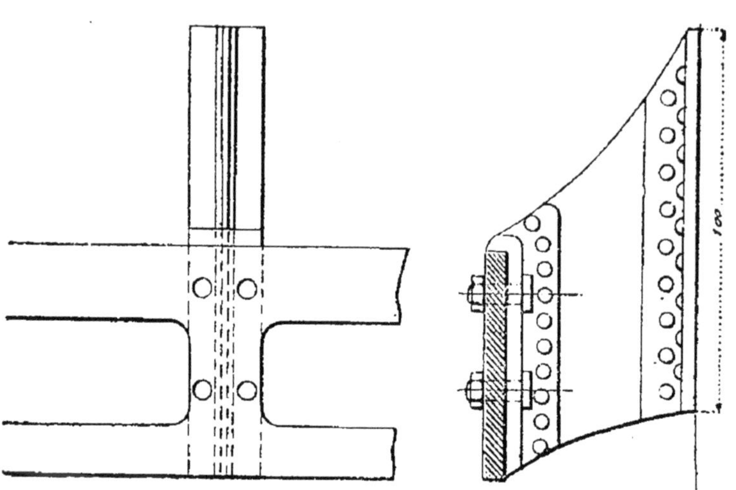

En C, le raccordement du longeron auxiliaire du foyer ou boîte à feu est fait conformément au croquis. Un fort

Fig. 119.

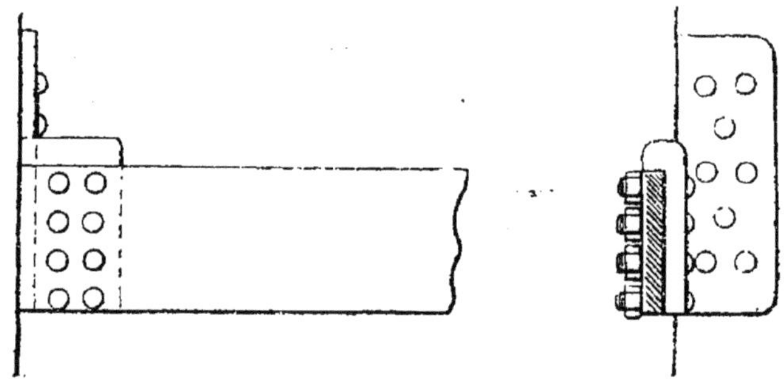

support est rivé à la boîte à feu et vient s'appuyer sur le longeron en question en s'y fixant à l'aide de boulons.

En D, c'est-à-dire à un mètre environ à l'avant de l'essieu moteur, se trouve le support de corps cylindrique ; il ert à la fois de support de glissières, de support d'arbre e relevage, de support de suspension de coulisseau. Il va 'un longeron extérieur à l'autre, il est à peu près conorme au croquis (fig. 120).

Fig. 120.

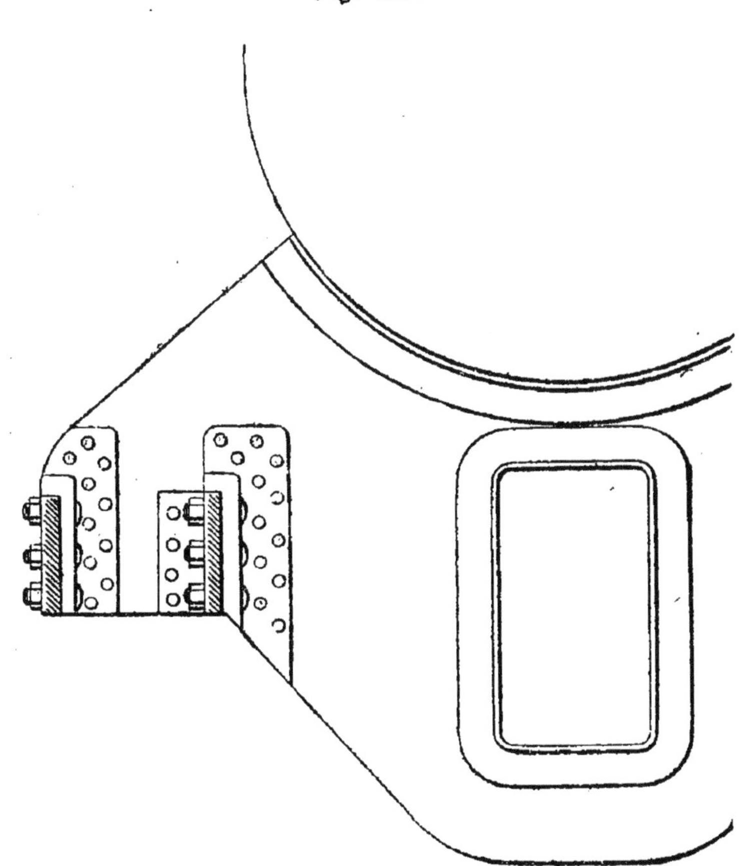

Le corps cylindrique glisse dessus ; et le raccordement ux longerons est fait par des boulons.

On voit que ce support est formé d'une tôle garnie de cornières forgées à l'endroit des appuis sur les longerons.

A l'avant, le longeron intérieur se raccorde avec le longeron extérieur par une partie coudée et à l'aide de cornières. L'attache du cylindre se fait sur le longeron auxiliaire intérieur (fig. 121).

Fig. 121.

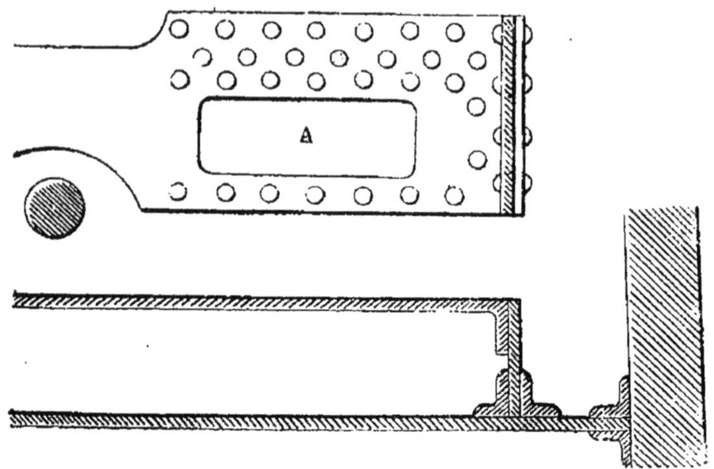

Le cylindre est fixé à ce longeron par 27 ou 28 boulons. On voit qu'on ne les a pas ménagés, nous préférons du reste un supplément de solidité en matière d'attache de cylindre que quelque chose de trop peu attaché. Le cylindre porte une saillie qui s'incruste dans l'ouverture ménagée *ad hoc* au longeron ; la tôle de boîte à fumée, qui est très-forte en cet endroit, est une bonne garantie pour cette attache.

Les boîtes à graisse sont en fonte, les couvercles sont en cuivre, le graissage est facile.

L'essieu moteur en a 4, 2 sur les longerons extérieurs et 2 sur les longerons intérieurs. Elles n'ont pas de coins de rattrapage de jeu.

Chaque boîte est maintenue entre deux guides en fonte fixés aux longerons par 12 boulons chacun.

La traverse d'arrière est en tôle reliée aux longerons par des cornières, elle porte deux faux tamonps.

Celle d'avant est en bois, elle porte deux tampons ordinaires.

Les ressorts de suspension ont environ un mètre de longueur de corde en place.

L'essieu moteur a 4 ressorts, puisqu'il a 4 boîtes à graisse; seulement les ressorts de l'intérieur sont indépendants, tandis que ceux de l'extérieur agissent par l'intermédiaire d'un levier de compensation dont le point d'appui sur le longeron n'est pas au milieu de la longueur ; un côté de ce levier a environ $0^m,240$ à $0^m,250$ de plus de longueur que l'autre (voir le croquis d'ensemble).

Fig. 122.

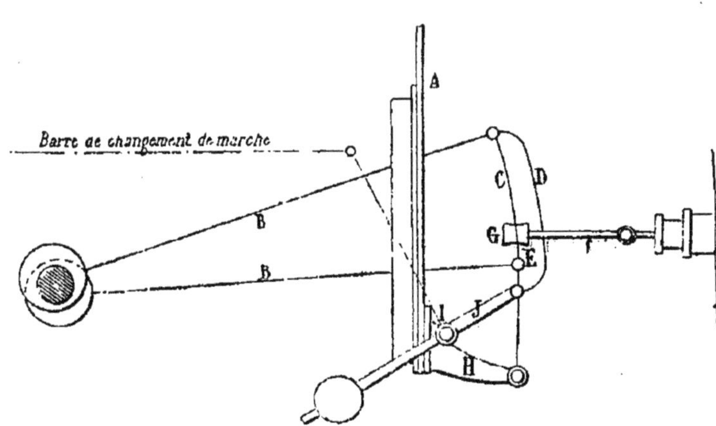

Les tiges de suspension sont à cheval sur le longeron quand ce ne sont pas des bielles communiquant au levier de compensation.

Les tiges de pression sont à fourches dont la tête appuie sur la boîte à graisse, et les deux branches pénètrent dans la bride du ressort.

Le mouvement de distribution est intérieur, il est formé par deux excentriques et une coulisse de Stéphenson ; la disposition est très-convenable pour une bonne distribution. C'est la coulisse qui se relève, elle est suspendue au levier de relevage par le même point supérieur qui reçoit la barre d'excentrique.

Le point fixe des suspensions de coulisseau est pris sur la tôle du grand support intérieur de corps cylindrique.

L'arbre de relevage est supporté, d'un bout par un support fixé au longeron auxiliaire intérieur, et de l'autre par un support fixé à la tôle du support de corps cylindrique (fig. 122).

A, support de corps cylindrique, de glissières et du mouvement de distribution.

BB, barres d'excentriques très-longues, 1,800 au moins.

C, coulisse.

D, bielle de suspension de la coulisse la prenant par le même point que la barre supérieure d'excentrique.

E, bielle de suspension du coulisseau G.

F, barre de la tige du tiroir.

G, coulisseau qui n'a de mouvement que celui qu'il communique au tiroir, plus celui de perturbation due à l'articulation de la bielle E.

H, support de suspension du coulisseau.

I, id. d'arbre de relevage.

J, levier de relevage de la coulisse.

Le levier de changement de marche est des deux genres, à vis et à verrou; nous en donnons la description aux machines d'Orléans (s'y reporter).

Il n'y a pas de guide de tige de tiroir, nous n'aimons pas voir une tige de tiroir ainsi abandonnée; il y a loin de cette disposition à celles que comportent nos énormes guides carrés, qui certes ne sont pas trop forts, l'expérience nous l'a démontré depuis longtemps.

Le joint des boîtes à vapeur est à l'intérieur et est commun aux deux cylindres.

Un tablier très-large existe tout autour de la machine,

excepté à l'endroit de la rampe du mécancien; nous ne voyons pas qu'il soit très-facile d'arriver à la partie de ce tablier sur laquelle ou peut circuler, ce serait dangereux d'essayer de le faire.

La tringle qui donne le mouvement aux purgeurs de cylindre est trop mince, elle n'a pas plus de 15^{mm} de diamètre, et elle est toute contournée pour passer aux endroits difficiles.

Les bielles motrices et d'accouplement sont d'une très-bonne construction, tout à fait moderne. Leurs formes sont satisfaisantes. On a mis des écrous avec goupille à l'extrémité des boutons de manivelles.

L'alimentation est faite par 2 Giffards, très-grands, du système ordinaire ; ils sont placés horizontalement dans la partie supérieure de la paroi verticale de boîte à feu ; nous les eussions préférés verticaux et plus bas, c'est quelquefois une sujétion de les avoir si haut.

Ils refoulent l'eau à environ 0^{m},60 de la boîte à fumée par un robinet et non par une soupape de retenue.

Il y a 2 lunettes très-simples fixées sur les côtés de boîte à feu.

Fig. 123.

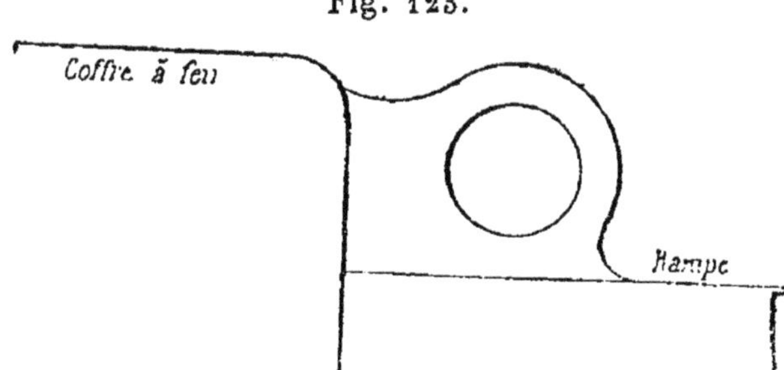

Le tablier sur lequel se trouve le mécanicien est en contre-bas du dessus du longeron, ce qui forme une espèce de caisse (fig. 123).

Sur le dessus de la boîte à feu, il y a 2 petits sifflets à manivelles.

Pour nous résumer, nous dirons que cette machine ne présente d'absolument particulier que son système de foyer ; quant à la position de la roue d'arrière, elle est connue et appliquée par bon nombre de constructeurs. La

Fig. 124.

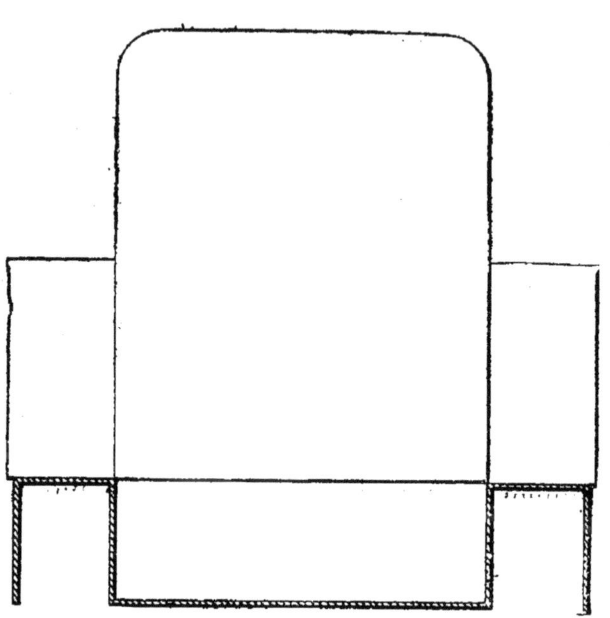

construction en général n'est pas faite d'une manière assez irréprochable pour qu'il en soit question. La chaudière laisse beaucoup à désirer comme fini d'exécution, les chanfrinages sont assez mal faits, les clouures ne sont pas bien régulières. Ensuite nous pensons que le poids total de la machine est un peu supérieur à ce qu'il devrait être, ce qui lui donne un aspect lourd et peu satisfaisant.

La machine de la participation Cail construite pour voyageurs du chemin du Nord paraît destinée à faire le même service, elle ne pèse à vide que $30^t,800$, celle de Cockrill pèse $33^t,500$, c'est-à-dire environ 3 tonnes de plus, et elle ne présente que 200 kilog. d'adhérence en plus que de celle de Cail.

Machine-tender à marchandises, construite par M. Ch.-L. Carels, de Gand.

Fig. 125.

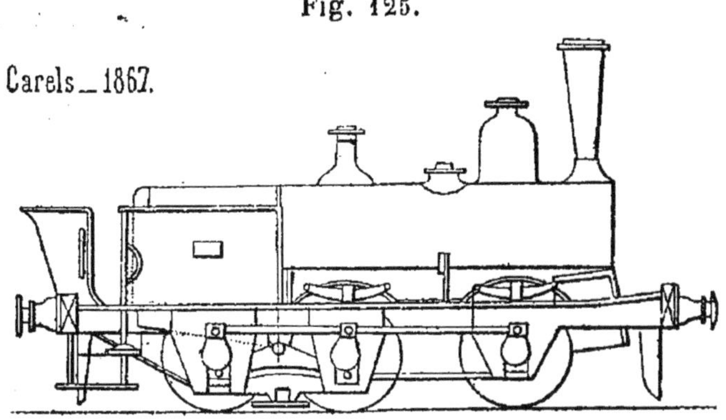

Cette machine est à 6 roues couplées, elle a beaucoup de rapport avec celle de Couillet, nous pouvons même dire que sauf l'essieu du milieu qui est monté de roues et porteur comme les autres, le reste de l'ensemble est identiquement la même chose. Laquelle des deux machines est l'originale, laquelle est la copie ?

Cette machine a dû fonctionner déjà, car on remarque de l'usure sur certains points.

L'essieu moteur est placé à environ $0^m,800$ à l'avant de la boîte à feu.

La distance du rail au niveau inférieur du longeron est d'environ un mètre.

Le dessous du corps cylindrique de la chaudière se projette verticalement sur la même ligne que le dessus du longeron.

Le ciel de foyer a des entretoises filetées et non des armatures, le dessus de la boîte à feu est plat.

Il y a 4 autoclaves de nettoyage aux coins de la boîte à feu ; à l'avant, elles sont peu abordables.

Les coins du cadre sont garnis de vis pour la jonction de la tôle d'enveloppe de foyer et pour le cuivre du foyer.

On a placé un robinet de vidange à la plaque avant de la boîte à feu, mais beaucoup trop haut.

Il y a un jette-feu ordinaire et un double cendrier incliné de chaque côté de l'essieu d'arrière, dans le même genre que la machine Cockrill.

Les longerons sont extérieurs aux roues, ils sont simples et formés d'une bande de tôle longitudinale de $^{280}/_{28}$ de section.

Les plaques de garde y sont rapportées de chaque côté, elles ont environ 15 millimètres d'épaisseur chaque et sont fixées à l'âme du longeron au moyen de 12 rivets, assemblage qui ne nous paraît pas satisfaisant comme ne présentant pas assez de solidité opposée aux secousses réitérées des boîtes entre les guides.

Outre les longerons extérieurs, il y en a un autre intérieur, comme à la machine de Couillet, même système d'attache insuffisant, il porte une boîte à graisse avec coins de rattrapage pour l'essieu moteur.

Aux autres boîtes à graisse, il n'y a pas de rattrapage de jeu.

Toutes les boîtes sont en fonte.

Le support de corps cylindrique est tout à fait le même que celui de Couillet, il porte tout le système de distribution ; seulement, directement dessous la chaudière, il tombe verticalement, mais un peu plus bas ; lorsqu'il rencontre les glissières qui sont inclinées, il est un peu infléchi afin de présenter une surface plane normale aux différentes pièces qui viennent s'y fixer. Cela fait le plus fâcheux effet comme construction, nous l'eussions préféré tombant verticalement avec les attaches des pièces qui s'y fixent un peu inclinées.

Son raccordement sur le longeron se fait également de

travers ; il a lieu à l'aide d'un patin forgé qui est rivé à la tôle du support.

La chaudière glisse sur le support par le corps cylindrique.

Ce support est prolongé vers le haut, il sert aussi à supporter la caisse à eau latérale de la machine.

A la chaudière, il y a une porte de foyer absolument semblable à celle de Couillet ou de Cockrill.

Sur le corps cylindrique, à la première virole d'avant, il y a un dôme de prise de vapeur avec régulateur vertical dans ce dôme ; sur la deuxième virole avant, on a placé un sablier ; enfin, sur la troisième virole, on voit une colonne de soupape avec balance.

La plate-forme sur laquelle manœuvrent le mécanicien et ses chauffeurs est de beaucoup en contre-bas du niveau du longeron, elle se trouve à environ 0^{m},60 au-dessus du niveau du rail.

La largeur de cette plate-forme n'a que la largeur de la boîte à feu, tout l'espace compris entre les longerons et les tôles qui limitent cette plate-forme, est occupé par le combustible.

Fig. 126.

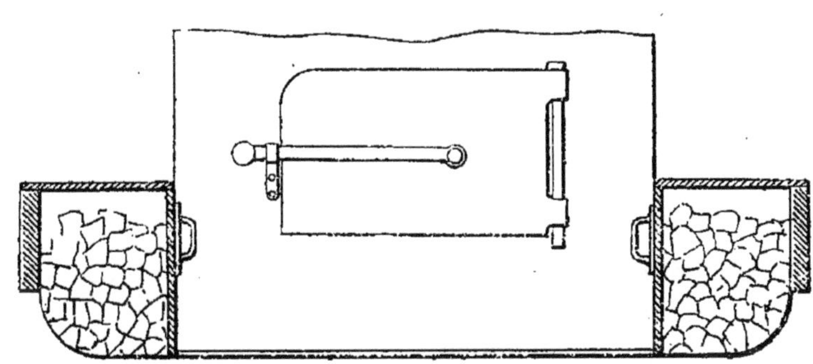

Il y un tablier sur tout le pourtour, mais on trouve la même difficulté qu'à la machine de Couillet pour y circuler librement.

Les supports de boite à feu sont solidement fixés à la boîte à feu, ils appuient sur les longerons par des patins en cornières forgées.

Les cylindres sont inclinés, ils sont assez solidement attachés, car il y a 14 boulons sur le longeron et 12 sur la tôle de boîte à fumée qui est très-forte; cette condition est meilleure qu'à la machine de Couillet.

Le joint intérieur qui réunit les cylindres par leurs boîtes à vapeur, qui alors n'en forment plus qu'une, ajoute à la solidité de l'attache.

La traverse d'avant est en bois avec tampons ordinaires.

L'alimentation est faite par deux Giffards horizontaux placés un peu trop haut sur les côtés de la boîte à feu. Le refoulement se fait par un robinet au milieu de la longueur du corps cylindrique.

Il y a un système de glissières doubles, qui viennent prendre leurs points d'appui sur la tôle du support de chaudière.

Les manivelles d'accouplement sont comme celles de la machine de Cockrill, avec écrous chevillés aux boutons.

Un frein à sabot sur rail existe tout à fait conforme à celui de Couillet.

Les caisses à eau occupent presque toute la longueur de la machine, elles vont de l'extrémité avant de boîte à fumée jusqu'à environ 0^{m},350 en arrière de la plaque avant de boîte à feu; elles ont, comme celles de Couillet, la forme elliptique et surélevées par rapport au-dessus du tablier d'environ 0^{m},50.

Leurs dimensions sont d'environ 1 mètre de hauteur sur 0^{m},450 de largeur.

Elles sont supportées au milieu par le prolongement du support de corps cylindrique qui, lui-même, est placé entre les roues du milieu et d'avant. A l'avant, un support fixé à la boite à fumée les soutient également.

Les ressorts sont ordinaires, la flèche sous charge est presque nulle.

Les tiges de pression sont à fourches comme à la machine Cockrill, et les tiges de suspension sont à cheval sur le longeron.

Il y a de doubles sellettes sur les extrémités des ressorts, comme à la machine de Couillet.

Bref, comme nous l'avons dit en commençant, cette machine ressemble en tous points à celle de Couillet, sauf l'essieu moteur, les différents détails de construction sont identiquement les mêmes, les bielles exceptées, cependant, nous les trouvons de formes plus modernes.

Ajoutons que malgré la similitude entre ces deux machines, l'avantage est encore à Couillet, car la machine de Carels ne paraît pas avoir été suffisamment étudiée sous le point de vue de détails insignifiants peut-être, mais qui accusent une certaine négligence pour quelqu'un habitué à voir une rigide et logique construction.

Nous pensons que la surface de chauffe de la chaudière, 71^{m2}, n'est pas suffisante pour assurer un bon service ordinaire.

Ainsi, on remarque des pièces qui sont plantées plutôt que posées à la place qu'elles occupent, on dirait qu'on s'est aperçu de leur utilité après coup, et qu'on a été obligé de les placer quand même et n'importe où. Tels sont, par exemple, un support d'arbre de relevage posé sur l'entretoise de plaque de garde, et un autre support de tuyau à sable qui est comme fiché dans cette même entretoise.

Généralement enfin, les pièces brutes de forge sont assez mal soignées d'exécution; les plus petits supports mêmes pour tabliers, sont grossièrement forgés, et la chaudronnerie laisse beaucoup à désirer comme fini d'exécution.

On se demande pourquoi le Jury a décerné une médaille d'or à cette machine. Rien de nouveau dans le système, rien de nouveau dans la construction, et exécution qui est loin d'être exempte de reproches.

Machine à marchandise (Saint-Léonard). — Directeur-gérant, M. H.-J Væssen, à Liége.

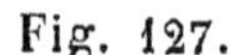

Fig. 127.

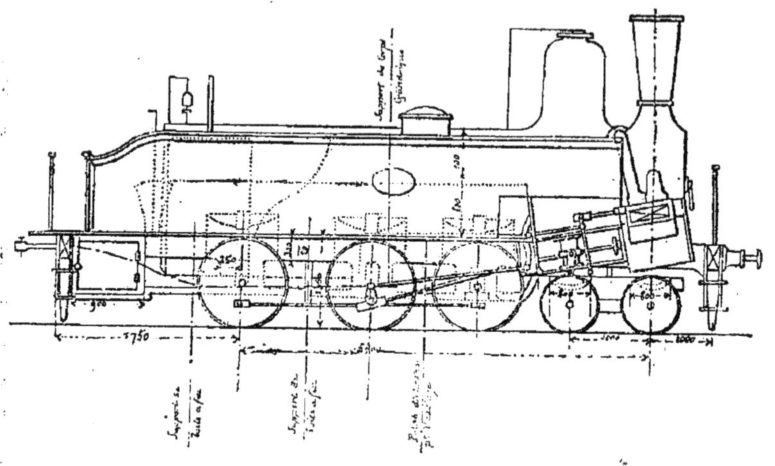

Cette machine est une grosse locomotive-tender à marchandises, ayant 3 paires de roues couplées ; la paire de roues d'arrière est placée sous le foyer.

L'avant est supporté par un train articulé à 4 roues, système employé et vulgarisé en Amérique.

Les longerons sont intérieurs aux roues.

Les cylindres sont extérieurs et le mouvement de distribution aussi, il se fait par un seul excentrique ou manivelle, comme celui de Couillet et de Carels.

Les cylindres sont inclinés et les tiroirs placés au-dessus.

La boîte à feu est plate sur le dessus. C'est décidément le genre belge.

Les côtés de la machine sont garnis d'énormes caisses à eau et à combustible.

Il y a aussi deux grandes caisses à outils placées à l'arrière, dessous le tablier de manœuvre des chauffeurs.

La machine se présente à peu près sous la forme indiquée fig. 127.

La chaudière de la machine Saint-Léonard ne présente rien d'extraordinaire, elle est comme toutes celles de l'exposition belge, elle a le dessus de la boîte à feu plat, et des entretoises filetées au lieu d'armatures.

Il y a un grand dôme de prise de vapeur avec régulateur vertical sur la première virole du corps cylindrique.

Les tuyaux de prise de vapeur et d'échappement sont extérieurs à la chaudière. Les soupapes de sûreté et balances dépendent de ce dôme.

On a placé un sablier sur la troisième virole du corps cylindrique.

La porte du foyer est très-grande, $^{750}/_{500}$ au moins de section. Les caisses à eau occupent presque toute la longueur de la machine, l'extrémité avant repose sur une patte qui vient de fonte sur la boîte à vapeur du cylindre. Le support de glissières supporte également la caisse à eau dans sa partie la moins élevée (environ 1 mètre). Le corps principal de cette caisse repose sur une longrine latérale ayant quelque ressemblance avec une bordure de tablier, des supports de distance en distance réunissent cette pièce au longeron.

Les caisses à eau communiquent de chaque côté par un tuyau qui passe dessous la chaudière et qui porte à sa partie inférieure un robinet de vidange.

Il y a 4 bouchons autoclaves à la boîte à feu, ils sont peu abordables, et un grand trou d'homme à la partie inférieure du corps cylindrique, à peu près au milieu de sa longueur.

Le dessous du corps cylindrique est à environ $0^m,10$ au-dessus du longeron.

A l'avant, la disposition des caisses à eau et des parois à combustible est à peu près comme l'indique le croquis (fig. 128).

Fig. 128.

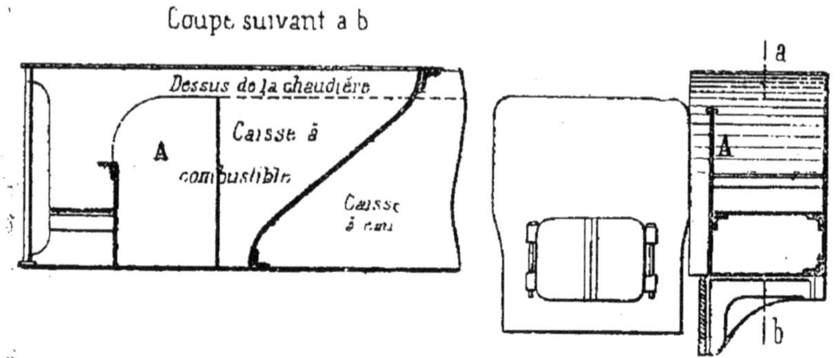

La paroi A ne sert que pour isoler le levier de changement de marche.

Comme nous l'avons déjà dit, les longerons sont intérieurs aux roues. Leur section est d'environ $^{300}/_{20}$ dans le corps, ainsi qu'au-dessus des boîtes à graisse (fig. 129).

Fig. 129.

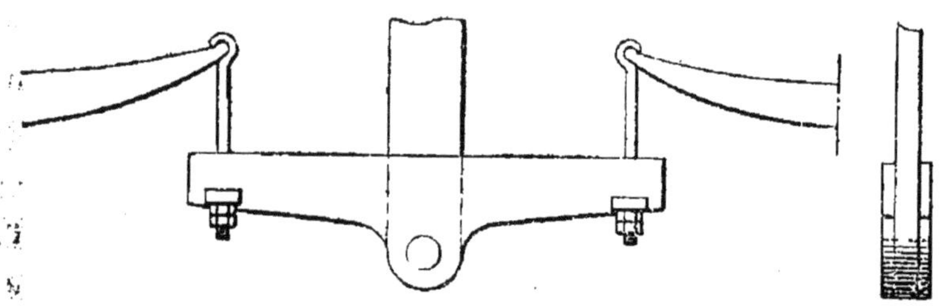

Chaque paire de roues couplées porte un balancier compensateur composé de 2 flasques en tôle. A l'arrière, le support d'appui de ce levier est le même que le support de boîte à feu en ce point.

Les boîtes à graisse sont en fonte, il n'y a pas de rattrapage de jeu.

Le train d'avant est composé d'un châssis conforme au croquis (fig. 130).

Deux longerons A sont réunis par le moyen de barres entretoises *b* qui viennent se fixer au centre à un massif en fonte, lequel est maintenu entre les 2 traverses *b' b'* semblables à celles *b b* des extrémités.

Fig. 130.

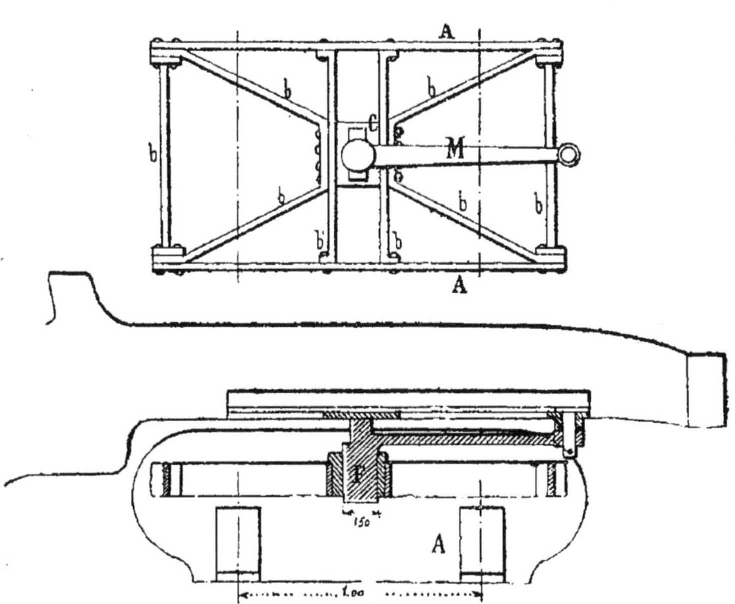

Ce massif C est percé d'un trou d'environ $0^m,10$ dans lequel passe la cheville ouvrière F qui fait partie de la barre d'attache M, laquelle est terminée au-dessus de la cheville par une forme de T qui, dans les mouvements d'articulation du train, frotte sur une pièce de même forme fixée à la tôle transversale qui réunit les 2 longerons principaux.

On voit donc que la traction du châssis articulé s'opère par la machine à l'aide de la barre d'attelage M qui a environ 1 mètre de longueur. Cette manière d'attache vaut mieux, à notre avis, que celle qu'on emploie fréquemment en Amérique.

Les ingénieurs américains se contentent d'une simple cheville d'attelage servant en même temps de centre de rotation au châssis articulé.

Cette attache du châssis au train articulé, employée à la machine Saint-Léonard, permet à la machine de suivre jusqu'à une certaine limite, les mouvements qu'elle est appelée à prendre pendant la marche.

Le diamètre des roues du train articulé est $0^{m},750$.

Les cylindres sont inclinés sur l'horizontale et sont très-haut placés, les boîtes à vapeur sont également inclinées à la fois sur le plan horizontal et sur le plan vertical.

Il y a un support de boîte à feu à l'arrière de la roue d'arrière, il a un patin très-solide qui appuie sur le longeron (voir le croquis d'ensemble, pour la place).

Un autre support de boîte à feu (voir le croquis d'ensemble) placé entre les roues du milieu et d'arrière, il sert à la fois d'appui au levier de compensation de ces 2 paires de roues.

On a mis un énorme support de glissières qui a plusieurs fonctions :

Il supporte : 1° les glissières ; 2° l'arbre de relevage ; 3° la coulisse de changement de marche ; 4° la caisse à eau à son extrémité avant.

Une traverse rectangulaire a été placée entre les longerons pour les entretoiser juste dans le même plan et à la même position que les supports de glissières.

Un support de corps cylindrique ordinaire est placé à $0^{m},200$ environ en avant de l'axe de la roue du milieu.

Le support de glissières vu en travers a la forme indiquée fig. 131.

Comme on le voit, la coulisse est fixe, c'est la barre de la tige de tiroir qui se meut. C'est ici la même distribution qu'à la machine de Couillet et à celle de Carels. Le levier de relevage est fixé sur un support qui est attaché au longeron.

Fig. 131.

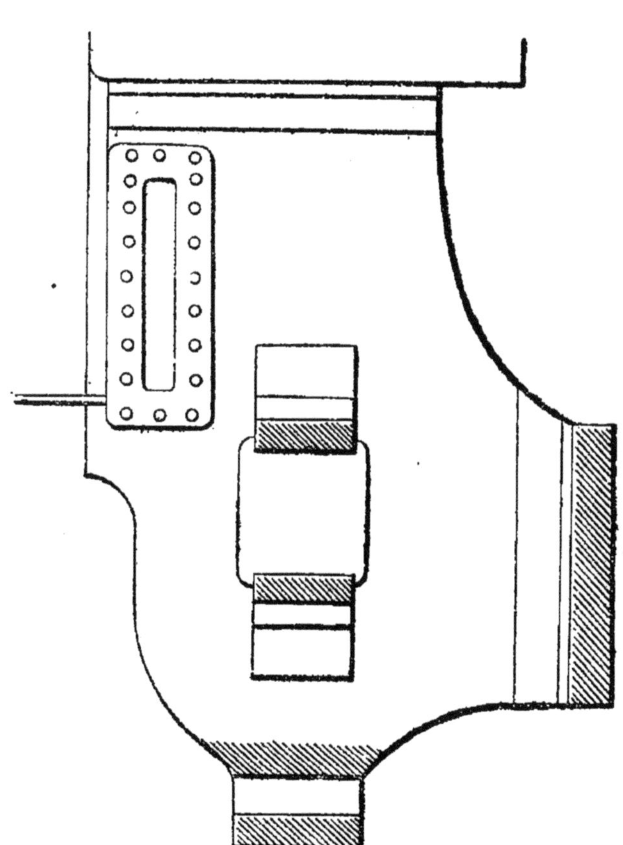

Les cylindres sont assez solidement fixés aux longerons et à la tôle de boîte à fumée.

La tête de bielle d'accouplement du bouton du milieu a un double mouvement d'oscillation, comme celle du chemin de fer du Midi français (voir fig. 132), afin de faciliter le mouvement dans les courbes.

L'attelage de la machine au tender se fait par une grande barre qui vient s'attacher au centre de gravité de la machine, ou du moins dans le voisinage de ce centre, la

Fig. 132.

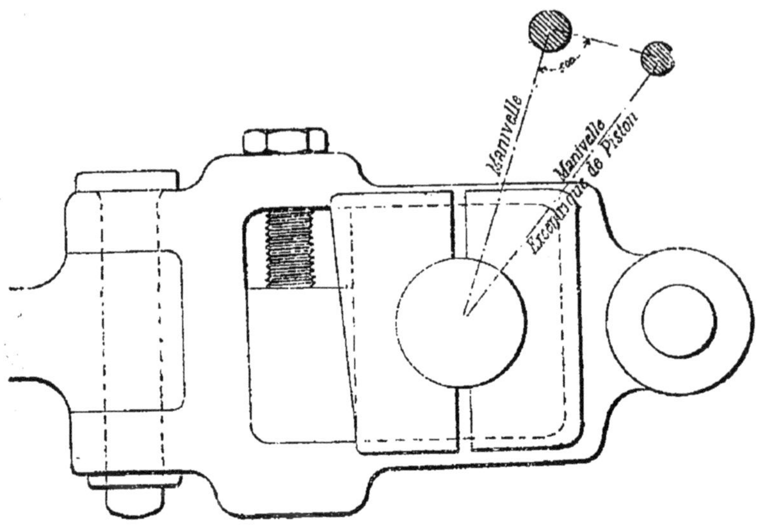

traction s'opère sur une traverse en tôle, placée en manière d'entretoise de longeron dans la partie inférieure (fig. 133.)

Fig. 133.

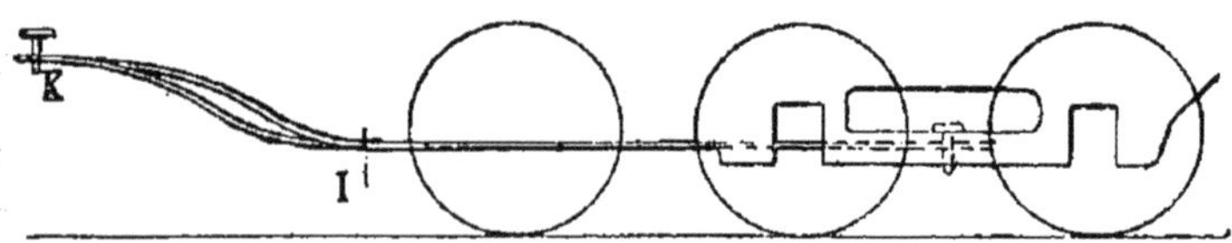

Nous n'aimons pas cette disposition d'attelage par la raison bien simple que si malheureusement une rupture en I venait à se produire, la partie IK de la barre ne manquerait pas de se planter dans le ballast de la voie, et un déraillement complet du train pourrait en résulter.

Nous avons d'ailleurs apprécié tous les avantages de l'attelage Stradal dont nous parlons à la section française, c'est peut-être un peu ce qui est cause de notre désapprobation pour le genre d'attelage de la machine Saint-Léonard.

Il n'est pas possible en marche de passer de l'arrière à l'avant, vu l'absence complète de tablier.

Sur la traverse d'avant, il y a un tablier sur lequel on a assujéti les deux verrins.

Les traverses d'avant et d'arrière sont en bois, elles ont des tampons de choc.

Dans son ensemble, cette machine nous paraît bien lourde, surtout si on la compare à d'autres également exposées cette année.

Comparons-la, par exemple, à la machine à 8 roues couplées construite pour le Nord, par la participation Fives-Lille et Cail. Nous verrons que les différentes conditions sont les suivantes :

	Saint-Léonard.	Fives-Lille.
Poids de la machine vide. . .	39,800	38,860
Adhérence.	6,270	7,230
Diamètre des pistons	0,460	0,500
Surface de chauffe	121^{m2}	163^{m2}

Il est, à notre avis, regrettable d'avoir une machine pesant 1 tonne de plus qu'une autre également vide, et dont la chaudière cependant ne présente qu'une surface de chauffe bien moindre, quelque chose comme 42^{m2} ce qui est énorme.

Avec la machine de la Compagnie de Fives-Lille, on fera toujours un service normal très-convenable, attendu qu'on emploie toute l'adhérence possible avec de grands cylindres fournis de vapeur par une chaudière suffisante.

Dans l'autre cas, celui de la machine Saint-Léonard, on a un poids mort supérieur à remorquer, une adhérence bien moindre parce qu'on n'a pas profité de tout ce qu'il y en a ; en effet, pourquoi un train articulé ? pourquoi n'avoir pas mis une quatrième paire de roues motrices, qui eût été bien moins lourde que tout ce truck d'avant, on aurait pu alors augmenter un peu la surface de chauffe des tubes sans augmenter le poids de la machine. D'ailleurs, il faut convenir que la surface directe de chauffe dans cette machine, comme dans toutes celles de la Belgique, est supérieure à ce qui se présente généralement dans les nôtres; on peut donc admettre que les machines belges ont besoin de moins de surface totale que si cette condition de foyer n'existait pas, raison de plus encore pour que nous persévérions dans notre idée, que sans augmenter en rien le poids ni le prix de cette machine de Saint-Léonard, on aurait pu lui faire rendre un effet utile beaucoup supérieur à celui qu'elle rendra.

Nous ne sommes pas très-partisan du support de glissières si compliqué et chargé de tant de fonctions. Le moindre dérangement dans cette pièce, dérangement résultant du travail ordinaire de la machine, ou d'une collision quelconque, entraînerait le déplacement de tout ce qui se meut et de tout ce qui travaille; qu'un support de glissières soit faussé, et voilà tout le mouvement de distribution de relevage et le reste détraqué, c'est une machine à remonter dans presque tout son ensemble.

Ce que nous disons en ce moment ponr la machine Saint-Léonard, peut s'appliquer également aux autres machines qui ont des supports de glissières remplissant les mêmes fonctions.

Notre avis est qu'il faut, autant que possible, isoler chaque espèce de mouvement, afin de le laisser travailler pour son compte particulier. Les hommes experts en matière de réparation, seront à coup sûr de cet avis.

SECTION AMÉRICAINE.

Machine à voyageurs.

PLANCHE n° 35.

Cette machine, construite par Grant, est portée par deux grandes roues à l'arrière ; et un train articulé à l'avant elle se distingue surtout par le poli des pièces qui sont du reste bien exécutées. La richesse des enveloppes est incomparable, rien encore n'a été fait dans ce genre comme dorure, argenture, tout paraît extraordinaire dans cette machine; malgré l'habitude que nous avons contractée dans le nord de l'Europe de voir de semblables enjolivements aux locomotives américaines, nous n'avons pas pu faire autrement que tout le monde, être étonné du faste déployé par les constructeurs de cette machine à l'occasion de l'Exposition universelle.

Elle se présente sous la forme extérieure donnée par la planche n° 35.

Le foyer est placé entre les deux essieux d'arrière et d'avant, les barreaux de la grille du foyer sont des tubes bouilleurs.

On a mis un grand nombre de bouchons de lavage à l'avant de la boite à feu, un à chaque rangée d'entretoises; à l'arrière on en a mis un à chaque angle, c'est l'essieu qui n'étant qu'à 200^{mm} de la plaque arrière, aura empêché d'en mettre davantage.

Il y a aussi un robinet de vidange.

Le régulateur est vertical et placé dans le dôme qui se trouve au-dessus de la boîte à feu, dans l'axe même de cette boîte.

Un peu plus loin, vers l'avant, un sablier et une énorme cloche pour les temps de brouillard.

Enfin, sur l'avant tout à fait, un fanal de dimensions

colossales, 0,800 de largeur, 0,800 de hauteur et 0,800 d'épaisseur; le disque d'avant a au moins 0,600 de diamètre.

Nous pensons bien qu'on a dû mettre des entretoises filetées au ciel de foyer, c'est une habitude américaine, les ingénieurs ne veulent pas entendre parler de fermes.

La porte de boîte à fumée est ronde, l'ouverture et la fermeture se font à l'aide d'un verrou intérieur mis en mouvement par un petit volant extérieur (fig. 134).

Fig. 134.

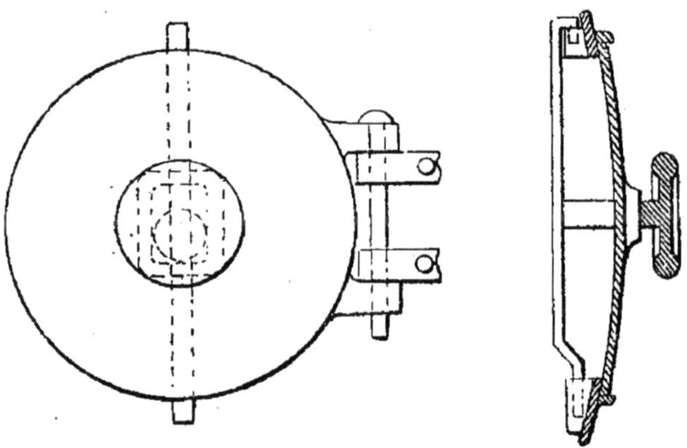

Le mouvement est donné par un excentrique ordinaire.

L'alimentation se fait par deux pompes complètement en bronze placées à l'avant de la roue motrice, elles reçoivent le mouvement intérieurement aux bielles et par ces bielles. Le refoulement est fait tout contre la boîte à fumée.

Comme on le voit par le dessin d'ensemble, le châssis est composé de deux longerons en fer forgé, la hauteur totale de ces longerons est de 0,500. La partie du haut offre une section de $\frac{100 \text{ largeur}}{70 \text{ hauteur}}$, celle du bas offre la section de $\frac{100 \text{ largeur}}{40 \text{ hauteur}}$. Ce longeron est dressé sur toutes faces, ils dispense des guides de boîtes à graisse.

Malgré l'opinion que nous avons été à même d'entendre formuler à plusieurs reprises, quoique ce longeron présente certaines facilités de montage, nous ne sommes nullement de l'avis de ceux qui ont fait ce châssis, car est-ce donc un problème résolu que de ne pas mettre de guides en les remplaçant par une largeur de longeron de 0,100 au lieu de 0,180 qu'auraient les guides, et puis chacun sait que les guides de boîtes à graisse s'usent considérablement, non-seulement par le mouvement vertical du châssis sur les boîtes, mais aussi par les réactions continuelles qui s'opèrent entre les boîtes et leurs guides, résultant des efforts des manivelles. Lorsque l'usure sera venue, comment y remédiera-t-on? Quand on a des guides, on peut les changer et tout est dit. Avec le longeron américain il faudra mettre des cales; c'est, du reste, le moyen qu'on emploie en pareille occasion lorsqu'une machine américaine entre de ce fait en réparation : nous avons vu cela se faire ainsi dans une exploitation du nord de l'Europe, il nous est arrivé de trouver jusqu'à 3 et 4 cales en tôle mince placées entre les guides et les boîtes à graisse. — Là, il y avait des guides mais pas de rattrapage de jeu. — A la machine américaine de Grant, il n'y a ni guides ni rattrapage de jeu.

En A du croquis d'ensemble, il y a un support de chaudière fixé à la boîte à feu qui vient appuyer sur la partie supérieure du longeron; ce support a au moins 1 mètre de longueur, le mouvement de dilatation se fait sur ce longeron.

Un autre support fixé à la partie supérieure du premier vient s'appuyer sur le lèvier de compensation des ressorts, et enfin, un troisième support s'appuyant sur la partie inférieure du longeron vient s'accrocher au deuxième (fig. 135).

Fig. 135.

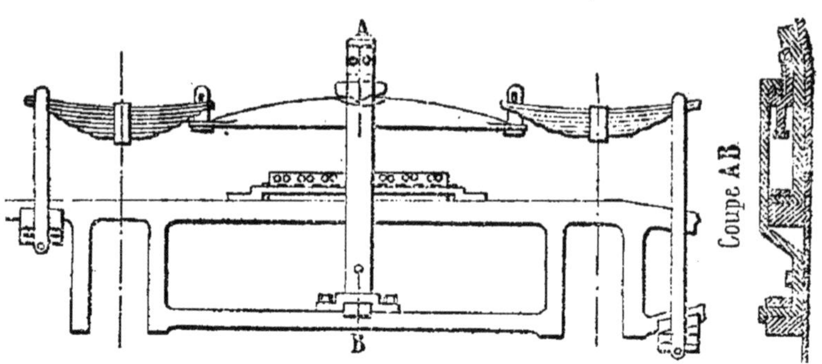

Les ressorts ont $0^{m},900$ de corde en place, longueur prise entre les axes des tiges de suspension, qui sont à clavettes, ce qui ne permet nullement de régler le serrage ; mauvaise disposition assez généralement adoptée aux États-Unis.

Ils ont 10 feuilles de 12 millim. et demi sur 87 millim. de largeur, ils nous paraissent beaucoup trop faibles.

Le balancier de compensation est également trop faible, à première vue on en est persuadé.

On a laissé 8 millim. pour la dilatation dans la disposition des supports de boîte à feu. C'est trop peu pour la longueur de la chaudière.

Les supports de chaudière sont fixés à la boîte à feu par des boulons, et sur le longeron également par des boulons qui passent dans des trous ovalisés.

Il y a encore 2 petits supports B (voir le croquis d'ensemble) boulonnés à la chaudière et glissant sur le longeron.

On voit que cette boîte à feu ne manque pas de supports.

A l'avant, il y a un chasse-bœuf, cet appareil se place à toutes les machines en Amérique; cela est de toute utilité avec le système d'exploitation des chemins de fer, qui ne met pas de haies le long de la ligne ; il n'y a pas de gardiens aux passages à niveau ; de cette façon, les hommes et les animaux peuvent venir circuler sur la voie. Plutôt que de placer des haies et des gardiens qui coûtent à entretenir, on préfère prévenir les importuns qui circulent sur la voie, par un coup de l'appareil en question, c'est assez barbare comme on voit.

Le support des glissières est rivé au corps cylindrique de la chaudière et boulonné sur le longeron.

Nous avons vu pareille disposition à 46 locomotives américaines à voyageurs, en Russie, pas un des supports n'était droit, tous étaient faussés, on le comprend facilement. La distance à partir des glissières jusqu'au point d'attache de la chaudière étant toujours très-grande, l'effort de la bielle sur les glissières, répété à chaque instant, finit par tortiller ce support qui, après tout, n'est qu'une pièce assez mince pour un pareil travail. Ici, cependant, il est boulonné au longeron, mais la dilatation ne fera-t-elle pas aussi le plus fâcheux effet (fig. 136)?

On ne comprend pas pourquoi on a surélevé l'axe des glissières de 80 millim. par rapport à celui du cylindre.

Que l'axe du cylindre soit 150 millim. au-dessus du centre de la roue motrice, et c'est ce qui arrive ici; soit, c'est la disposition qui l'a voulu ainsi, à cause du châssis articulé; mais l'autre disposition précitée, nous ne la comprenons nullement.

L'écartement des glissières est de 70 millim., les tourillons qui passent dans les coulisseaux n'ont que 38 millim. de diamètre. Quel service cela fera-t-il? Ces dimensions sont trop faibles.

Les tiges de suspension des ressorts qui sont opposées

au levier de compensation sont des étriers à cheval sur l'extrémité du ressort et allant jusqu'au-dessous du longeron pour en recevoir l'appui qui se fait par un système

Fig. 136.

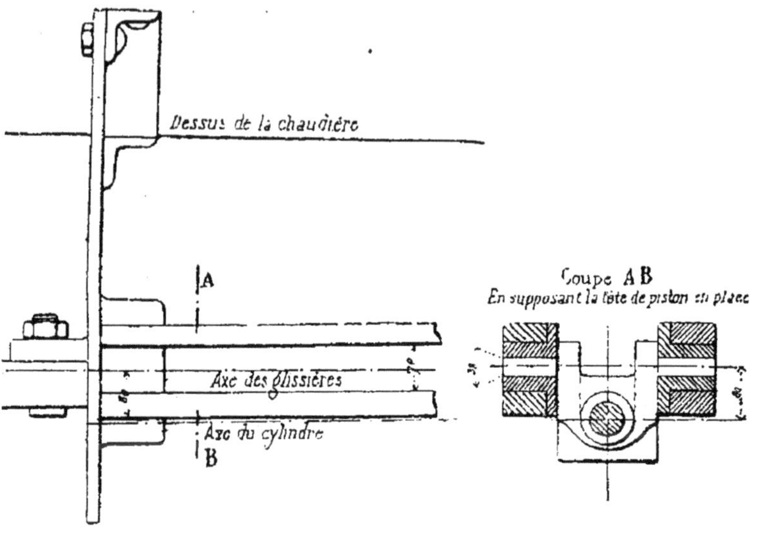

de plaques en fer, celle qui touche au longeron y est fixée par une vis. Du côté où le longeron est en pente, cette vis doit fatiguer beaucoup.

Le longeron est intérieur par rapport aux roues.

Le train d'avant est semblable à celui qui sera décrit pour le tender, sauf les dimensions qui ne sont pas les mêmes.

Le support de corps cylindrique est placé à $0^m,280$ environ en avant de l'axe de la roue motrice. Nous pensons qu'il est rivé à la chaudière et fixé par boulons au longeron ; ce qui nous fait penser qu'il est rivé à la chaudière, c'est que nous connaissons la méthode américaine à ce sujet (fig. 137).

En même temps qu'il supporte le corps cylindrique, il devrait servir à l'entretoisement des longerons, mais on n'a pas mis de talon intérieur au patin forgé qui appuie sur le longeron ; de cette manière, dans les mouvements transversaux de la chaudière, ce sont les boulons *aaa* qui en supportent l'effet, leur cisaillement est incessant pendant la marche.

Fig. 137.

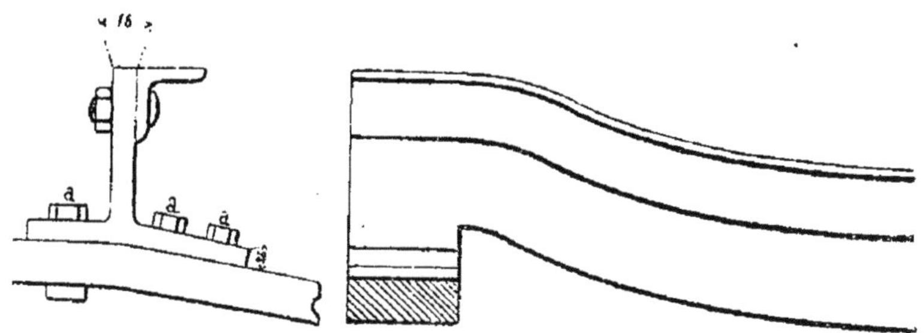

La guérite est une œuvre d'art en fait de menuiserie, elle est formée de plusieurs essences de bois. Elle part de l'arrière de la boîte à feu et s'avance vers l'arrière jusqu'à une distance de 1,100 de cette boîte. Le toit s'avance encore sur l'arrière pour couvrir les chauffeurs qui sont sur le tender. Le tablier ou assise de la guérite est placé à $0^{m},200$ au-dessus des roues motrices, il avance jusqu'au support de glissières.

Dans la guérite, on trouve pour les hommes de service, des siéges qui sont adaptés aux parois ; ils sont recouverts en *velours rouge*.

La tête de bielle motrice et celles d'accouplement ont une forme spéciale au point de vue du serrage par les clavettes (fig. 138).

On voit que cette forme de tête de bielle se rapproche fort peu de celles pour lesquelles tous les hommes d'expérience ont fait forces études depuis quelques années. C'est cependant ainsi qu'on les fait le plus généralement aux États-Unis, nous n'en avons pas vu d'autres aux machines américaines de la Russie.

La distribution est intérieure, et cependant les tiroirs sont extérieurs, il y a eu renvoi de mouvement de l'intérieur à l'extérieur.

Fig. 138.

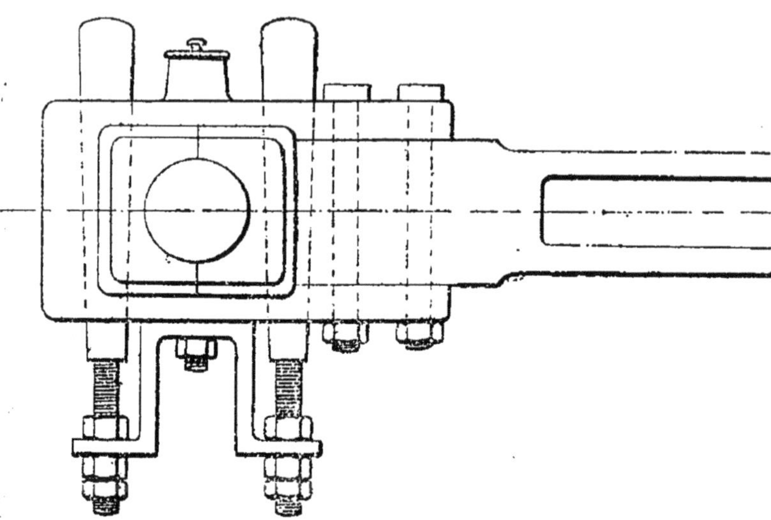

Le secteur de changement de marche n'a pas autant de crans que ceux ordinairement connus, quelques crans

Fig. 139.

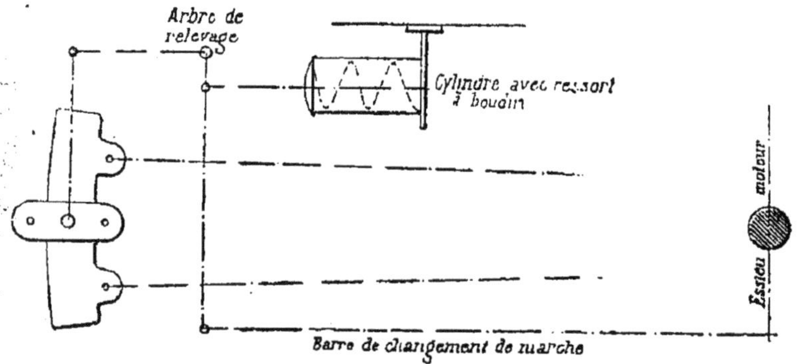

très-rapprochés au milieu du secteur, et quelques autres beaucoup plus espacés vers les extrémités.

La barre de changement de marche passe sous les essieux de roues couplées et manœuvre l'arbre de relevage par le bas.

Le contre-poids de relevage est fait au moyen d'un ressort à boudin dissimulé dans un cylindre en bronze parfaitement poli et placé sous la chaudière, le ressort est commandé par un levier d'environ 0m,100 de long placé sur le milieu de l'arbre.

Fig. 140.

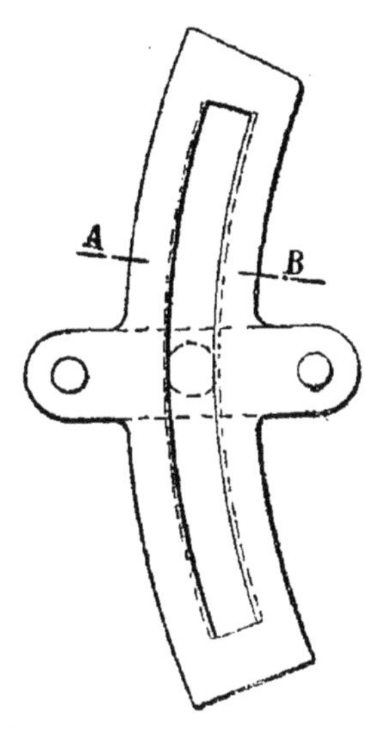

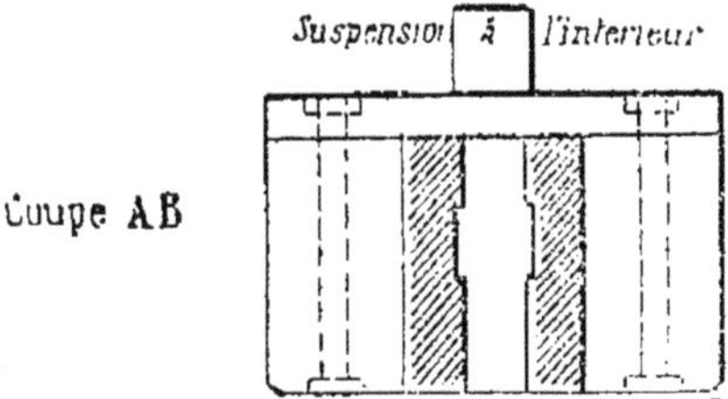

Le support d'arbre de relevage est en fer, il est fixé sur la partie supérieure du longeron, sur lequel il est appliqué par des boulons et 2 patins qui forment emboîtement (fig. 141).

Le support de renvoi du mouvement de la coulisse au tiroir est en fer ; il est fixé sur le longeron (partie supérieure) et une patte verticale l'assemble en même temps au support de glissières (fig. 142).

Les coulisses sont composées de 2 morceaux, l'un intérieur l'autre extérieur, fendus tous deux en leur milieu pour recevoir le coulisseau qui est fixé à un levier ou manivelle placée à l'intérieur du longeron d'une même pièce avec un arbre portant à son autre extrémité une autre manivelle de 200 qui commande la tige de tiroir à l'extérieur ; ces deux manivelles reposent par leur arbre commun sur le support dont il vient d'être question au croquis. Les 2 parties de coulisse sont réunies par le haut et par le bas au moyen d'une cale, le tout boulonné ensemble par des boulons à têtes noyées. La coulisse est suspendue seulement d'un côté, à l'intérieur ; pour y arriver, on a boulonné une plaque à oreilles sur les 2 parties de coulisse également à oreilles, le milieu de cette plaque porte un tourillon par lequel le tout est suspendu au levier de relevage.

Fig. 141.

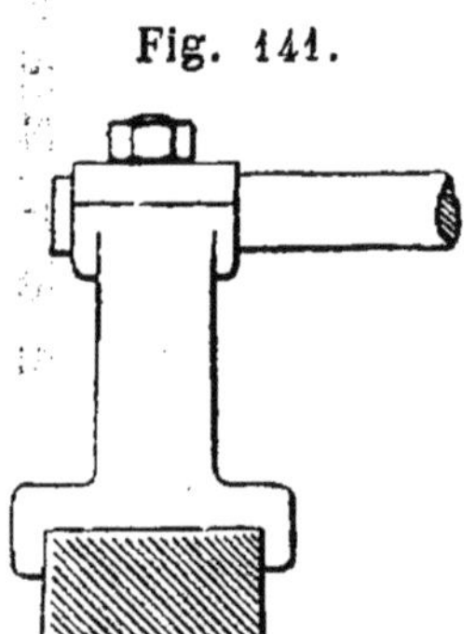

Il n'est nullement utile, nous pensons, de s'étendre plus longtemps sur une semblable disposition, chaque point, soit de suspension, soit d'action,

Fig. 142.

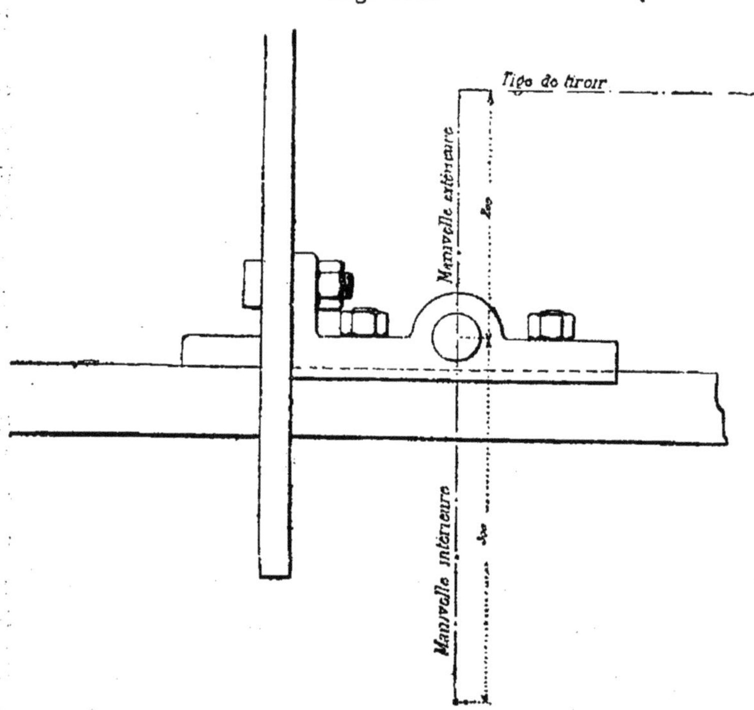

soit de réaction, est placé, en ce qui le concerne, en

porte-à-faux. Cette distribution est appelée à être détraquée quelque temps après la mise en service de la machine. Le centre de la tige de tiroir est plus en dedans vers l'axe de la machine que celui du cylindre d'environ $0^m,100$ (fig. 143).

Fig. 143.

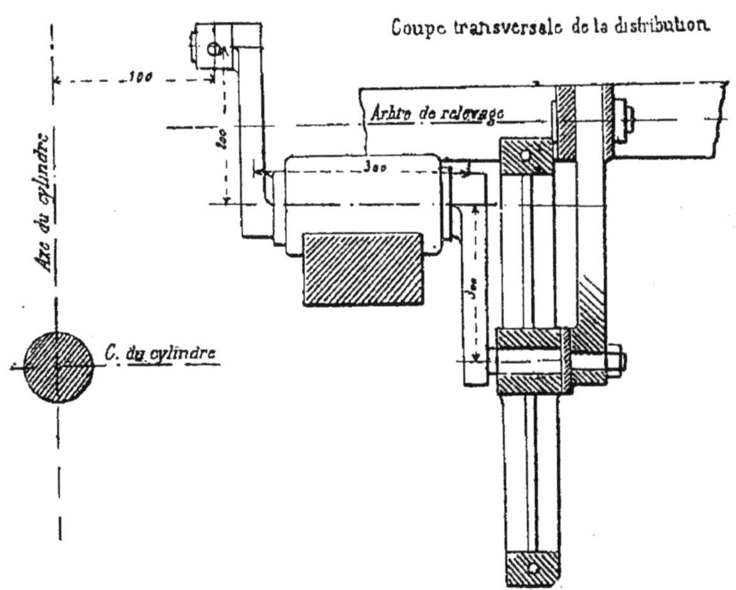

TENDER DE LA MACHINE AMÉRICAINE (Grant).

Le tender est composé d'une caisse ordinaire en tôle, enjolivée de peintures d'assez mauvais goût, d'un châssis en bois et de deux trains articulés ; tout, excepté les trains articulés, étant de formes connues, nous nous bornerons à donner un croquis de l'un de ces trains (fig. 144).

Comme on le voit, le train se compose de deux longerons principaux AA′ en fer forgé dressés et polis sur toutes les faces, ils glissent entre les rainures des boîtes à graisse, ils ont une section de $^{100}/_{38}$ pour les parties horizontales et $^{100}/_{32}$ pour les parties verticales ; le ressort de suspen- reçoit la pression par l'intermédiaire d'une semelle fixée au longeron. (Dans notre croquis, le ressort est placé un peu trop bas, cela fait paraître les branches verticales du longeron trop longues, il semble qu'elles toucherons à

Fig. 144.

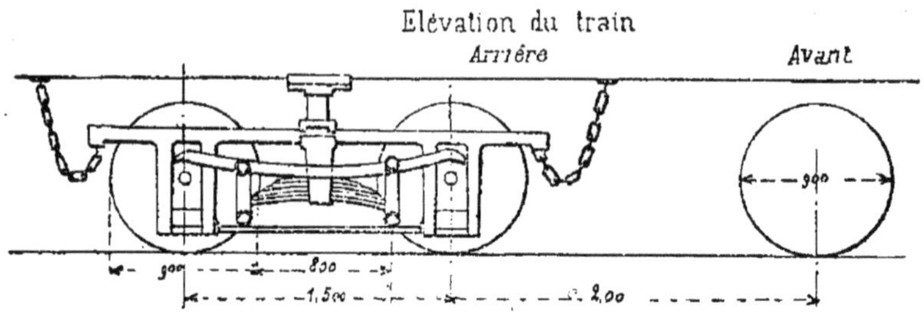

terre si un essieu venait à casser, cela ne doit pourtant pas arriver puisque c'est pour cela qu'on met des chaînes fixées au longeron et à la caisse.)

Fig. 145.

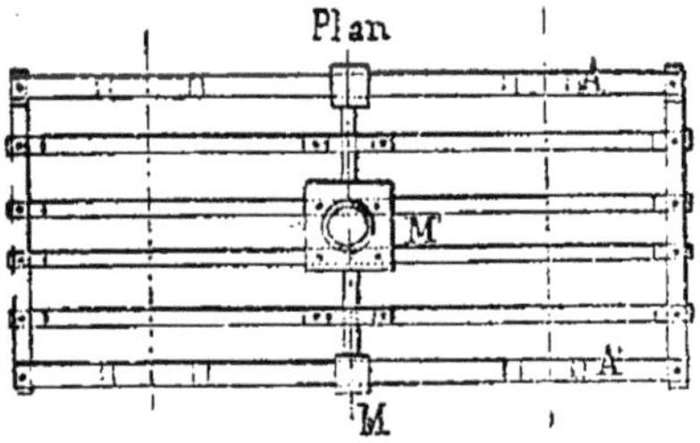

Ce ressort reporte l'effort sur les boîtes par le moyen d'étriers qui sont pendus à deux barres longitudinales.

La traverse du milieu emboîte le longeron par dessus, et la pièce qui reçoit la friction latérale de la caisse s'emboîte elle-même entre les joues de la traverse.

Fig. 146.

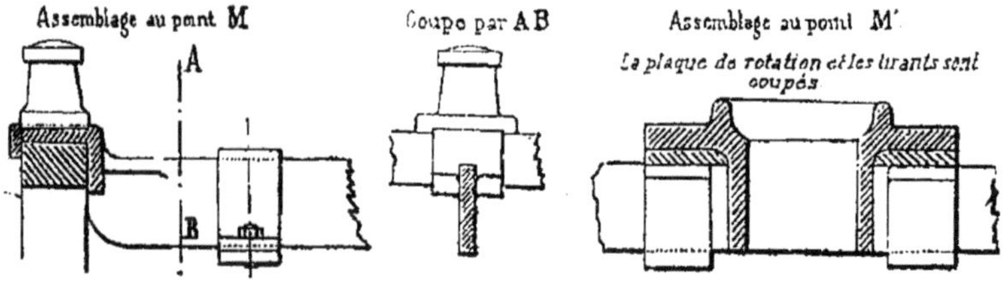

Il y a à chaque extrémité des longerons une traverse placée à plat, et qui emboîte les longerons par le dessous.

Quatre traverses longitudinales viennent passer dessus et dessous la traverse du milieu, et s'y fixent à l'aide d'étriers en fer.

Malgré toutes ces traverses et tous ces emboîtements, nous ne pensons pas que ce genre de châssis soit bien compris; il n'y a seulement pas de croix de Saint-André pour maintenir tout le système d'une manière bien rigide.

Le train d'arrière reçoit donc la pression de la caisse par trois de ses points : un central et deux latéraux. Le train d'avant est le même, sauf qu'il ne reçoit la pression de la caisse que par le point central.

Il y a un frein à sabots qui fonctionne sur les roues d'arrière et qui tend à les rapprocher et non à les écarter. — Le serrage se fait de la manière la plus primitive. C'est une chaine qui s'enroule sur l'arbre vertical du frein en dessous du châssis. Cette manière de frein est communément employée aux États-Unis, pour les tenders et pour les voitures et wagons. Comme il serait trop long d'entrer en matière pour toutes les conclusions à faire, nous préférons ne fatiguer personne, et laisser chacun réfléchir et conclure soi-même sur tout cet agencement, si peu conforme à ce que nous avons l'habitude de voir sur notre continent.

Nous recevons un dessin complet de cette machine que nous nous empressons de joindre à la présente note.

SECTION PRUSSIENNE.

Machine locomotive mixte, construite aux ateliers de M. Borsig.

PLANCHE n° 36.

Cette machine se présente sous la forme indiquée planche 36, elle est plutôt disposée pour un service de voyageurs que pour un service de marchandises, elle porte cependant la dénomination de machine mixte.

La chaudière est de bonne construction, sa forme générale et ses quelques cas particuliers, rappellent tout à fait notre manière française de construire, c'est-à-dire solide, élégante et rationnelle.

Le coffre à feu est en cuivre rouge, le ciel de foyer est armé de fermes en fer ; entre chaque ferme, il y a un bouchon de lavage disposé sur le corps ou enveloppe en tôle du foyer. Les fermes sont transversales, et le nettoyage du dessus du ciel de foyer se fait parfaitement bien.

Quatre bouchons autoclaves sont placés en bas du foyer, à chacun des coins ; ces autoclaves sont très-abordables et faciles à remettre en place.

Un trou rond, d'environ 0,250 de diamètre, est ménagé dans le dessous du corps cylindrique, à environ $0^m,75$ de la plaque tubulaire de boîte à fumée. Un autre trou semblable est placé à la même distance de la plaque tubulaire de boîte à feu.

On voit que toutes les conditions d'un nettoyage facile ont été prévues et réalisées. On ne saurait trop insister aujourd'hui pour persuader aux constructeurs, que là est une pierre d'achoppement qu'on rencontre encore malheureusement trop souvent dans les machines les mieux entendues. Ces trous de lavage inférieurs disposés sous le corps cylindrique, sont du meilleur effet, car chacun sait que l'évacuation des dépôts de cet endroit ne se faisant pas facilement, il ne tarde pas à s'y en amasser de telles quantités, que les premières rangées de tubes ne produisent bientôt plus rien, et se trouvent alors en état d'être brûlés, partant aussi, les fuites et les chômages résultant des réparations.

Un dôme de prise de vapeur qui contient le régulateur vertical, est placé sur la première virole d'avant, il est monté sur une collerette fixée à la chaudière par des rivets, le joint du dôme sur la collerette est fait par des boulons.

Une soupape de sûreté à balance couronne le faîte du dôme.

A l'arrière, au-dessus de l'axe du foyer, il y a une colonne contenant une soupape de sûreté à balance ; cette colonne est assez élevée pour lancer assez haut la vapeur qui s'échappe, afin qu'elle n'aveugle pas le mécanicien.

La porte du foyer est à coulisse, nous trouvons ce système appliqué à plusieurs machines allemandes, il nous satisfait du reste beaucoup. Le croquis (fig. 147) peut en donner une idée approximative.

Fig. 147.

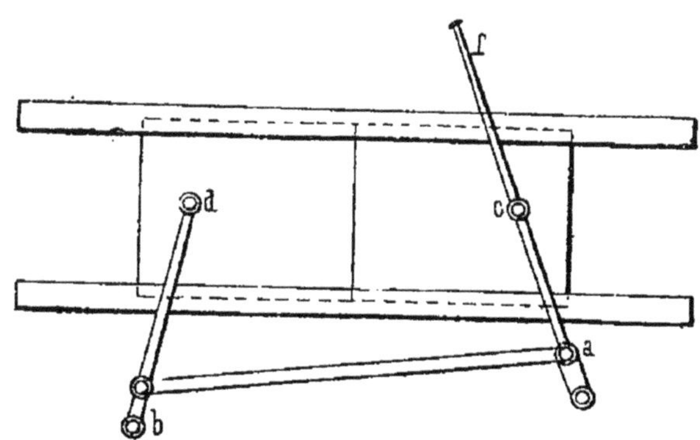

ab, sont deux points fixes pris sur la face de la chaudière.

cd, sont deux points d'attache des leviers aux portes ou battants de portes.

f, est la poignée ; le mouvement est visible, mais nous pensons qu'il doit y avoir quelques difficultés à l'effectuer quand tous les organes sont échauffés par le rayonnement du foyer ; à froid, cela fonctionne très-bien.

La porte de boîte à fumée est tout à fait ronde.

L'échappement et la prise de vapeur passent dans la boîte à fumée.

Le cendrier a deux portes, une à l'avant, une à l'arrière ; elles sont mises en mouvement par un même levier, ce mouvement est analogue à celui de nos purgeurs de cylindres ; la paroi du dessous porte un trou d'environ

Fig. 148.

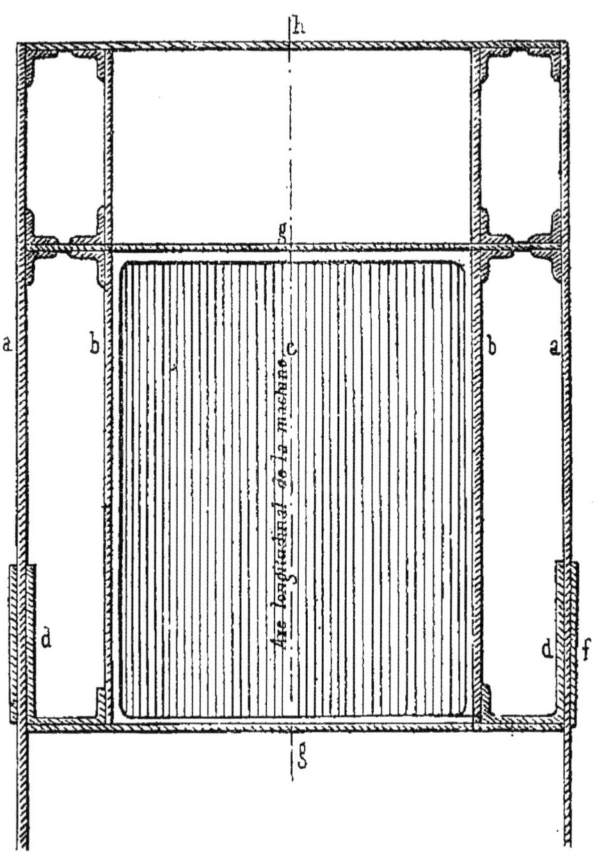

0m,60 de diamètre, bouché par une plaque en tôle ; sans doute, qu'à un moment donné, on doit démonter cette plaque qui laisse alors ouvert le trou, et qui permet un nettoyage complet du cendrier.

Le châssis est en fer ou tôle forte, découpée de la manière ordinaire ; il est parfaitement entendu, la partie d'avant est faite de façon à porter la traverse d'avant qui est en fer et cornières. La partie d'arrière présente également cette construction. (Voir le dessin général.)

Les longerons sont extérieurs aux roues, mais du côté de la boîte à feu, on a placé entre la roue et la face latérale de cette boîte, une deuxième partie de longeron qui se rattache à l'autre d'un côté (avant de boîte à feu) par une traverse solide en fer, et de l'autre (arrière de boîte à feu) par une traverse semblable ; cette deuxième partie de longeron va encore plus loin vers l'arrière, car elle se rcccorde à la traverse en fer d'arrière (fig. 149).

a, *a*, longerons principaux.

b, *b*, parties de longerons contre la boîte à feu allant de la traverse *g* à la traverse *h*.

c, coffre à feu.

d, *d*, pattes d'attache intérieures des balanciers de compensation.

f, *f*, pattes d'attache extérieures des mêmes balanciers.

g, *g*, traverses en fer d'avant et d'arrière de boîte à feu.

h, traverse d'arrière du châssis.

Les appuis de la chaudière sur le châssis sont faits de la manière suivante :

1° A l'arrière, il y a un support ordinaire de boîte à feu qui s'appuie sur la deuxième partie du longeron qui est entre la roue et la face latérale du foyer.

2° Au milieu, pour le corps cylindrique, un support sur lequel ce corps glisse ; ce support est boulonné aux longerons, par huit boulons de chaque côté. Sa construction est tôle et cornières, pas d'appuis directs sur les longerons, les boulons sont cisaillés. Cette faute existe malheureusement à beaucoup d'autres locomotives, bien soignées d'ailleurs, pourtant.

3° A l'avant, par un système particulier de support qui n'est autre chose qu'une traverse de longerons. Le dessin général en donnera l'idée, nous en indiquerons cependant la forme par un croquis approximatif.

Fig. 149.

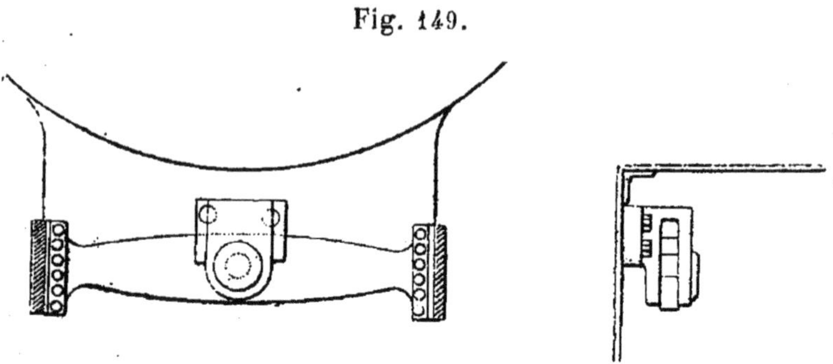

La section de cette traverse d'égale résistance est d'environ $\frac{0,230}{0,040}$ au milieu, elle se raccorde aux longerons par des cornières solidement rivées. — Le support à

Fig. 150.

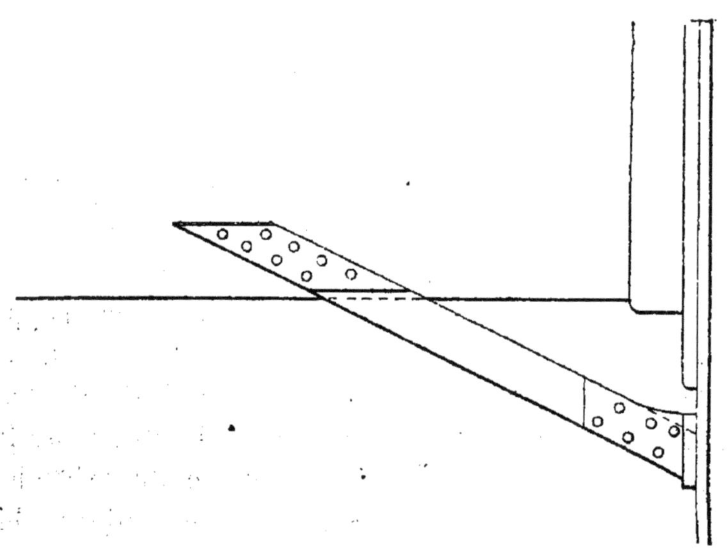

chape est boulonné à la tôle de boîte à fumée qui est très-forte et qui fait entretoise en ce point. Quatre forts boulons retiennent ce support à la tôle, un boulon d'articulation réunit le tout ensemble au milieu.

On remarque aussi à l'avant du corps cylindrique deux supports arcs-boutants qui viennent s'appuyer (fig. 150). d'un côté sur le corps cylindrique, et de l'autre sur la plaque tubulaire de boîte à fumée. Cette disposition nous paraît avoir été adoptée pour soulager la rivure qui joint cette plaque à la cornière ou collerette de boîte à fumée ; du reste, cette disposition n'a rien de disparâte et nous la trouvons rationnelle, nous avons eu d'ailleurs plusieurs fois occasion de remarquer qu'à cette partie de l'assemblage du corps cylindrique avec la plaque de boîte à fumée, les rivets qui le forment ordinairement fatiguent beaucoup, les fuites en ces endroits étant généralement assez difficiles à calmer; si deux arcs-boutants de la nature de ceux qui nous occupent peuvent y remédier suffisamment, nous ne voyons pas pourquoi on les rejetterait.

Fig. 151.

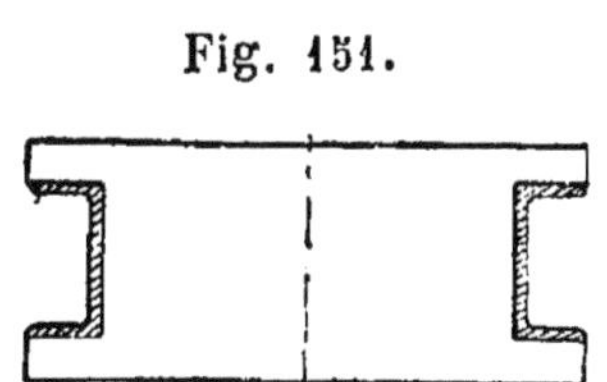

Les boîtes à graisse sont en fer, il y a des coins de rattrapage de jeu aux boîtes de roues couplées.

Le frottement entre les boîtes et les guides est bronze sur fer, car on a ajouté des garnitures en bronze.

Fig. 152.

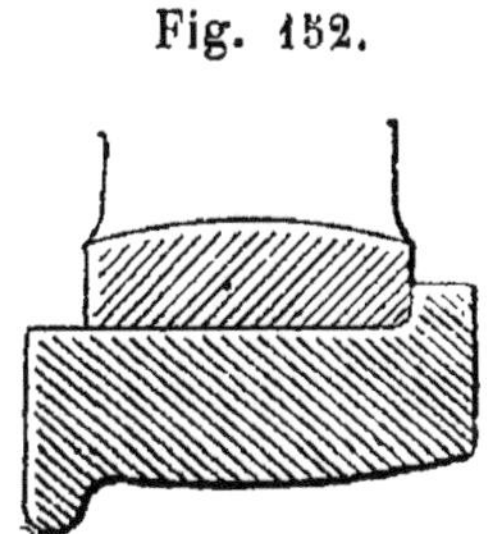

Les essieux sont en acier fondu.

Les bandages de roues sont en acier fondu et les roues en fer. Le bandage est arrêté dans la roue comme l'indique la fig. 152.

Les ressorts de suspension sont de formes ordinaires, leurs tiges de pression sont des fourches dont les têtes appuient sur les boîtes à graisse et guidées par des pièces fixées aux longerons.

Entre les roues d'arrière et du milieu, il y a un balancier de compensation.

Les tiges de pression sont à cheval sur les longerons et y articulent, celles d'avant du ressort d'avant articulent sur un support fixé au longeron, parce que l'attache de la traverse-support placée en ce point, n'a pas permis d'agir pour cette tige comme pour les autres.

Fig. 153.

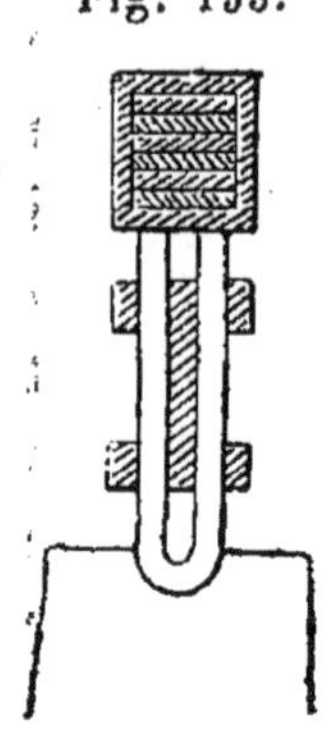

La disposition des bielles est conforme aux croquis (fig. 149).

La manivelle d'arrière est plus épaisse que celle d'avant, elles sont en acier, les boutons viennent d'un même morceau avec ces manivelles.

Les bielles et les crosses de pistons sont en acier fondu.

L'alimentation se fait par deux Giffards d'un système particulier placés à l'arrière tout à côté du mécanicien,

Fig. 154.

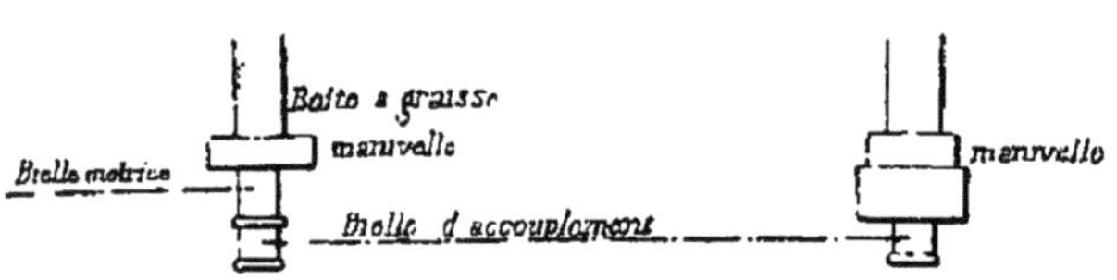

le refoulement a lieu tout contre la plaque de boite à fumée, disposition très-rationnelle et très-bonne à notre avis

La distribution est faite par deux excentriques à l'intérieur; les barres sont longues, le relevage met en mouvements inverses la coulisse et le coulisseau, comme il a été dit pour la machine belge, construite par M. Évrard.

Le guide de tige de tiroir est une paire de glissières attachées à la paroi verticale de boite à vapeur (fig. 155).

Un petit collier A rapporté maintient les glissières et les empêche de s'écarter.

Les cylindres sont solidement fixés aux longerons, d'une part, et à une tôle transversale horizontale qui entretoise les longerons et qui forme une espèce de plaque de fondation de ces cylindres.

Fig. 155.

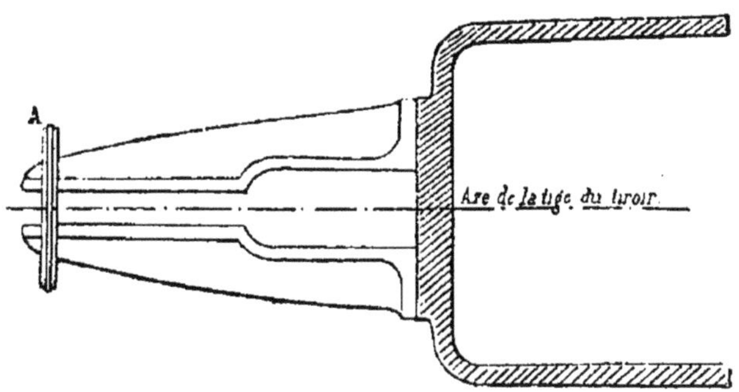

Le tender est à 6 roues, les roues d'avant et du milieu ont des ressorts compensés par un balancier.

Le châssis est formé de 2 longerons doubles en tôle d'environ 12 millimètres d'épaisseur. La forme découpée de ces longerons est très-logique, en même temps qu'elle est fort gracieuse.

Fig. 156.

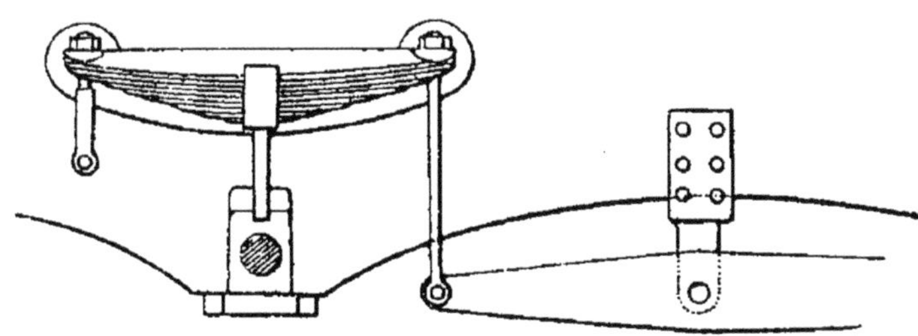

Il y a un frein qui attaque chaque roue des deux côtés avec de doubles barres dans le genre de celles dont il a été question pour le Creusot.

Les boites à graisse ont des dessous qui articulent autour de la cheville inférieure qui réunit ce dessous au corps de la boîte; dans cette partie inférieure, on a placé une manière de tampon de frottement sur la fusée qui nous paraît être une espèce de brosse douce formée par un genre de feutre à longs poils tout particulier. Cette matière reste très-longtemps onctueuse; là, sans doute, gît le graissage économique qu'on a l'intention de représenter. Il est très-facile de nettoyer ce dessous de boîte puisqu'il articule et qu'on le met complètement à découvert, pour le tenir en place en marche, on a adapté sur les côtés de la boîte une manière d'étrier articulant aussi et portant une vis de pression en son milieu qui a pour but de maintenir convenablement le dessus de la boîte en question. (fig. 157).

Fig. 157.

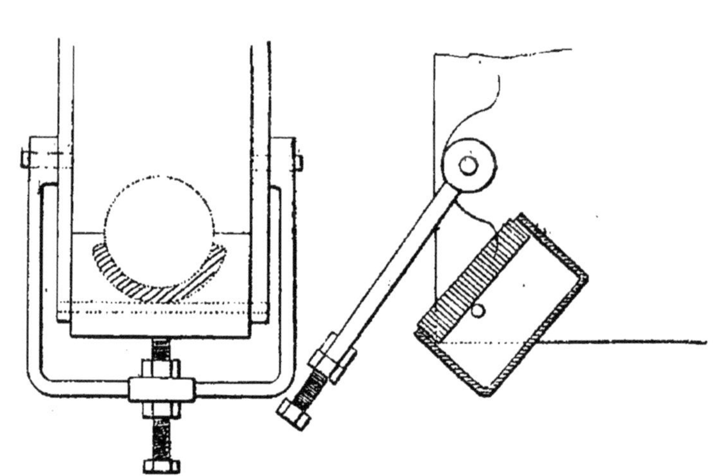

Il y a une grande caisse à outils à l'arrière.

Le châssis double est à l'extérieur des roues, les boîtes sont étroites elles se trouvent entre les flasques du longeron.

Les traverses d'avant et d'arrière sont en tôle, il y a des tampons à chaque traverse.

La traction se fait par l'intermédiaire d'un ressort ordinaire de traction placé entre 2 tôles qui entretoisent les longerons et qui sont réunis aux tôles de la traverse.

Il existe une guérite-abri sur la machine, la partie supérieure peut se démonter.

On voit que cette machine se présente sous un aspect généralement satisfaisant, les formes en sont bien étudiées et la construction fort simple ; c'est, sans contredit, une des machines de l'Exposition qui nous paraît le plus rationnel, l'exécution en est très-soignée, toutes les parties brutes ont été enduites d'une préparation qui leur donne l'aspect de l'argent mat ou brut, et qui n'est pas d'un mauvais effet pour une locomotive d'Exposition.

Bref, on est satisfait au premier coup d'œil donné à cette machine, et bientôt, après mûr examen des différentes, parties, on reste convaincu que M. Borsig a soutenu cette année sa réputation de constructeur, et qu'il est en tous points et sans conteste un des meilleurs, si ce n'est même le meilleur et le plus expérimenté ingénieur-constructeur Prussien, en ce qui concerne le matériel roulant des chemins de fer.

Nous terminerons en disant que le poids total de la machine nous paraît exagéré pour l'adhérence qu'on en retire.

En effet, on a un poids total de $35^{t},250$, une adhérence de 3,833 kilog. et une surface de chauffe de 93^{m2}.

Cette machine sera d'un bien moins bon service que celle exposée par la participation Cail et Fives-Lille, qui se présente à peu près sous le même aspect, car celle-ci pèse en charge $32^{t},000$ (près de 3 tonnes de moins que l'autre), elle a une adhérence utile de 3,800 (seulement 33 kilog. de moins que l'autre), et une suface de chauffe de 97 mètres (4 mètres de plus).

Du reste, cette condition d'adhérence plus forte vient

de la disposition des roues ; qu'on se reporte aux tableaux et on verra que la machine Borsig a ses roues accouplées à l'arrière, tandis que Cail les accouple à l'avant, on verra également que les roues d'arrière de la machine Cail sont bien moins chargées que celles de la machine Borsig.

Qu'on fasse les mêmes observations pour la machine transformée du chemin de fer Paris-Lyon, on trouvera des conditions d'ailleurs supérieures encore à celles qui viennent d'être citées, surtout pour ce qui concerne la surface de chauffe par rapport à l'adhérence obtenue.

BAVIÈRE.

Machine locomotive n° 1, construite d'après le système Krauss, exposée par Krauss et Cie, constructeurs à Munich.

Cette machine a été nommée par son auteur : *Machine locomotive rationnelle*, et ce qui va suivre est le résultat d'une note qui nous a été communiquée par le représentant de Krauss.

Le système de la machine exposée provient des expériences faites pendant nombre d'années dans l'exploitation des chemins de fer, et tient en même temps compte des exigences qu'on est en droit de demander à une bonne est durable machine. Les inconvénients qui depuis se sont montrés dans le service des machines, soit dans la disposition générale, soit dans les détails, ont servi d'exemples utiles pour en opérer la suppression d'une manière rationnelle et pratique.

Cette opération se fonde sur l'observation consciencieuse des quatre principes suivants :

1° Il fallait constater les inconvénients des locomotives actuelles et les désavantages pour la pratique occasionnés par ces inconvénients ;

2° Il fallait trouver les causes de ces inconvénients ;

3° Il fallait chercher les moyens et les modes de construction pour les éluder ;

4° Et, enfin, il fallait tenir compte des exigences que l'exploitation réclame au service des locomotives.

Les principes sur lesquels se base la construction susdite, sont résumés pour les deux points principaux. L'économie des réparations et de l'entretien des locomotives d'un côté, et la conservation de la voie de l'autre. Avant tout, il fallait tâcher de diminuer les fréquents et très-considérables frais de réparation ; on trouvait qu'une construction de châssis mal conçue est un des plus grands inconvénients. La locomotive, autant que tout autre moteur, a besoin d'une fondation solide correspondant à sa force et à l'effet utile. Mais cette fondation ne peut former la base de la même manière que pour les machines fixes, car dans ce cas, la fondation et la machine sont parfaitement séparées. Pour la locomotive, il faut chercher cette fondation dans la machine même, et il n'y a que le châssis qui puisse servir comme tel. Très-souvent la chaudière est employée à ce but, et de ce chef, il résulte des inconvénients dont les chaudières souffrent, à cause des dilitations inévitables ; il n'est pas possible de l'attacher au châssis d'une manière solide et rigide, parce que par cette attache, les chocs et les vibrations provenant des effets de traction et des difformités de la voie, exercent une influence très-grande sur la chaudière, et, en général, ils sont cause de détériorations dans les fibres des tôles, d'où peuvent résulter des explosions.

Une vérification scrupuleuse montrera très-souvent de profondes morsures rongées dans la tôle de la chaudière, à la place des supports. Tout cela est causé par les susdites vibrations ; cette cause produit aussi la destruction des joints des supports avec le châssis, les tuyaux d'admission et d'échappement fuient très-souvent, les cylindres se détachent, le châssis se détruit, et surtout les plaques de garde se rompent. En conséquence, on reconnaît comme première nécessité, de construire la chaudière indépendante du châssis ; et de faire celui-ci de manière à ce qu'il puisse servir de base solide à tout le système.

On atteint ce but en disposant le châssis comme une caisse complète, afin de former une très-forte poutre présentant un seul corps, et non deux longerons attachés entre eux par des entretoises seulement, insuffisantes pour les chocs qui cherchent à en déranger la position,

Fait comme une poutre, le châssis peut résister aux divers chocs d'une locomotive agissant dans divers sens, sans qu'ils puissent le détruire par l'effet total.

Un pareil châssis peut servir de base à toutes les parties d'une locomotive, et partant, être le support de la chaudière, et non la chaudière le support du châssis, comme cela a lieu jusqu'à présent.

Ensuite, la chaudière vient s'attacher au châssis seulement autant qu'il est nécessaire ; comme pour toute autre pièce, elle ne sert nullement à renforcer le châssis. Par devant, elle est fixée invariablement au châssis. Du côté de la boîte à feu, elle est attachée de manière à pouvoir se dilater facilement, mais sans se mouvoir dans une autre direction ; les pièces d'attache ne peuvent se détruire ni se détacher, car à cette place se trouvent deux supports formés par de simples pièces de tôles, placées en avant et en arrière de la boîte à feu.

La chaudière y appuie par le milieu de leur longueur, et leurs extrémités sont liées au châssis.

L'attache de ces supports est faite de manière qu'il est impossible aux chocs et aux vibrations de se communiquer à la chaudière.

Cette construction donne un avantage important pour faire le remplacement de la chaudière par une de rechange dans le plus court délai, parce que, d'un côté, la chaudière est indépendante de la machine, et de l'autre, le châssis n'est pas du tout altéré ni dans sa forme ni dans sa stabilité, car, il faut le répéter, il est tout à fait indépendant.

Par la raison que le châssis est construit suivant la forme d'une caisse complète, il peut servir en même temps de caisse à eau, ce qui économise un tender et remplace les caisses à eau spéciales aux machines-tenders. En vertu de cette simplification, le système dont il s'agit, a les propriétés des machines-tenders au plus haut degré ; on remarque encore l'avantage que le centre de gravité est placé bien plus bas, et que le poids de la locomotive est

Fig. 158.

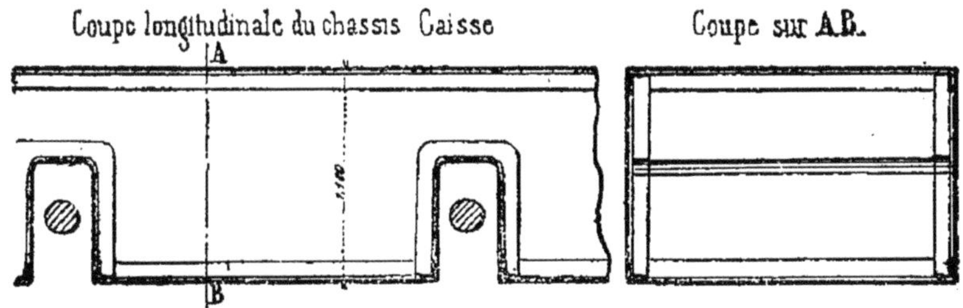

diminué très-considérablement, suivant qu'on aurait un tender derrière la machine, qui contiendrait de l'eau ou qui n'en contiendrait pas, on pourrait vider les caisses du châssis et découpler les roues, ou bien les laisser pleines et laisser également l'accouplement.

Nous nous écarterons, un moment, de la note pour donner quelques croquis indiquant ce dont il vient d'être question, et aussi pour discuter les nouvelles idées de M. Krauss.

Sans passion et sans parti pris, nous nous demandons

pourquoi M. Krauss se figure avoir changé la face des machines locomotives.

D'abord, M. Krauss parle des chocs résultant de la voie, etc., de la trépidation de la machine, nous ne voyons pas que ces deux cas de détériorations pour le châssis sont réduits le moins du monde.

Fig. 159.

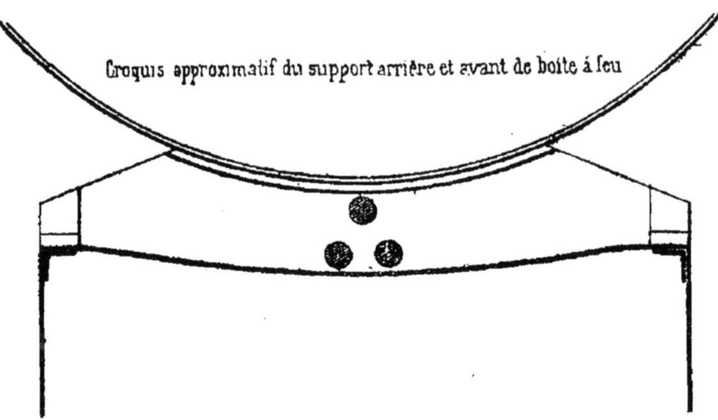

Nous admettons avec M. Krauss que peut-être son châssis-caisse sera plus résistant que ceux construits jusqu'à ce jour, mais le sera-t-il assez pour que l'influence de cette masse d'eau en mouvement qu'il contient ne lui soit pas préjudiciable ? Nous ne le croyons pas tout d'abord sans avoir consulté l'expérience.

Chacun sait les déformations qui se produisent dans un grand bac lorsqu'il n'est pas parfaitement armé à l'intérieur, et cela même pour un bac immobile, que serait-ce donc pour le bac de la machine Krauss.

L'idée d'avoir reporté l'eau dans cette partie de la machine n'est certes pas mauvaise comme condition de stabilité et comme emploi d'un espace ordinairement laissé libre ; mais celle de se servir de cette caisse comme d'une plaque de fondation et de dire qu'elle ne subira aucune détérioration, ne nous paraît pas tout à fait juste; ajoutons que, dans la cas de non étanchéité, il est impossible d'aller y faire la moindre réparation.

Quant au mode d'attache de l'arrière, résumons-nous en disant que toute cette portion de chaudière repose sur les 2 supports transversaux *ad hoc* par l'intervention de 6 *boulons de* 30^{mm} *de diamètre*, travaillant au plus parfait cisaillement. Nous ne savons pas ce que cette chaudière peut peser, mais ne voit-on pas sans calcul, rien que par le simple bon sens, que cette attache est insuffisante.

Une autre erreur; c'est que l'on compte sur la flexibilité de la traverse support d'arrière de boîte à feu, pour permettre la dilatation de la chaudière.

Quoi ! on a pu supposer que cela se passerait impunément, tous les jours cette pièce serait tortillée dans deux sens opposés, et on pense qu'au bout d'un certain temps elle ne serait pas altérée ?

Quoi qu'on fasse nous n'admettrons pas facilement ce genre de support de chaudière.

Nous nous demandons pourquoi M. Krauss appelle sa machine « Machine rationnelle; » jusqu'à présent, nous n'y voyons pas assez de choses logiques pour lui donner ce nom prétentieux; nous nous proposons, du reste, de donner quelques croquis un peu plus complets que ceux qui précèdent, afin de bien convaincre ceux qui sont appelés à lire cet article.

Reprenons la note :

La locomotive a encore plusieurs améliorations dans la construction des détails, dont les plus importantes sont les suivantes :

Les masses en mouvement de la locomotive, c'est-à-dire le poids des pistons, des têtes de tiges, des manivelles, des bielles motrices et d'accouplement, produisent des forces dont l'effet est destructif pour la machine, ou plutôt pour le châssis, car celui-ci porte seul toutes les pièces sus désignées.

On ne peut paralyser l'effet de ces masses en mouvement que partiellement par l'emploi de contre-poids, il reste encore des forces qui se traduisent par une marche régulière et par une détérioration inégale des bandages, des coussinets et des boutons de manivelles ; il est vrai qu'on ne peut annuler complètement la cause de ces inconvénients, cependant on peut la modérer en réduisant autant que possible les masses en mouvement et partant les contre-poids. On obtient ce but en employant pour la construction, des matières d'une qualité supérieure, et en tirant le parti le plus avantageux par la distribution de volume bien choisie.

Après cela, l'emploi du meilleur acier fondu est une condition essentielle, et quant à la construction des bielles motrices et des bielles d'accouplement, elle est exécutée conformément au principe susdit de la manière suivante :

La partie de la bielle entre les deux têtes a une section transversale de la forme d'un I, il en résulte une diminution de poids de 40 p. °/₀.

Quant à la construction des têtes de bielles, on a cherché à éviter un changement soudain des sections, parce que c'est toujours là la première cause des ruptures, en conséquence, on a évité les trous pour les clavettes ; enfin, pour éviter les saillies, on n'a pas mis de bossages pour les graisseurs, car on a ménagé un espace pour la graisse dans les coussinets, afin que la tête ne soit pas du tout percée. Pour obtenir une solidité plus grande, on a fait les coussinets en fer forgé, garnis à l'intérieur de métal doux pour le frottement (voir la fig. 159).

Les injecteurs Giffards sont pour les locomotives d'un avantage très-essentiel, seulement leur construction compliquée les empêche souvent de fonctionner comme il faut, il ne s'agit que de les simplifier pour les rendre parfaitement conformes à leur but. Cette modification a été apportée, et les injecteurs n'ont pas de parties mobiles qui sont toujours exposées à une détérioration constante.

Les deux robinets pour la vapeur et pour l'eau suffisent parfaitement pour faire marcher l'appareil à chaque pression avec assurance ; au tuyau d'émanation, il se trouve un robinet ou une soupape qui sert à empêcher l'entrée de l'air pendant la marche de l'appareil, et en outre pour chauffer l'eau d'alimentation.

Fig. 160.

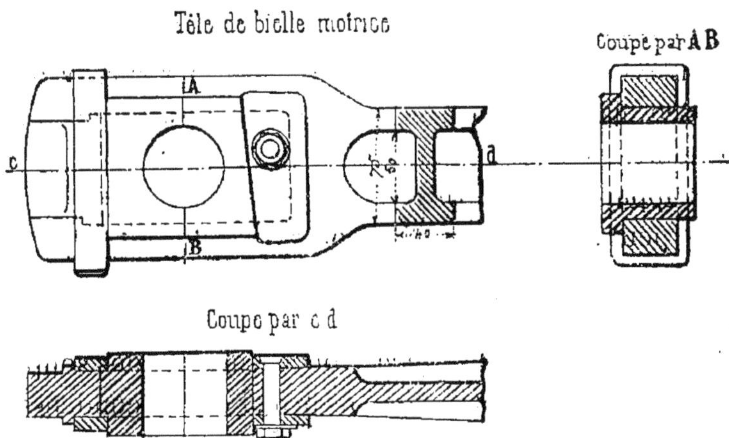

Un inconvénient qui se produit tous les jours dans le graissage des tiroirs et des pistons, est que ce graissage est presque toujours insuffisant ; en conséquence, il y a toujours des réparations à faire.

Pendant la marche de la machine, les tiroirs et les pistons sont graissés par le peu d'eau de condensation produite par la différence de température entre les cylindres et la vapeur ; à l'instant où la vapeur ne peut plus entrer, ce peu d'eau disparaît et les parois sont sèches, c'est à ce moment qu'il faut les graisser pour les empêcher de se ronger. Il est vrai que le personnel peut toujours se charger de ce graissage, mais on sait bien qu'en ce cas cela se fait d'une manière imparfaite, surtout aux locomotives, dont le personnel est très-occupé; en supposant que cela se fasse le mieux possible, on ne peut pas régler la consommation d'huile; pour prévenir cet inconvénient, on emploie à la machine Krauss un système de graisseur automatique qui est indépendant du personnel, et qui chaque fois qu'on interrompt la prise de vapeur aux cylindres, donne une certaine quantité de graisse conforme aux besoins.

La partie principale de ce graisseur est une soupape à piston avec deux canaux, qui, par l'effet de la vapeur venant presser dessus, arrête la communication de la boîte à vapeur avec le réservoir d'huile du graisseur, et qui se remet en place par la pression de l'air, quand la vapeur ne la presse plus.

Cet appareil a encore l'avantage essentiel que le mécanicien peut graisser à sa volonté, en donnant pour un moment la vapeur nécessaire.

A cause du bruit désagréable produit par les robinets purgeurs à l'entrée des gares, on a employé des soupapes automatiques, qui font sortir sans bruit l'eau de condensation ce sont de simples soupapes fermées pendant la durée de la pleine pression de la vapeur, et ouvertes par l'effet d'un ressort pendant son évacuation. Par ce moyen, l'eau de condensation peut sortir après chaque coup de piston, et l'effet utile de la vapeur est plus grand, parce qu'une évaporation de l'eau dans les cylindres n'est plus possible, et en conséquence l'expansion de la vapeur est plus grande; enfin cet appareil rend impossibles les détériorations des cylindres, provenant quelquefois de la négligence des mécaniciens qui oublient de purger au commencement de la mise en marche.

Beaucoup d'ingénieurs cherchent un grand avantage en

reposant la machine seulement par trois points sur sa base, il est juste que les variations de chargement de chaque essieu soient presqu'entièrement évitées; dans ce but, on relie les ressorts d'un côté par des balanciers, ou on emploie un ressort transversal, cependant cette dernière disposition a pour inconvénient une marche vascillante, qui ne peut être évitée qu'en ajoutant un ressort à spirale de chaque côté, afin que ces trois ressorts portent le poids de l'essieu d'arrière. (Cette dernière partie nous paraît confuse, nous ne la commenterons pas, laissant à ceux qui en auront le moyen, le soin de la transformer en quelque chose de mieux.)

Le système de la locomotive unit les deux principes importants pour la construction des locomotives qui sont ordinairement en contradiction : 1° d'un côté le principe de la grande stabilité et du plus grand effet ; 2° de l'autre, la plus grande légèreté, c'est-à-dire l'emploi du moindre poids.

Conformément au principe de la plus grande légèreté, on a retranché toutes les parties qui ne sont pas absolument nécessaires et qui n'ont pas d'influence sur l'effet utile de la locomotive.

En conséquence, la machine ne possède pas de roues de support, superflues d'ailleurs pour le système (1), pas de supports de la chaudière, pas d'appareil pour le tuyau d'échappement, pas de dôme et pas d'appareil spécial pour la détente : même les appareils pour régler la position des boites à graisse (c'est-à-dire rattrappage de jeu) sont superflues dans ce système.

---

(1) Nous ne voyons pas au juste ce que pourrait faire le système dans le cas où l'un des deux essieux viendrait à se rompre en marche.

Parce que l'acier est appliqué pour la plupart des détails, le poids total de cette machine est diminué si considréablement qu'il est possible de construire des locomotives très-puissantes, sans qu'il faille prendre plus de quatre roues.

On tire profit de tout le poids, l'effet utile de la locomotive est donc aussi élevé que possible.

Supposé que le plus grand chargement d'un essieu soit de 12 tonnes $^1/_2$ (ce qui est toléré jusqu'à présent).

On pourrait encore construire des machines à quatre roues après ce système, qui transporteraient, sous les circonstances les plus défavorables, des trains express de 180 tonnes à une vitesse de 50 kilomètres par heure, et des trains de 300 tonnes à une vitesse de 20 kilomètres par heure sur une rampe de $^5/_{1000}$.

Par cause de cette grande puissance de traction, nombre de chemins de fer pourraient peut-être épargner des locomotives spéciales pour les trains de marchandises, ce qui serait très-avantageux.

La destruction des boîtes à feu et les ruptures des entretoises, ce qui arrive très-souvent, sont encore des inconvénients qu'on trouve dans l'exploitation ordinaire des locomotives. Ce sont surtout les coins de la boîte à feu qui cassent, et la seule cause de ce fait doit être attribuée à la dilatation inégale des feuilles extérieures, vis-à-vis des feuilles intérieures de la boîte à feu. La différence de la température en dehors et en dedans dépasse souvent plus de 200°, et de plus la dilatation du cuivre est plus forte que celle du fer ou de l'acier. En conséquence, il y a une différence linéaire de 0,004 à 0,007^{mm}.

Les différences de ces deux dilatations s'additionnent dans les coins de boîte à feu, et se produisent principalement quand les entretoises sont mises trop près des coins de la boîte à feu. Si les entretoises sont plus écartées la dilatation relative des feuilles de la boîte à feu s'étend sur un plus grand rayon.

Un écartement aussi grand que possible des entretoises du coin obvie partiellement à leur destruction, ou du moins elle sera d'autant moins sensible que le choix des matières composant la boîte à feu aura été fait avec plus de soin.

Cependant, ces moyens ne suffisent pas à annuler complètement les causes de ruptures, et c'est pourquoi l'on a construit la boîte à feu de manière que l'espace entre toutes les quatre entretoises forme une calotte qui permet une petite dilatation relative et qui, par suite, empêche la communication de cette dilatation aux coins de la boîte à feu qu'il s'agit de préserver (fig. 161).

Fig. 161.

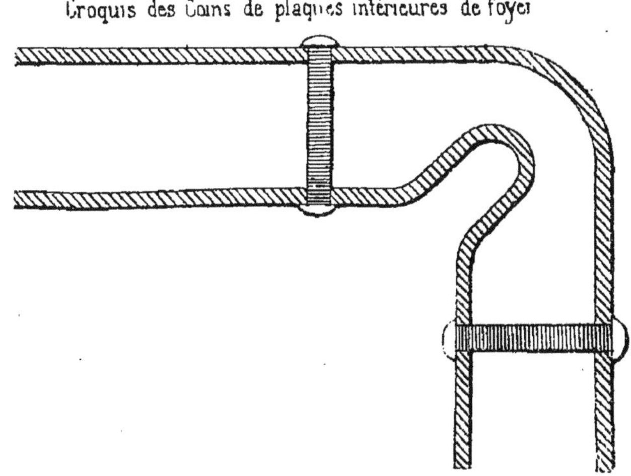

De même que les feuilles verticales de la boîte à feu sont attachées par des entretoises; le ciel de foyer est relié à la chaudière de la même manière ; par cette disposition, le plafond de la chaudière ou ciel de foyer se trouve déchargé de toute pression, et l'on a encore l'avantage de pouvoir nettoyer le dessus du ciel, parce qu'il offre plus de surface (1).

Telle est la fin de la note qui nous a été communiquée par le représentant de M. Krauss.

Voyons maintenant quelques croquis de ce dont il a été question, nous y ajouterons nos observations, ainsi que des croquis de choses dont il n'a pas été question dans l'opuscule de M. Krauss.

Tête de bielle d'accouplement.

Les coussinets ont des joues à l'extérieur, à l'intérieur

Fig. 162.

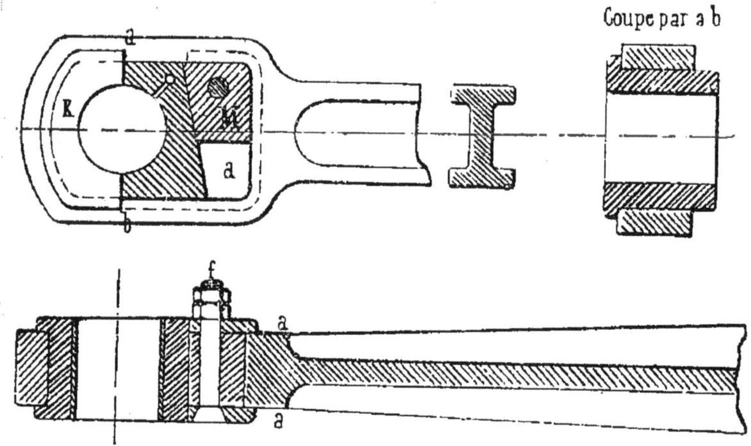

il n'y a que la partie K qui en ait une, et encore n'existe-t-elle que dans le bout.

(1) Il est vrai qu'il reste plus de surface nettoyable, mais nous trouvons qu'il est bien plus *rationnel* de mettre des fermes en travers dont l'extrémité repose sur des supports fixés aux parois verticales de la chaudière et non des tirants qui viennent prendre sur la paroi supérieure horizontale de la chaudière et qui peuvent, par conséquent, l'enfoncer en dedans si le ciel de foyer cède ; un bouchon placé entre chaque intervalle de ferme permet de nettoyer plus facilement encore.

a, *a*, sont deux plaques réunies par un boulon qui passe lui-même à travers le coin M. Lorsqu'on veut donner du serrage, on desserre les écrous *f* et on frappe sur les plaques; puis on resserre les écrous.

Fig. 163.

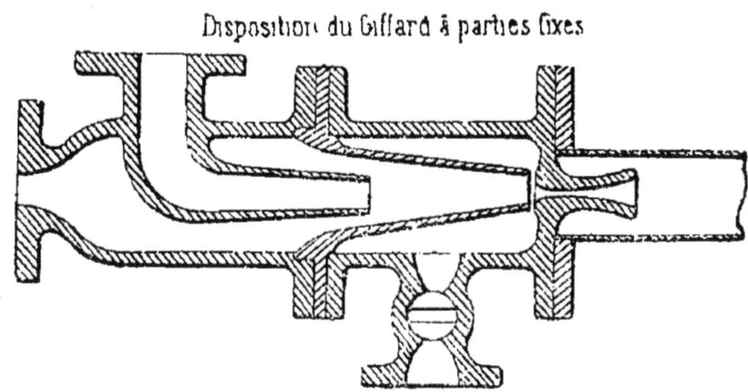

Il paraît, nous dit-on, que ce système de Giffard fonctionne bien; n'en n'ayant jamais vu fonctionner, nous ne pouvons ici que nous contenter d'en donner le croquis ci-dessus.

Fig. 164.

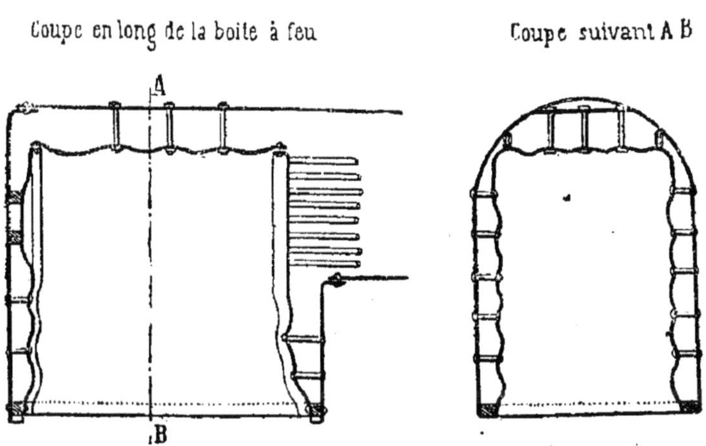

A la seule inspection des croquis ci-dessus, on doit voir que ce genre de construction est, si ce n'est impossible, du moins difficile, à faire d'une manière courante, à moins cependant, qu'après avoir adopté des formes excessivement rigoureuses pour chaque plaque, on en fasse un modèle en bois ou en métal, afin de faire des plaques en cuivre fondu, et non en cuivre laminé. Bref, ce point nous paraissant appelé à être jugé par bien des gens compétents, nous nous abstenons d'en dire plus long, satisfait que nous sommes d'avoir pu donner les éléments discutables.

Fig. 165.

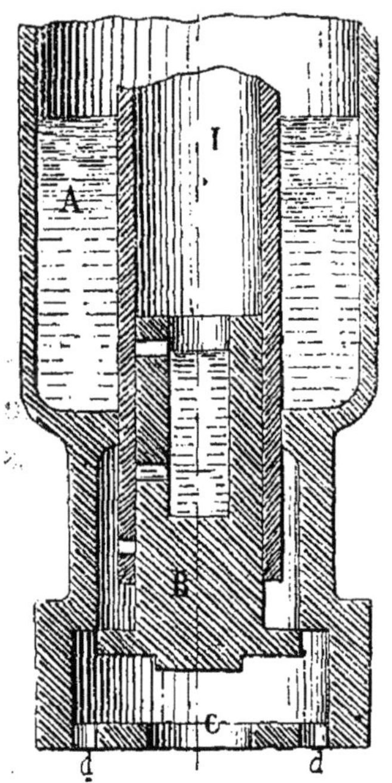

A, réservoir d'huile bouché par le haut à l'aide d'un couvercle ordinaire.

B, piston dans la position qu'il occupe lorsque la machine est en marche. Lorsqu'on supprime l'arrivée de vapeur en C, ce piston retombe par l'effet de la pression atmosphérique I, les orifices inférieurs se trouvent alors en présence, et l'huile descend dans la boîte à vapeur sur laquelle est monté le robinet automatique.

d, *d*, *d*, sont des trous percés sur tout le pourtour de la partie intérieure afin de laisser passer l'huile.

Tel est le principe du graisseur ; nous ne garantissons pas l'authenticité absolue des formes et mesures, mais notre croquis n'a pour but que d'en donner une idée juste sans entrer dans tous les détails. Dailleurs cela serait difficile, les exposants, en général, ainsi que les sergents de ville et les gardiens, font tout leur possible pour qu'on ne puisse pas facilement prendre des notes et des renseignements exacts.

Fig. 166.

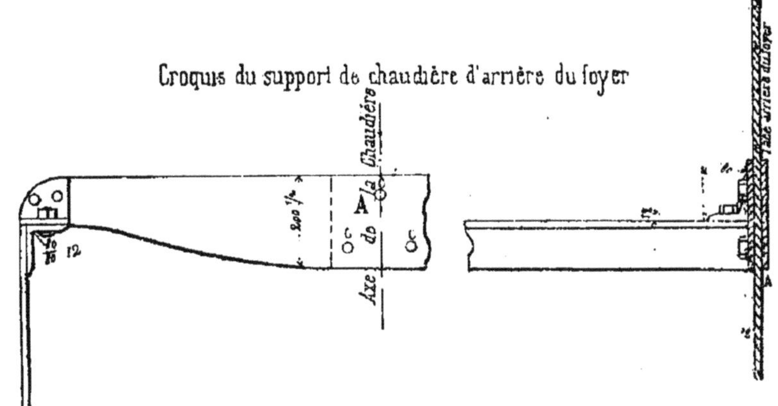

La plaque A est une portion de tôle qu'on a rivée en dedans pour avoir plus d'épaisseur, afin que les trois prisonniers aient un peu plus de prise.

Fig. 167.

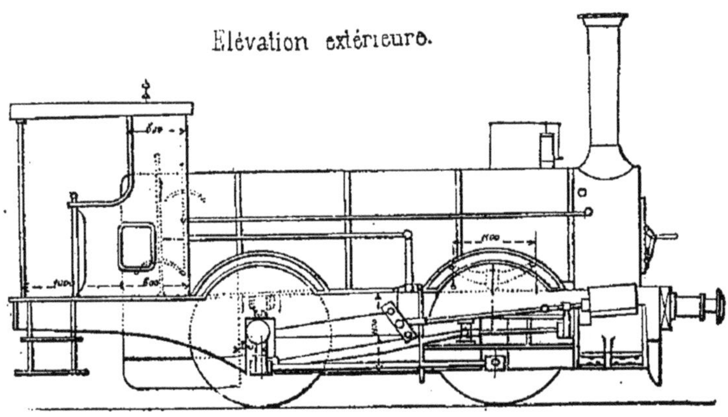

La machine en général se présente sous la forme du croquis d'ensemble (fig. 167).

Les boîtes à graisse sont en fonte, les guides sont boulonnés à la tôle de la caisse-châssis, qui n'a pas plus de $0^m,007$ dans sa partie la plus forte.

Le ressort d'avant a $1^m,100$ de corde en place. Les tiges de suspension sont fixées à de petits supports rivés à la tôle horizontale de la caisse, qui ne tardera pas à être déformée de ce fait, car elle est très-mince, et l'empattement des supports très-peu important.

La caisse à eau commence en A et se termine en B ; de B en C, la continuation de cette caisse sert pour les outils et accessoires.

La suspension d'arrière est faite par un ressort transversal commun aux deux boites à graisse, sur lesquelles il appuie simplement par ses extrémités, très-mauvaise disposition, à notre avis, comme on peut le voir par le croquis (fig. 168).

Fig. 168.

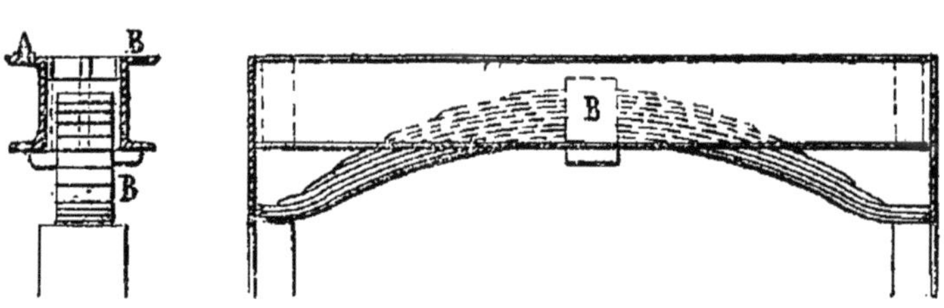

Les deux fers spéciaux A A sont attachés au châssis par des cornières aux extrémités. La bride B du ressort porte deux patins inférieurs sur lesquels reposent les fers spéciaux ; les extrémités du ressort frottent sur les boites à graisse, sans aucun intermédiaire.

Il n'y a aucun commentaire à faire à ce sujet, on jugera.

La distribution est faite par deux excentriques calés sur une petite manivelle en retour. La coulisse est relevée en même temps que le coulisseau est abaissé, afin d'éviter l'amplitude trop grande du mouvement de changement de marche. Le support d'arbre de relevage est fixé au support de glissières et au châssis; il est à la partie supérieure de ce support de glissières, qui a pour hauteur toute celle du châssis-caisse, environ 1^{m},100, et très-insuffisamment attaché à la partie supérieure, par une patte en cornière rivée au châssis par quelques clous, et fixée au support par quelques boulons; à la partie inférieure, même genre d'attache plus frêle encore. On ne comprend pas que cela puisse tenir.

Fig. 169.

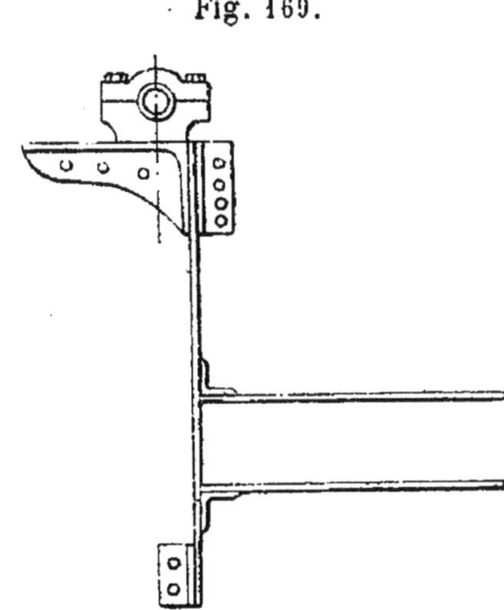

Les glissières sont attachées au support également par des équerres insuffisantes.

La tige de tiroir est guidée par un support de forme primitive, on dirait une douille de machine à percer à colonne et à main. On est tenté de croire qu'il avait été oublié et qu'on l'a placé là comme par hasard; il est fixé par deux boulons ou prisonniers à la bride du couvercle arrière de cylindre.

On a entretoisé les glissières au tiers de leur longueur à partir du fond arrière, cette partie, du reste, ne sert à rien.

Les cylindres sont fixés à la caisse par dix boulons seulement; on a ajouté une patte en haut et une en bas, qui augmentent l'attache de deux boulons, sans quoi il n'y en aurait que huit.

Nous supposons que la partie A de l'attache du cylindre contient également des boulons d'attache, la forme extérieure n'en laisse voir que six.

Le tuyau de prise de vapeur est horizontal dans le haut du corps cylindrique ; la prise se fait par un simple robinet, mis en mouvement comme on peut le voir au croquis d'ensemble.

Fig. 170.

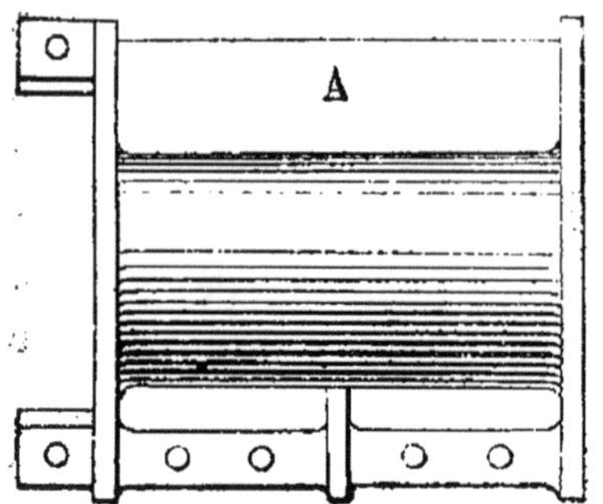

L'échappement est fixe, c'est une tuyère simple, un peu plus petite à la sortie que dans le corps. Sa partie supérieure ou sortie est placée à 0m,400 en dessous de l'entrée dans la cheminée.

Cette disposition est assez communément employée en Amérique, elle entrave les tubes, il est fort difficile de les démonter quand le besoin s'en fait sentir.

Fig. 171.

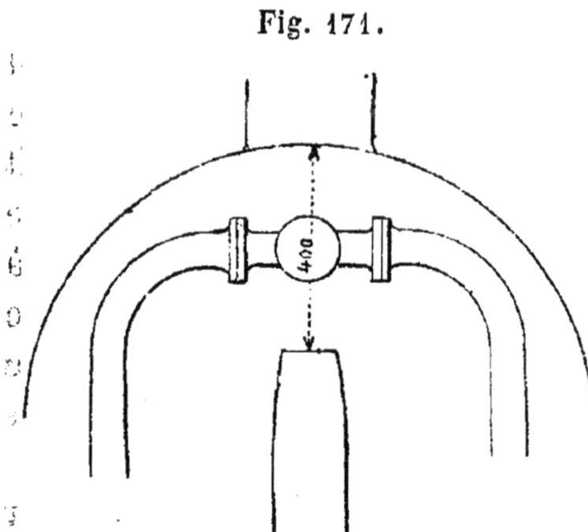

La fermeture de boîte à fumée n'est pas mauvaise, le croquis (fig. 172) la représente.

La traverse d'avant est en fer et ne paraît pas destinée à durer longtemps, elle est d'ailleurs déjà déformée par un simple choc qu'elle a éprouvé pendant le transport. Le croquis (fig. 173) la représente.

Dans la fig. *a*, le centre *o* est celui du cylindre. La cornière A représente l'attache unique de l'avant de la chaudière avec la caisse-châssis. La cornière B réunit le dessous du fer spécial à la paroi avant de la caisse à outils. Le morceau de cornière C est là pour compléter l'assise du tampon ; il y a 0m,300 de porte-à-faux entre le centre du tampon et le point d'appui de la traverse sur laquelle il est fixé. Au premier choc qui aura lieu, la traverse enfoncera le fond avant du cylindre, c'est incontestable. Toute cette partie, tôle et cornières, est déjà déformée; quand on veut chercher les lignes droites, on n'en trouve pas, tout est gauche par le fait d'un choc qui aura eu lieu en transportant la machine et comme cela arrive journellement, après tout, lorsqu'une machine est en service.

Fig. 172.

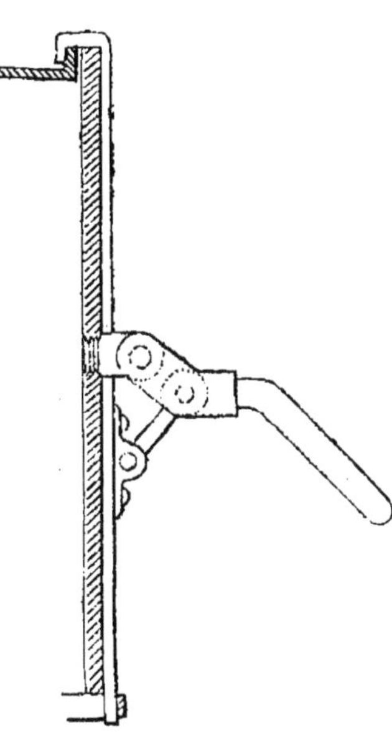

Bref, cette machine qu'on nous a présentée comme étant la machine rationnelle, est, selon nous, un tissu d'erreurs de construction depuis l'avant jusqu'à l'arrière. Impossible d'y circuler, vu l'absence complète de tablier, pas de régulateur, pas d'échappement variable, mauvaise disposition de celui qui s'y trouve adapté et qui est fixé; difficultés sans nombre pour le démontage des tubes, mauvaise attache de cylindre,

Fig. 173.

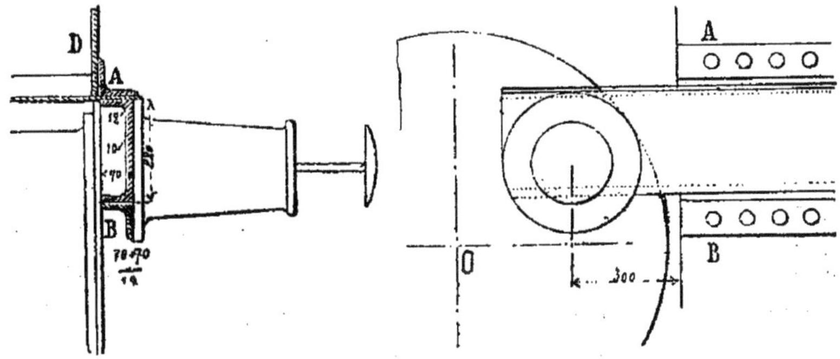

plus mauvaise encore pour les glissières. Erreur complète à l'endroit des supports de chaudière, suspension d'arrière très-mauvaise, attelage d'arrière qui se fait par une cheville cisaillée par deux simples tôles minces remplissant le rôle de traverse-entretoise.

Nous nous arrètons, par crainte d'entendre dire que c'est un parti pris de notre part. Nous laissons juger par ceux qui liront cette note.

Nous avons oublié de dire que les vasistas de la guérite qui est en tôle, sont articulés par leur milieu et non par un des côtés; nous ne savons trop que penser de cette idée, mais en voulant les faire manœuvrer, nous avons failli nous blesser. La porte du foyer est en deux parties à coulisse, mises en mouvement par un système de levier fixé à l'arrière de la boite à feu. Le secteur de changement de marche porte à son extrémité l'articulation du levier de robinet de prise de vapeur qui se meut également sur un petit secteur voisin du premier. (Voir le croquis d'ensemble fig. 167).

SECTION AUTRICHIENNE.

Locomotive à voyageurs (système Hall). Warszawa-Teraspol (construite par M. Sigl, à Vienne).

Fig. 174.

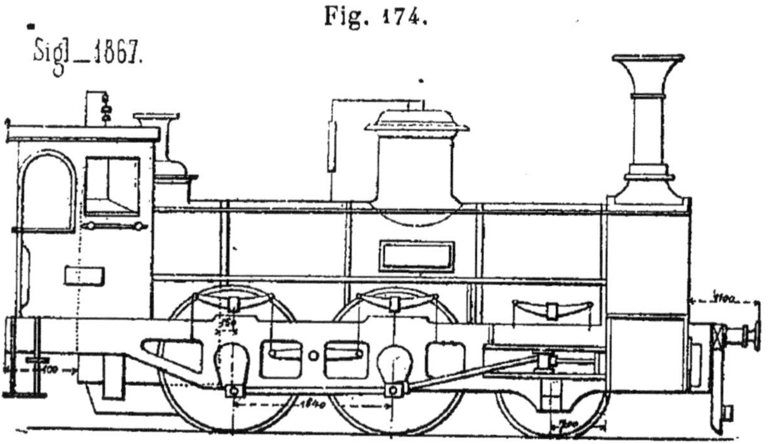

La chaudière de cette machine est de construction ordinaire.

Le cadre n'a pas d'angles à patins pour faciliter le rivetage.

Le cendrier a une porte à l'avant et une à l'arrière, elles sont mises en mouvement par deux tringles à vis qui commandent les leviers.

Il y a quatre bouchons autoclaves aux angles inférieurs de la boîte à feu.

La cheminée s'ajuste sur la boîte à fumée par un joint en fonte (fig. 175) fait par boulons.

Il y a une soupape avec balance à déclic sur le dôme de prise de vapeur, la prise de vapeur est verticale. On a placé le dôme au milieu du corps cylindrique.

Fig. 175.

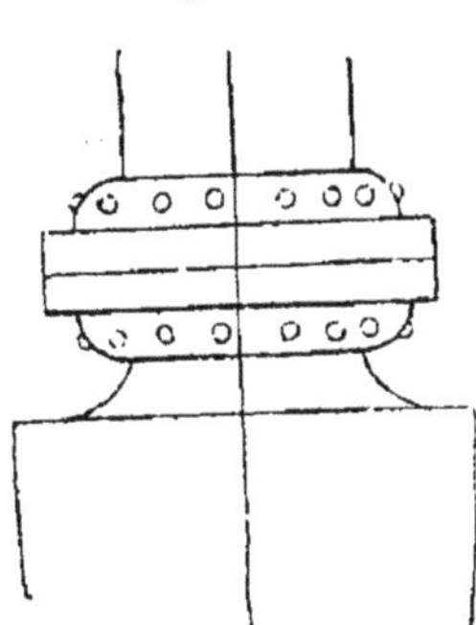

Une autre soupape à balance avec déclic du même système, mais plus petite, est placée à l'arrière sur le côté gauche supérieur de la boîte à feu.

La boîte à fumée est très-grande, les tôles avant et arrière sont fortes, elles ont une épaisseur d'environ 15^{mm} et appuient sur le châssis.

Le dessous de la boîte à fumée est formé par une tôle M très-épaisse, qui est rivée au corps cylindrique, et sous laquelle viennent se fixer les boîtes à vapeur par leur partie supérieure.

On a placé un robinet et un tuyau souffleurs dans la partie inférieure de la cheminée.

Au milieu de la tôle inférieure de boîte à fumée, il y a un trou de vidange d'environ 0^{m},18 à 0^{m},20 de diamètre, un bouchon y est adapté, qui peut s'enlever à la main.

Le châssis est composé de deux longerons extérieurs doubles formés par deux tôles d'environ 0^{m},010 d'épaisseur, et d'une âme supérieure en fer forgé de 0^{m},060 de largeur sur 0^{m},15 à 0^{m},16 de hauteur. A la partie inférieure, il y a également une âme en fer forgé de $0^{m},060$ de largeur sur $0^{m},080$ à $0^{m},090$ de hauteur. Le tout est rivé ensemble avec des clous fraisés, quand le besoin se fait sen-

Fig. 176.

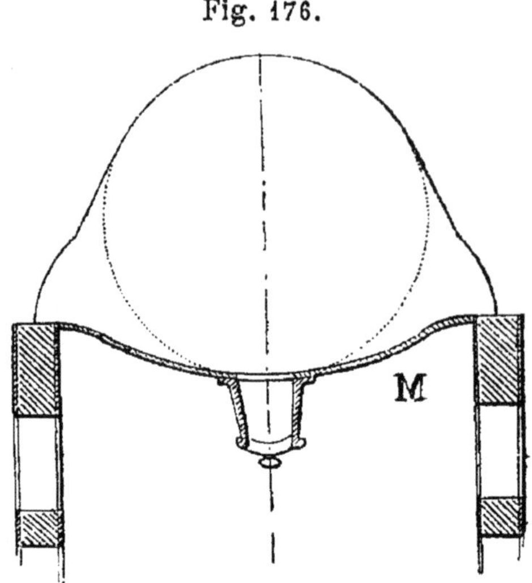

tir. (Voir la fig. 177 pour la coupe transversale du longeron.)

L'attache des cylindres est faite d'une manière fort solide et très-satisfaisante aux longerons et à la tôle inférieure de boîte à fumée.

Fig. 177.

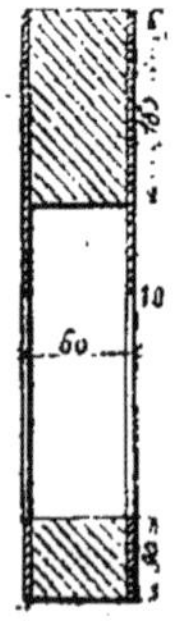

La fig. 178 en donne une idée approximative.

On voit aussi que les boîtes à vapeur sont entretoisées par un fort cadre en fonte à leur partie inférieure.

Les supports de corps cylindrique sont placés entre chaque paire de roues, il y en a donc deux ; ils sont en tôle d'environ 12 à 15 millim. et cornières forgées, boulonnées aux longerons. Le corps cylindrique repose et glisse dessus, ils sont très-haut, ils atteignent le centre du corps cylindrique.

La distance de l'axe de l'essieu d'arrière à la face avant de boîte à feu est de $0^{m},150$.

Celle de l'axe de l'essieu avant à la plaque arrière de boîte à fumée est de 0m,700.

La distance entre les axes de roues motrices est de 1m,640.

Fig. 178.

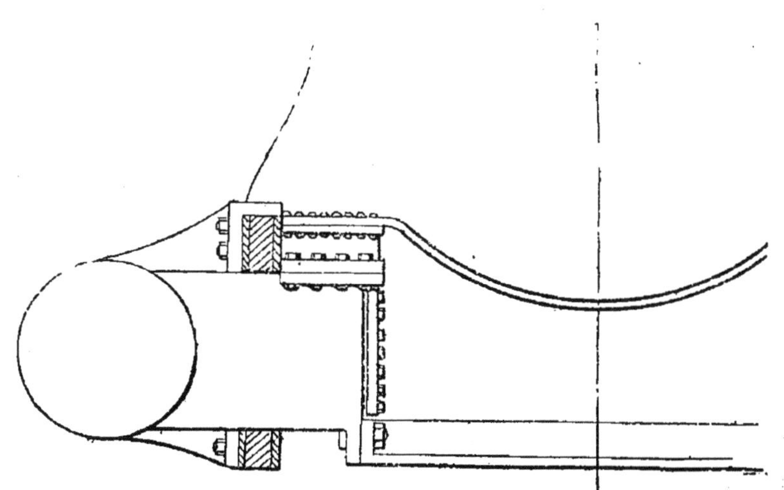

Le bord extérieur de la traverse d'arrière est à environ 1 mètre de la plaque arrière de boîte à feu. Cette traverse est une simple plaque de tôle garnie d'une cornière à la partie supérieure.

Fig. 179.

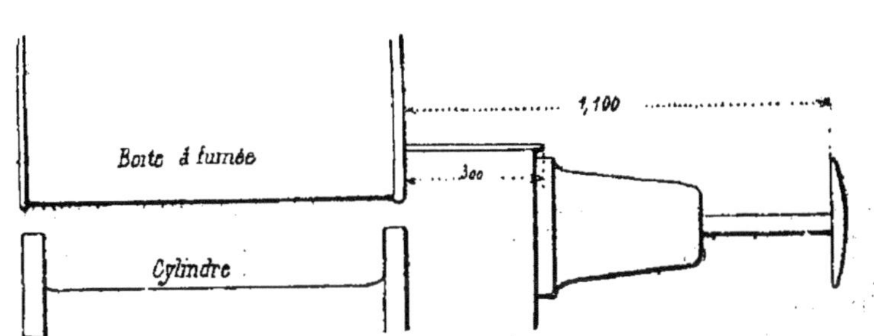

La distance de la plaque avant de boîte à fumée à l'extrémité du tampon avant est de 1m,100.

La distribution est ordinaire, à coulisse; la coulisse se relève et la barre du tiroir est suspendue à un support d'attache fixé au support de corps cylindrique.

Fig. 180.

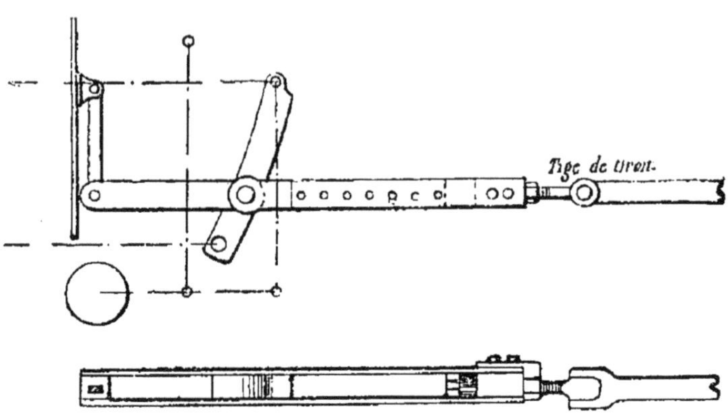

Comme on le voit, la coulisse passe entre les deux flasques qui composent la barre de tiroir, elle est prise par les barres d'excentrique; celle du haut a la fourche assez longue pour ne gêner en rien la bielle de suspension de la barre de tige de tiroir.

Le changement de marche est fait par un levier ordinaire avec secteur à crans.

Les colliers d'excentrique sont complètement en bronze.

Les supports de glissières sont très-simples, nous les préférons à ceux qu'on a l'habitude de faire maintenant aux machines françaises, si coûteux de main-d'œuvre de forge.

Ceux de la machine autrichienne sont tout simplement en fer plat attaché au longeron par deux bonnes cornières.

Les glissières, en acier Bessemer, s'y adaptent à l'aide d'un seul boulon.

Les bielles sont en acier Bessemer, elles sont d'une très-bonne et très-rationnelle construction, les coussinets sont en bronze.

Les manivelles sont minces, mais très-larges; elles sont du système Hall, c'est-à-dire Mayer, car ces Messieurs se sont entendus à ce sujet pour la prise du brevet.

Fig. 181.

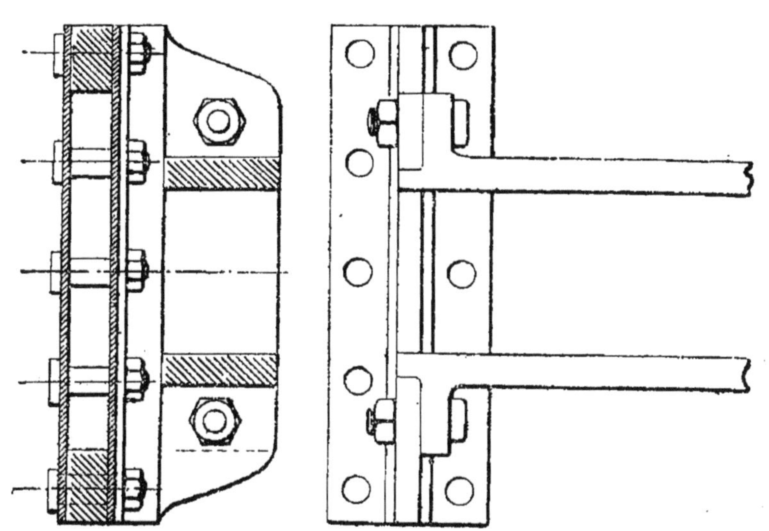

(Voir la description à la machine française construite par Graffenstaden.)

Les boîtes à graisse sont en fonte, de grandes dimensions à cause des manivelles particulières, elles ont chacune un coin de rattrapage de jeu.

L'injecteur appliqué à la machine Krauss est également appliqué à celle de Sigl.

Le refoulement se fait par boîtes à clapets à $0^{m},700$ environ de la plaque tubulaire de boîte à feu.

Les ressorts sont de forme ordinaire, placés au-dessus des boîtes, ils ont 1 mètre de corde en place.

Il y a un balancier de compensation entre les deux roues motrices.

Les tiges de suspension des ressorts sont à double filet, comme l'indique la (fig. 182).

Les avis sur l'efficacité de ce système paraissent à peu près également partagés.

La tête de piston a environ 0m,35 de longueur frottante. Cette surface est satisfaisante.

Fig. 182.

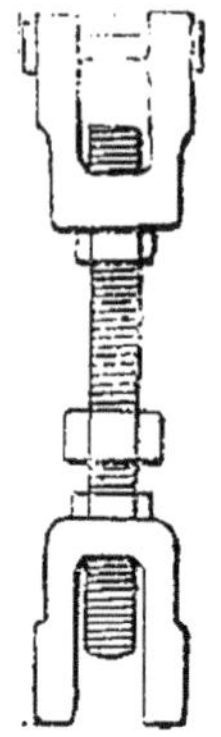

La fig. 183 en donne la forme approximative.

Le patin A est en fonte dure; le frottement se fait cependant sur une plaque B de composition; le boulon C d'articulation porte une tête large qui vient appuyer sur le côté de la crosse en fer D. On fixe ce boulon par la tête à la crosse, au moyen des deux goujons *ff* dont la partie en dehors de la tête du boulon d'articulation est carrée : on place par-dessus le tout une rondelle qui a pour but de servir de frein aux deux goujons, et deux petites clavettes retiennent la rondelle.

On a placé à l'arrière une guérite très-large qui a de grands vasistas ovales, articulant en haut et en bas, comme ceux de la machine de Krauss.

Le tablier existe tout le long de la machine, il passe en dessus des ressorts.

L'échappement se fait par un mouvement à vis qui commande un levier. Cet échappement variable ne doit avoir qu'une valve mobile, en même temps que le mouvement est donné à la vis pour fermer l'échappement; une petite manivelle calée sur la tringle longitudinale de cette vis, donne le mouvement à un robinet souffleur dont il a déjà été question, et l'ouvre; de cette façon, on active encore plus le tirage de la cheminée.

Somme toute, cette machine est d'une bonne construction, et il est très-facile d'en visiter toutes les pièces. Le système de châssis ne nous paraît pas mauvais, ses longerons doubles aussi, la déformation dans un choc doit moins se produire qu'avec des longerons simples. Il est vrai d'ajouter que ce genre de construction est plus coûteux que l'autre.

Fig. 183.

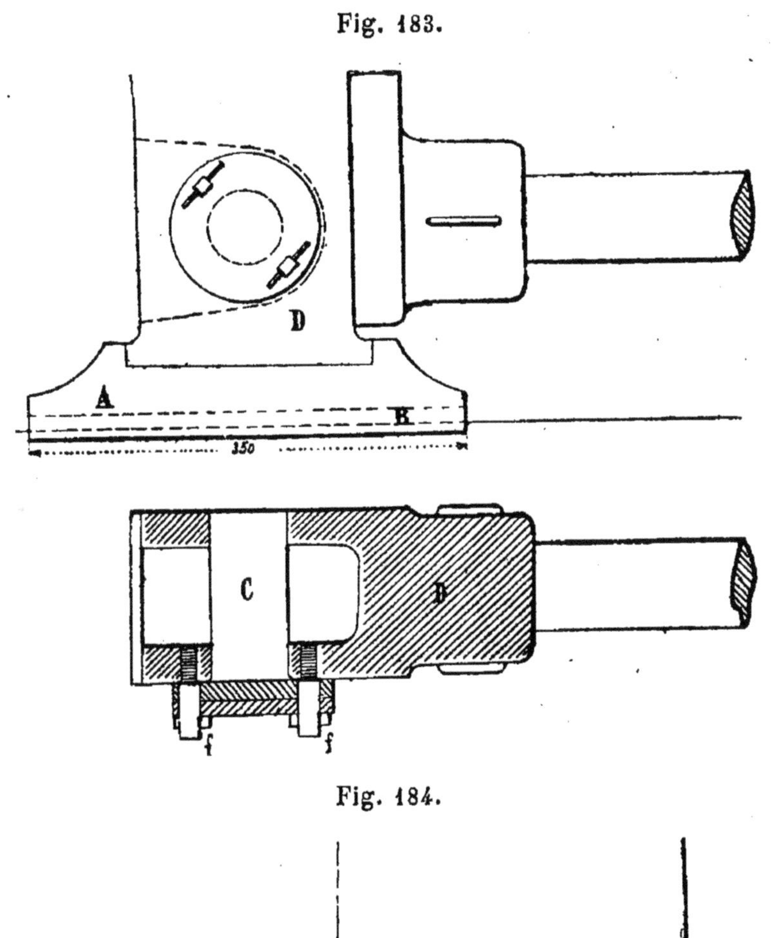

Fig. 184.

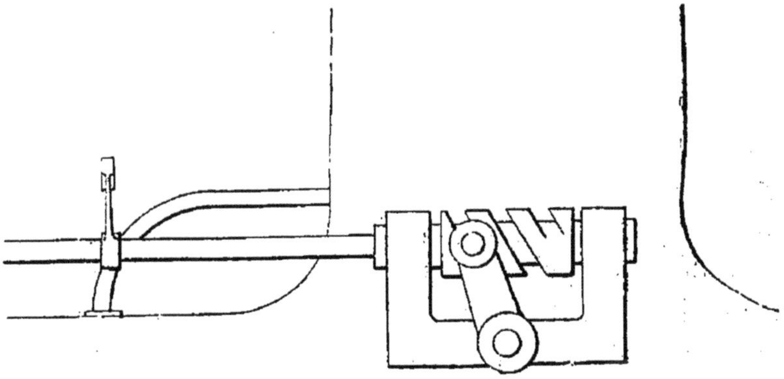

En résumé, cette machine est une des bonnes locomotives

de l'Exposition, elle est destinée aux chemins de fer russes.

Machine locomotive à 8 roues construite par M. Sigl, de Vienne.

Fig. 185.

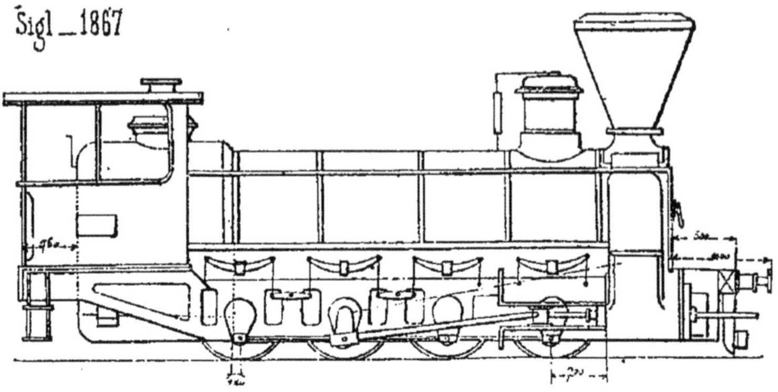

Cette locomotive est de grandes dimensions, elle se distingue surtout par cela, autrement rien ne la caractérise positivement, elle est destinée à brûler du bois, sa cheminée est, par conséquent de construction *ad hoc*, c'est-à-dire tronc de cône renversé recevant les flammèches, avec partie héliçoïdale en haut pour les détourner.

La surface de chauffe, 176^{m2}, nous paraît suffisante pour assurer un bon service.

La chaudière est de construction ordinaire, la boîte à feu est renflée à la partie supérieure par rapport au corps cylindrique d'environ $0^{m},120$; sur les côtés, ce renflement n'est que de quelques centimètres.

Le dôme de prise de vapeur est sur la première virole avant, il contient le régulateur vertical et une soupape-balance à déclic du même système qu'à la machine à voyageurs du même constructeur.

A l'arrière, sur la boîte à feu, il y a une colonne de

soupape qui en contient une du même système que la précédente.

Un autoclave à chaque angle inférieur de boîte à feu et aussi à la partie inférieure du milieu de la face avant de boîte à feu.

Un cendrier avec porte avant et porte arrière.

Le mouvement de la porte du cendrier est conforme au croquis (fig. 186).

Fig. 186.

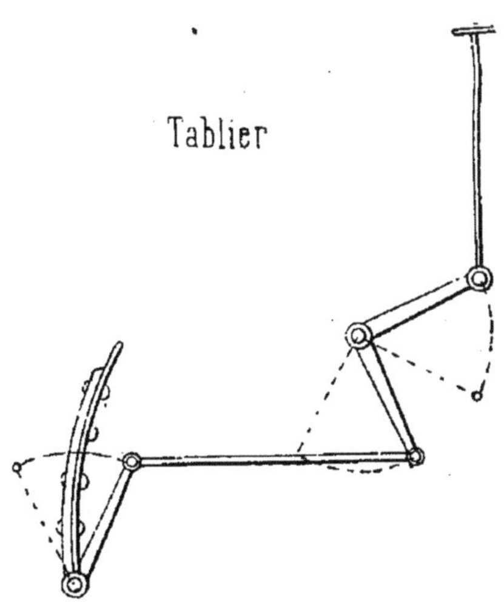

Il y a en outre un robinet de vidange à l'arrière de boîte à feu.

Le cadre du foyer est simple, il n'a pas de patins facilitant le rivetage des tôles de foyer et d'enveloppe de foyer.

Déjà, nous avons remarqué cette disposition à la locomotive à voyageurs, nous sommes étonné que M. Sigl n'ait pas encore adopté cette mesure si bonne et si généralement employée.

La distance entre l'axe de l'essieu d'arrière et l'avant de la boîte à feu est de 0^{m},120 à 0^{m},150 ; la distance de l'essieu d'avant à la plaque tubulaire de boîte à fumée est de 0m,700.

De la face arrière de boîte à feu à l'extrémité de la traverse d'arrière, il y a environ 0m,750. Cette traverse est une plaque de tôle garnie d'une cornière à la partie supérieure.

L'avant est disposé de la manière indiquée par la fig. 187.

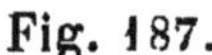

Fig. 187.

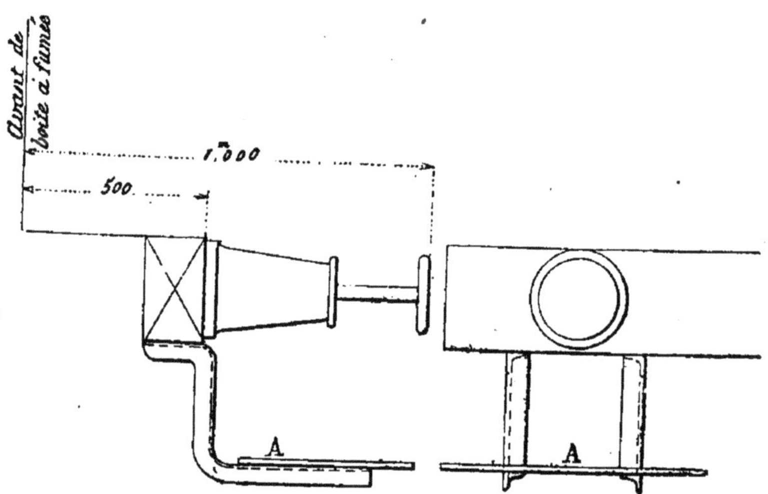

A est un marche-pied permettant d'aborder facilement la porte de boîte à fumée, il est suspendu sur deux supports en cornière attachés dessous la traverse d'avant.

Il y a une grande boîte à fumée dans le même genre que celle de la machine à voyageurs.

Les tuyaux de vapeur et d'échappement sont extérieurs, ils sont contenus dans une espèce de caisse rectangulaire.

Le sable est versé à l'avant des roues d'avant. La sablière est faite à peu près comme l'indique notre croquis. Elle est placée tout contre la boîte à fumée.

La fermeture de boîte à fumée est semblable à celle de la machine Krauss, elle existe aussi à la machine à voyageurs Sigl; seulement, à la machine à marchandises qui nous occupe, on a ajouté quatre manettes de fermetures, dans le genre de ce qui a été fait au chemin de fer Nicolas, et que depuis, la maison Cail a adopté pour toutes ses machines (fig. 189).

Fig. 188.

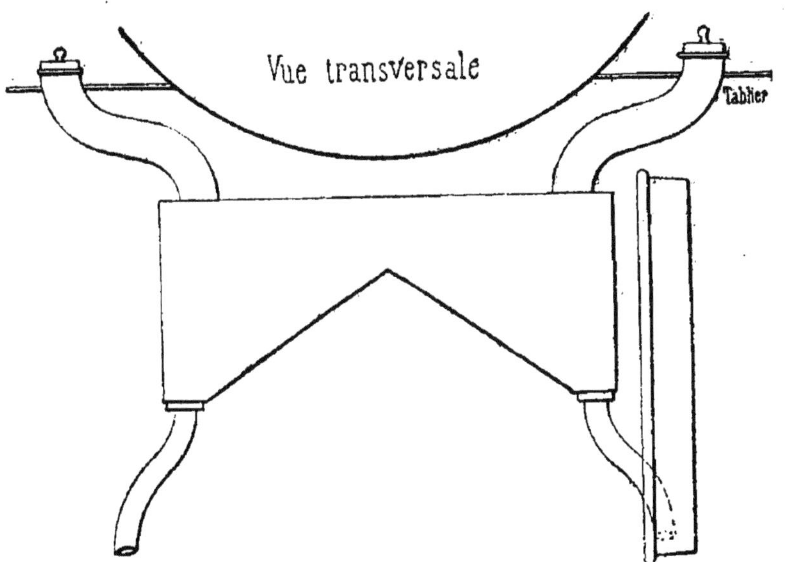

Fig. 189.

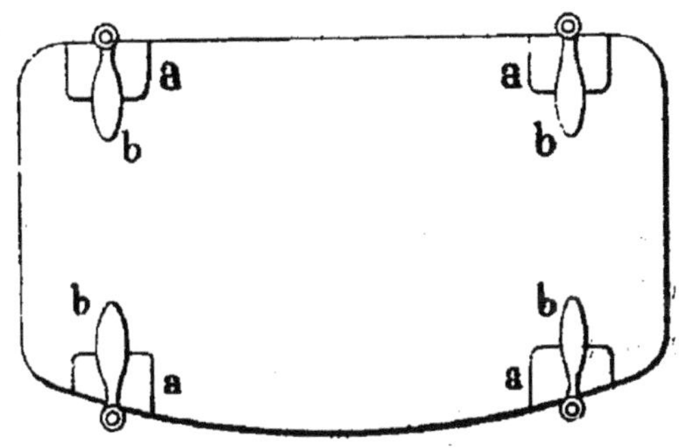

a a a a, sont des plaques fixées à la porte de boîte à

fumée, elles sont un peu en pente ascendante dans le sens du mouvement des manettes *b b b b* fixées à la tôle d'avant de boîte à fumée.

On obtient par ce moyen une fermeture hermétique si nécessaire, et généralement assez peu réalisée, ce qui est un inconvénient notable pour les hommes de service appelés à fonctionner à l'avant. Les gaz et la flamme qui s'échappent par l'ouverture mal fermée sont souvent très-gênants, sans compter que cela détériore très-vite l'avant des locomotives.

La porte du foyer a une fermeture particulière également, qu'on trouve aussi à la locomotive à voyageurs et que nous avions oublié de signaler.

Fig. 190.

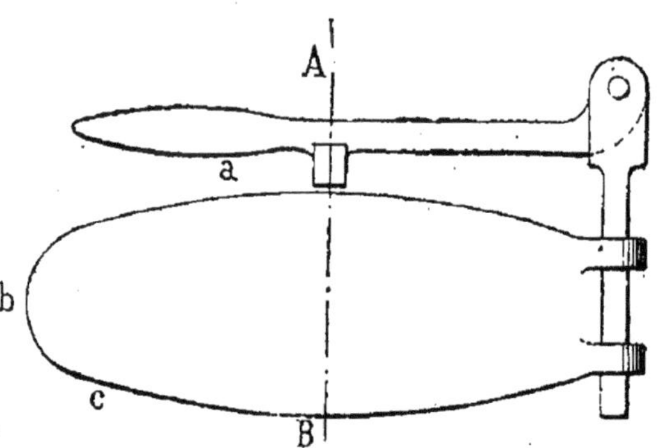

Cette manière de fermer une porte avec un verrou dans l'axe AB, quand il se trouve encore toute une partie *a b c* abandonnée, ne nous satisfait pas.

Évidemment, la partie en question *a b c* ne portera pas très-bien sur le siége de la porte, le verrou ne l'y forçant aucunement.

Les cylindres sont extérieurs, le mouvement et la distribution aussi.

Le châssis est extérieur, il est de la même construction que celui de la machine à voyageurs.

Il y a très-peu de distance entre les robinets purgeurs et le niveau du rail, $0^m,120$ à peu près.

Le corps cylindrique de la chaudière repose sur les longerons par trois points.

Les supports sont placés entre chaque paire de roues, ils sont en tôle et cornières forgées, rivées aux longerons. Le corps cylindrique appuie sur ces supports et y glisse. Il y a des balanciers de compensation entre chaque paire de roues.

Les ressorts sont très-bien faits, leur forme parait très-rationnelle, ils ont environ $0^m,950$ de corde en place, 15 feuilles de $0^m,013$ environ d'épaisseur sur $0^m,100$ de largeur.

Les longerons sont composés de 2 tôles de $0^m,010$ avec âme en fer à la partie supérieure de 200/40 et 100/40 à la partie inférieure.

On a placé des entretoises en fer rond d'environ $0^m,040$ de diamètre à la partie inférieure des longerons, elles ont pour but d'entretoiser les deux longerons, elles se trouvent entre les deuxième et troisième paires de roues avant et entre les troisième et quatrième paires à la suite.

C'est l'âme inférieure du longeron qui les reçoit, cet entretoisement n'est pas, à notre avis, bien efficace.

Le tablier existe tout le long de la machine au-dessus des ressorts de suspension.

Les tiges de suspension des ressorts sont ordinaires, elles sont à cheval sur le longeron, et avec écrous appuyant sur les ressorts.

Il y a à l'avant de la boite à feu, deux supports pour cette partie, les mêmes supports existent à la machine à voyageurs.

Ils sont à près de la forme représentée fig. 184.

La partie A est fixée à la boite à feu, elle forme équerre et vient s'adapter à cheval sur le support B fixé au longeron ; ce support est en fer, il est très-épais dans le corps principal, il a au moins $0^m,060$ et est fixé au longeron par dix boulon de $0^m,025$.

Fig. 191.

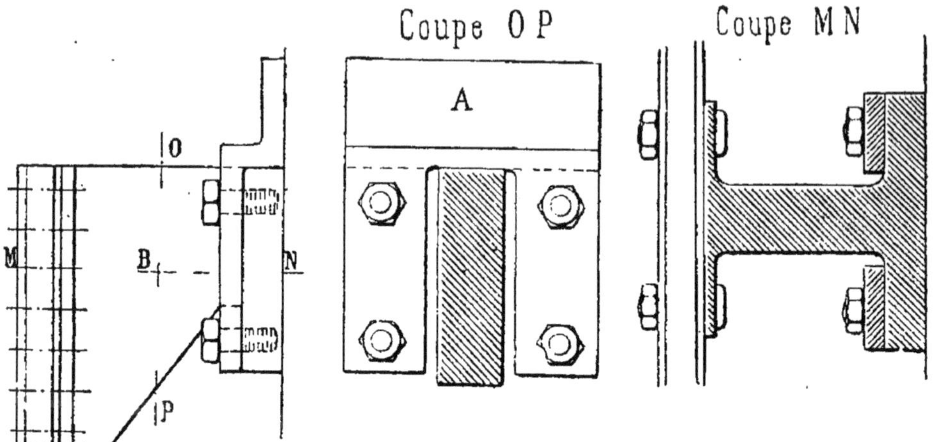

Les boîtes à graisse sont en fonte, elles ont des coins de rattrapage de jeu.

Les manivelles sont très-étroites et très-larges, elles doivent être du système employé à la machine à voyageurs, c'est-à-dire système Mayer-Hall.

Leurs dimensions sont de $^{550}/_{60}$.

Les supports de glissières sont du même genre que ceux de la machine à voyageurs, seulement ils sont fermés complètement mais composés quand même d'une tôle découpée et de cornières (fig. 192).

Les bielles sont en acier Bessemer.

La bielle motrice est en dehors, et les bielles d'accouplement en dedans, le porte-à-faux des bielles motrices est de $0^m,170$.

Celui de l'excentrique extérieur est de $0^m,380$.

Tout ce système de bielles en dehors et de mouvement

d'excentrique, offre un aspect peu rassurant, tout cela doit être d'un poids effrayant.

Nous pensons que cette disposition ne doit pas être sans offrir bien des désavantages pour l'exploitation des chemins de fer russes, tout cet appareil, ainsi que les cylindres, sont placés si bas qu'il devra arriver souvent pendant les temps de neige, et malgré les chasse-neige, un encombrement dans toutes ces pièces bien trop saillantes à notre avis, et partant, disposées à être encombrées bientôt ; de plus, cette grande masse en mouvement, à l'écartement où elle se trouve, ne laissera pas que d'être très-pernicieuse à la stabilité de la machine. C'est sur la troisième paire de roues, à partir de l'avant (motrice), que se trouve tout cet attirail.

Fig. 192.

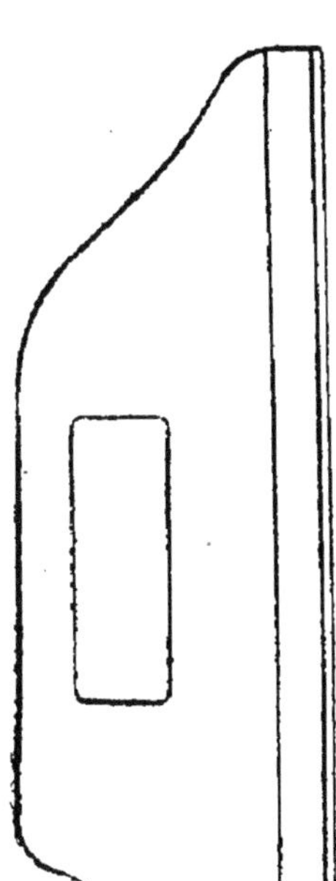

Les colliers d'excentrique sont en fer d'un même morceau avec les barres qui sont très-longues.

Une bague en bronze ou collier forme garniture intérieure.

L'échappement et le robinet souffleur sont du même système que celui de la machine à voyageurs.

Il y a une grande guérite à l'arrière, ouverte sur les côtés, elle a deux vasistas ovales comme la machine à voyageurs.

L'alimentation est faite par deux Giffards du système de ceux qui sont à la machine Krauss ; en Autriche, on les nomme système Schaw.

Le refoulement se fait par robinets à $0^m,700$ de la boite à fumée.

Les tiges de pistons sont doubles, c'est-à-dire qu'elles traversent les deux plateaux de cylindre.

Nous remarquerons qu'il n'y a pas plus de 0m,007 à 0m,008 de jeu entre les bords extérieurs des boudins de roues.

Les crosses ou têtes de pistons sont du même système que celles de la machine à voyageurs.

Dans la distribution, l'arbre de relevage repose de chaque côté sur deux supports fixés à la partie supérieure des glissières. Chaque support est attaché par deux boulons de 20mm seulement, ils ne tarderont pas à être ébranlés.

Le changement de marche est à levier et son secteur à crans.

La coulisse est droite, elle se relève quand la barre du tiroir s'abaisse, elle est suspendue par le bas.

Le guidage de la tige de tiroir se fait dans une coulisse tout à fait analogue à celles des supports à chariots de tours.

Fig. 193.

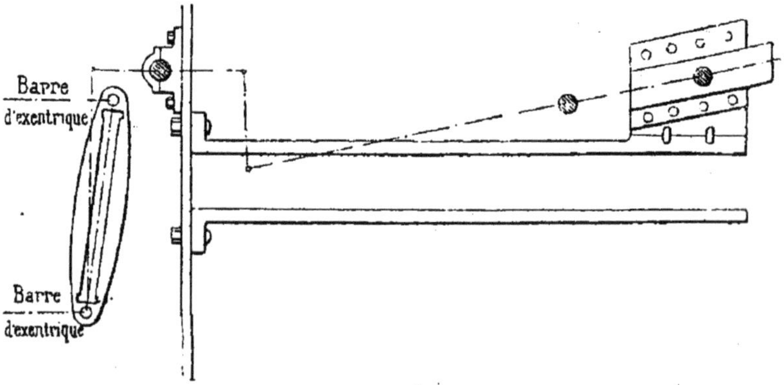

Ce support-guide est placé sur la glissière supérieure tout contre le cylindre.

Cette disposition est indiquée (fig. 193).

Notre assertion se trouve confirmée par l'observation

qui nous en a été faite par plusieurs ingénieurs russes, notamment par son Excellence le général major Sérébriakoff ; il paraît que, dans un parcours fait par une de ces machines allant de Moscou à Serpoukaff (environ 75 verstes), cette machine au retour avait tellement souffert de l'inconvénient dont nous venons de parler, que tout son mouvement de distribution et de bielles se présentait sous la forme d'une énorme stalactite.

Le mécanicien était fou, il ne savait plus ou donner de la tête.

Ajoutons aussi qu'il nous paraît évident que les machines devront détériorer la voie bien plus vite dans le pays où elles sont appelées à fonctionner que dans tout autre, car au moment de la fonte des neiges et du dégel, quand après six mois consécutifs de grandes gelées, le sol se réchauffe après avoir été aussi dur que le roc jusqu'à une profondeur de $1^m,50$, les rails et les traverses se disjoignent et forment tout le long de la route des creux et des bosses. Les grands mouvements transversaux que ne manqueront pas d'avoir ces locomotives à cause des énormes poids reportés si loin de l'axe longitudinal, viendront s'ajouter aux inconvénients ci-dessus indiqués, et formeront un ensemble de désagréments qui seront loin de permettre une exploitation suivie, fonctionnant à coup sûr. Sous le rapport de la surface de chauffe, ces machines seront d'un bon emploi, car on trouve 176^{m^2} de surface de chauffe pour une adhérence de 49 tonnes, c'est-à-dire environ $3^t,60$ par mètre carré.

La machine à huit roues Fives-Lille donne aussi :

$$\frac{156^{m^2}}{43,30} = 3^t,600$$

WURTEMBERG.

Machine locomotive East-India, construite par M. Émile Kessler.

Fig. 194.

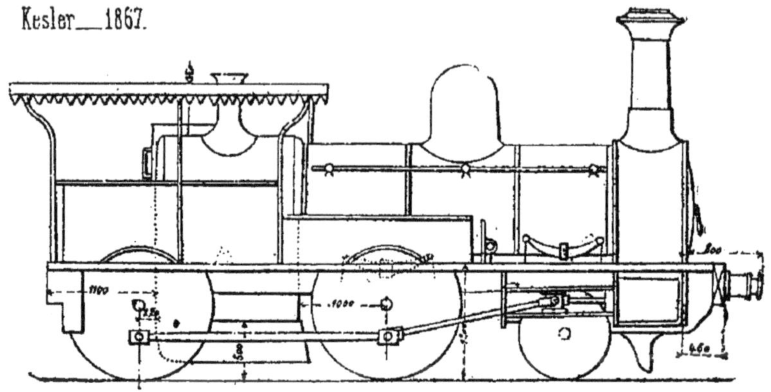

Cette machine est destinée à faire un service de voyageurs.

La distance de la paire de roues d'arrière à la plaque de boîte à feu est de 0^m,220 ; celle de la paire de roues motrices à la plaque d'avant de boîte à feu est de 1^m,00.

On voit que la boîte à feu est comprise entre ces deux paires de roues qui sont accouplées.

Les roues couplées ont 0^m,700.

Entre la plaque arrière de boîte à feu et la traverse d'arrière, il y a environ 1^m,100.

Cette traverse est en fer plat et cornières.

La distance entre la plaque avant de boîte à fumée et l'extrémité des tampons est de 0^m,800.

De cette même plaque à l'extrémité de la traverse d'avant il y a 0^m,450.

Les tampons sont à l'avant en porte-à-faux de 0^m,200 par rapport au longeron.

La chaudière n'a rien de particulier. La boîte à feu est renflée par rapport au corps cylindrique, ce renflement est d'environ 0m,100.

Du dessous du corps cylindrique au dessus du châssis il y a environ 0m,150 de hauteur.

La hauteur du dessus du longeron au rail est d'environ 1m,200.

On a placé quatre bouchons autoclaves aux coins inférieurs de boîte à feu, ils sont très-grands et très-abordables (fig. 195).

Un trou de 0m,250 dans la partie inférieure du corps cylindrique tout contre la boîte à fumée, sert aussi pour opérer la vidange et le nettoyage.

Fig. 195.

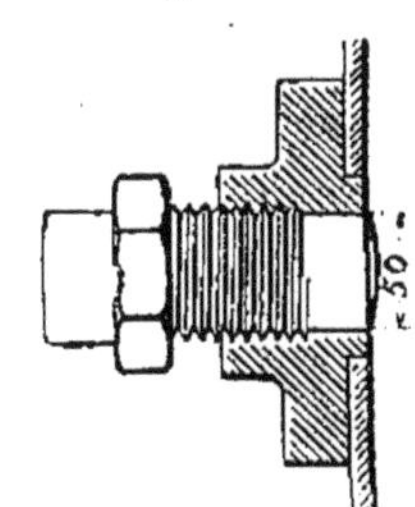

Le dôme contient le régulateur qui est vertical, il est placé au milieu de la longueur du corps cylindrique.

A l'avant, sur le milieu de la boîte à feu, il y a une colonne de soupapes de sûreté.

La distance du rail au-dessous du cadre de boîte feu est d'environ 0m,500.

Un cendrier en tôle avec portes avant et arrière est également placé sous la boîte à feu.

Le châssis se compose de longerons simples intérieurs.

La sablière est installée au-dessus de la roue motrice, elle forme en même temps garde-roues.

Le ciel de foyer est armé de fermes transversales, il y a quatre bouchons pour le nettoyage, qui sont disposés en quinconce sur les deux côtés de boîte à feu.

Les clouures verticales des angles de boîte à feu sont doubles.

Il y a une rampe en tôle et une carcasse de guérite;

cette carcasse ou membrure est en fer rond et cornière fort simplement assemblés.

Deux sifflets sont installés à l'arrière, mais ils ne sont pas de mêmes dimensions.

La boîte à fumée est très-grande, les tôles avant et arrière appuient sur les longerons.

Les cylindres sont solidement fixés aux longerons et sont légèrement inclinés.

Les roues sont en fer forgé très-bien faites (fig. 196).

Les bandages sont fixés par des vis, une entre chaque bras soit 17 pour les roues motrices, et 10 pour les roues d'avant.

Fig. 196.

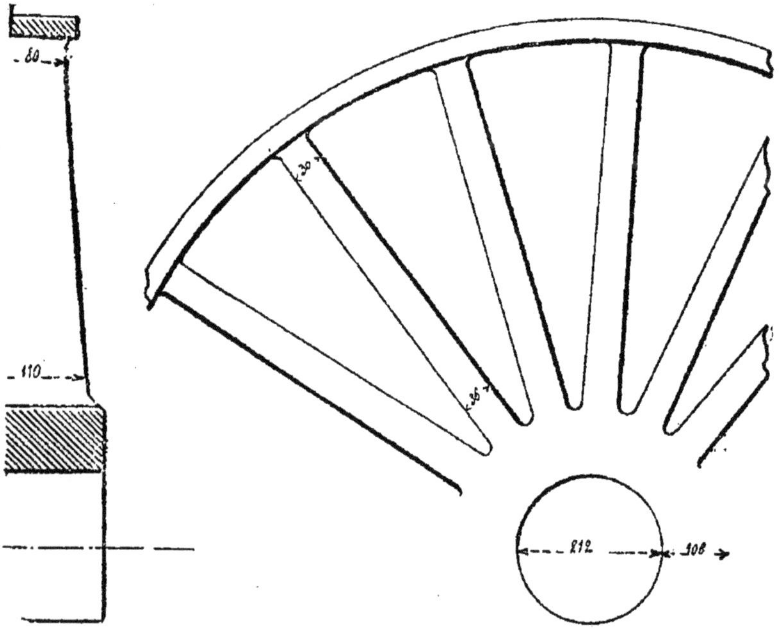

Il y a un support de boîte à feu, de 0^{m},700 delongueur; il est à peu près conforme à la fig. 197, c'est du reste une simple équerre reposant sur une cornière fixée au longeron.

Une entretoise de longeron est placée tout contre la boîte à feu, c'est une simple tôle garnie de cornières.

Le support de corps cylindrique est en fer plat de 0m,020, les deux extrémités sont des cornières forgées, boulonnées aux longerons. La chaudière repose et glisse sur des cornières qui sont rivées au fer plat.

Fig. 197.

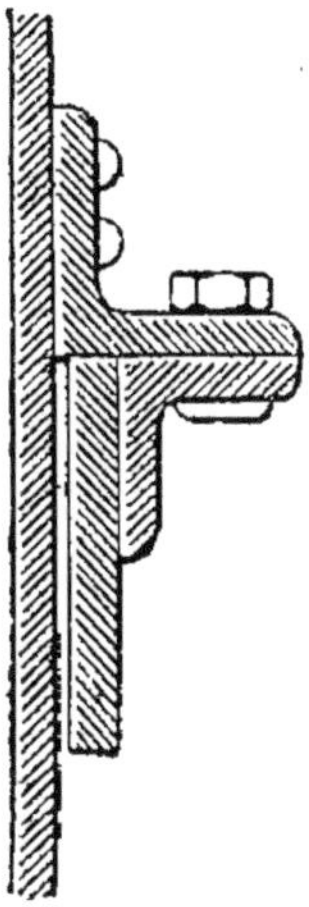

Les supports de glissières sont en fer forgé (fig. 198).

6 boulons de chaque côté du T fixent le support au longeron, soit 12 boulons par supports.

Il y a des coins de rattrapage aux boîtes à graisses de roues couplées.

Les ressorts sont placés au-dessus des boîtes à graisse.

Les tiges de pression sont à fourche, et se fixent d'un côté du longeron seulement, les extrémités de la lame maîtresse du ressort sont fermées (fig. 199).

Fig. 198.

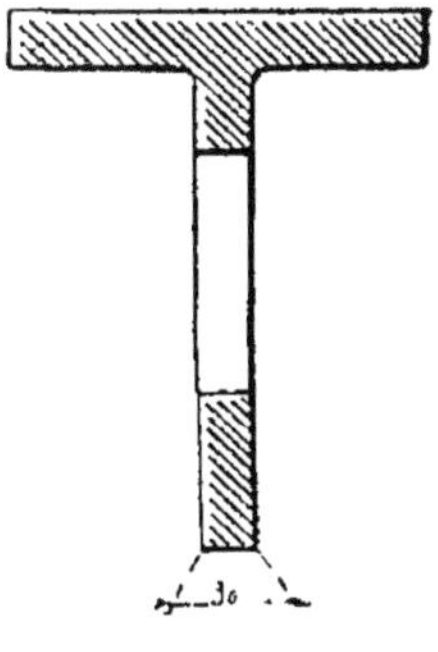

La tête de tige de piston est en fer, les deux patins de frottement sont en fonte dure.

La forme de construction est conforme à la fig. 200.

La largeur des glissières est 0m,110.

Cette surface de $^{320}/_{110}$ ne nous paraît pas suffisante.

L'attache des glissières sur leur support est faite conformément à la fig. 201.

Les bielles sont en acier Bessemer.

Les formes en sont belles et bien proportionnées. Les coussinets sont en bronze.

Dans le mouvement de distribution, la suspension

de la coulisse qui est fixe est prise sur le support de corps cylindrique.

Fig. 199.

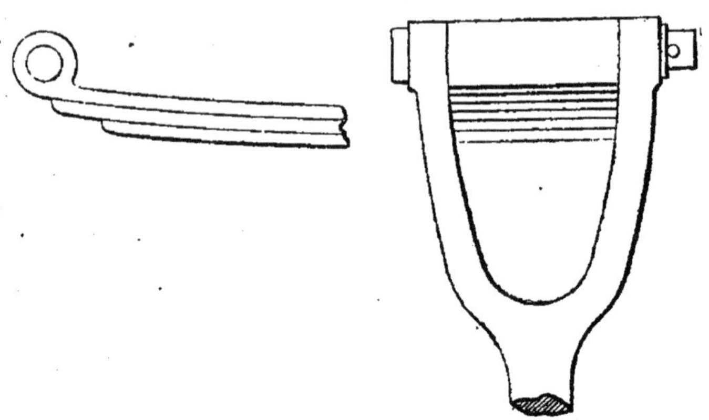

La barre de tiroir se relève, il n'y a pas de guide de tige de tiroir.

L'alimentation est faite par un Giffard Schaw. L'injection a lieu au milieu du corps cylindrique.

Fig. 200.

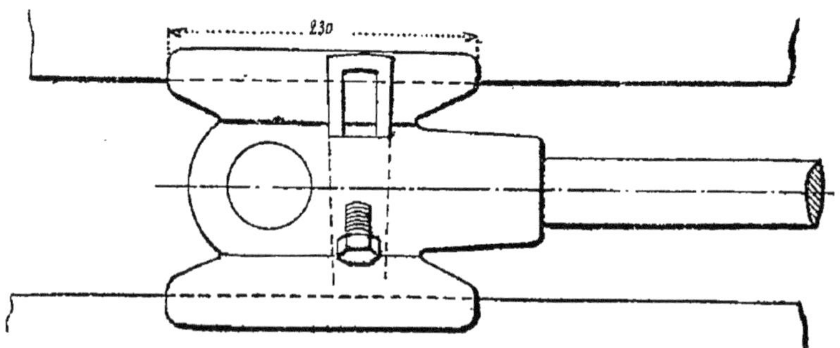

Le changement de marche est à gauche de la chaudière il est à vis.

Comme on le voit, cette machine n'a rien d'absolument particulier, quelques détails de construction seuls méritent d'être mentionnés.

L'exécution en général est parfaite, et sauf quelques

points où nous ne trouvons pas les surfaces de frottement suffisantes, il n'y a pas grande critique à faire.

Fig. 201.

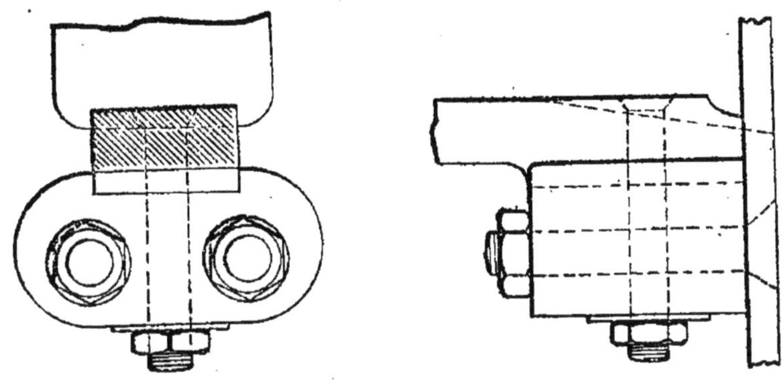

GRAND-DUCHÉ DE BADE.

Locomotive de Carlsruhe.

Fig. 202.

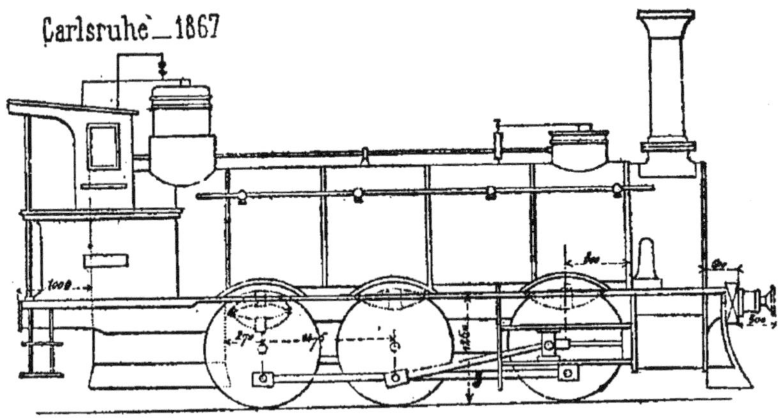

Cette machine est destinée au service des marchandises.

La distance entre l'axe des roues d'arrière à la face avant de boite à feu est $0^m,270$ environ.

Celle de l'axe des roues d'avant à la plaque arrière de boite à fumée est de $0^m,800$ environ.

La distance entre axes des deux paires de roues d'arrière est de 1^{m},475.

La distance de la traverse en fer d'arrière à la face arrière de boite à feu est de 1^{m},00.

Celle de la traverse d'avant en bois extérieure à la face avant de boite à fumée est de 0^{m},500.

Celle de l'extérieur de la traverse d'avant à l'extrémité du tampon est de 0^{m},500.

Du dessous du corps cylindrique au niveau supérieur du longeron, 0^{m},120.

La hauteur du dessus du rail au niveau supérieur du longeron est de 1^{m},250.

La clouure horizontale du cadre de foyer est à double rang en quinconce.

Le cendrier en dessous du cadre, à porte à l'avant et porte à l'arrière.

Il y a en outre trois portes en dessous qui peuvent s'ouvrir en même temps quand on veut vider le cendrier.

Le mouvement est donné par une tringle commune (fig. 203).

Fig. 203.

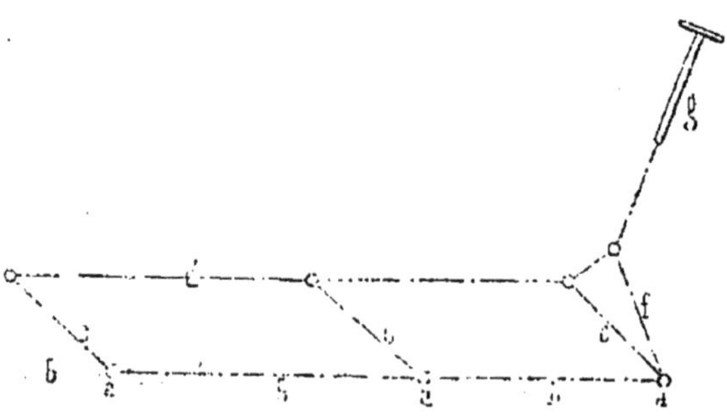

a, *a*, *a*, sont trois arbres transversaux inférieurs.

b, *b*, *b*, trois valves de toute la largeur du cendrier et rattachées aux arbres *a*.

c, *c*, *c*, trois leviers fixés aux arbres *a*.

d, une tringle commune reliant les leviers *c*.

f, le levier de manœuvre.

g, la tringle de manœuvre.

Le régulateur est horizontal, il est placé sur la première virole avant du corps cylindrique.

Le dôme des soupapes est sur l'axe de la boîte à feu.

Il y a deux bouchons de nettoyage aux angles inférieurs arrière de boîte à feu, et deux autres à la partie inférieure de la plaque avant de boîte à feu.

On a placé deux supports de boîte à feu de chaque côté, distants l'un de l'autre d'environ $0^m,250$.

Fig. 204.

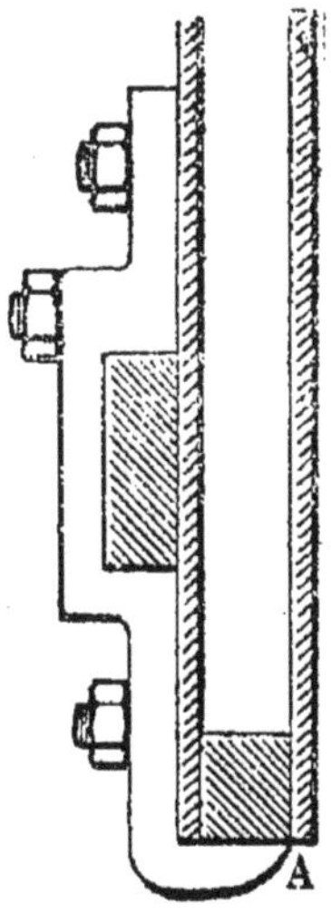

A

C'est trop près, d'ailleurs un seul suffirait.

La forme de ces supports est indiquée fig. 204.

La chaudière glisse par ces supports sur le longeron, pour ne pas trop fatiguer les attaches qui doivent être des prisonniers emmanchés dans la tôle de boîte à feu ; on a fait appuyer le cadre par sa partie inférieure sur le patin A du support.

L'alimentation est faite à droite par un Giffard Schaw horizontal fixé en dessous du tablier sur la boîte à feu.

A gauche, l'alimentation est faite par un grand Giffard ordinaire vertical fixé sur le tablier.

L'injection a lieu à $1^m,500$ de la plaque tubulaire de boîte à fumée.

L'attache des cylindres est identique à celle des cylindres des locomotives Cail et Cie, elle est très-solidement prise.

Les longerons sont intérieurs aux roues.

Les cylindres sont extérieurs et la distribution intérieure.

La coulisse est à double flasque, c'est elle qui se relève.

Le guide de la tige du tiroir est contourné pour laisser passer l'essieu d'avant (fig. 205).

Fig. 205.

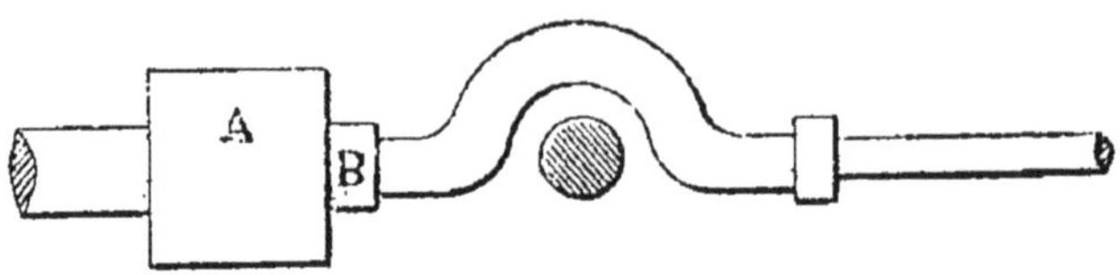

Le guide A est un peu court, il n'a pas plus de 0m,120 de longueur.

La partie B est ronde, nous l'eussions préférée carrée.

Le changement de marche est à levier ordinaire.

Les roues sont en fer, les contre-poids sont rapportés, et en fonte.

Les bielles doivent être en acier, elles nous paraissent cependant un peu faibles.

La bielle d'accouplement la plus courte a 1m,475 de long.

Les dimensions sont $^{50}/_{25}$.

La bielle motrice a 2m de longueur.

La petite section contre la tête de piston est $^{60}/_{40}$, la plus grande section contre le bouton est $^{80}/_{40}$.

Cela paraît maigre pour la longueur.

Les coussinets sont en fer garnis de métal doux.

Il y a deux supports pour le corps cylindrique, les pattes qui se boulonnent aux longerons sont venues de forge avec le corps. La chaudière repose sur les cornières supérieures qui sont rivées au corps de support, elle y glisse librement (fig. 206 et 207).

Les supports de glissières sont en tôle découpée, réunis aux longerons par une cornière.

Les glissières sont attachées à l'aide d'un seul boulon à un morceau de cornière rivé au corps de support (fig. 207).

Fig. 206.

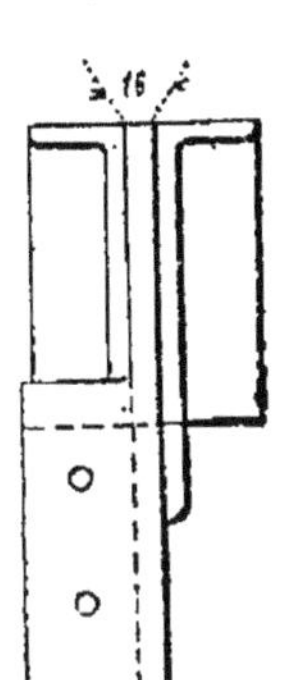

Cette manière n'est pas satisfaisante, il eût été plus convenable d'avoir des talons aux glissières qui se fussent adaptés aux cornières.

La tête de piston présente une surface de frottement de $^{350}/_{130}$, ce qui est suffisant.

Une guérite en bois abrite le mécanicien.

Un tablier existe tout autour de la machine.

En résumé, nous remarquons que cette machine a une grande analogie avec celles qui se construisent en France, rien dans son système n'est particulier. La construction est bien étudiée, et l'exécution ne laisse rien à désirer.

Fig. 207.

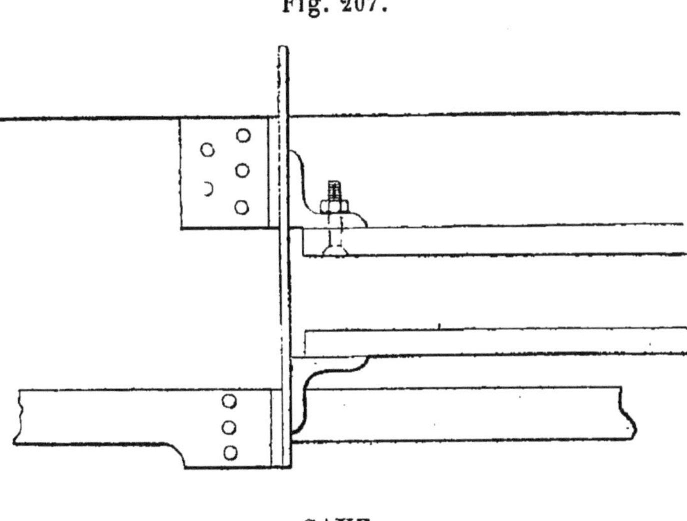

SAXE.

Locomotive à voyageurs LE SCHWERIN, construite par Richard Hartmann.

Dans cette machine, la boite à feu est comprise entre l'essieu d'arrière et celui du milieu.

La distance de l'axe des roues d'arrière à la plaque arrière de boîte à feu est 0m,200.

Celle de l'axe des roues motrices à la plaque avant de boîte à feu est 0m,800.

Fig. 208.

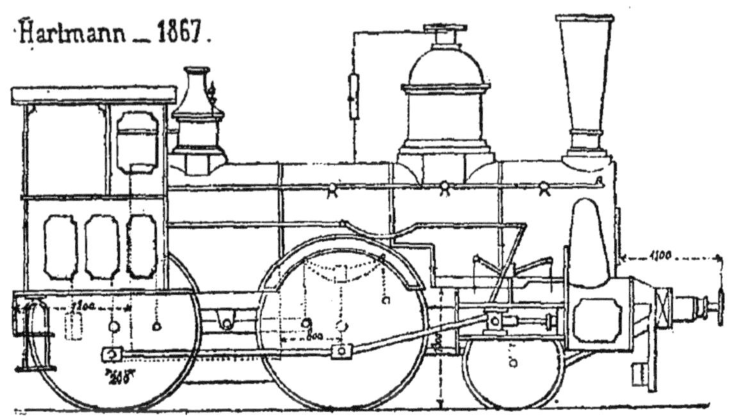

Distance de la traverse arrière en fer à la plaque arrière de boîte à feu, 1m,200.

Les cylindres avancent par rapport à la boîte à fumée, d'environ 0m,200 (fig. 209).

Fig. 209.

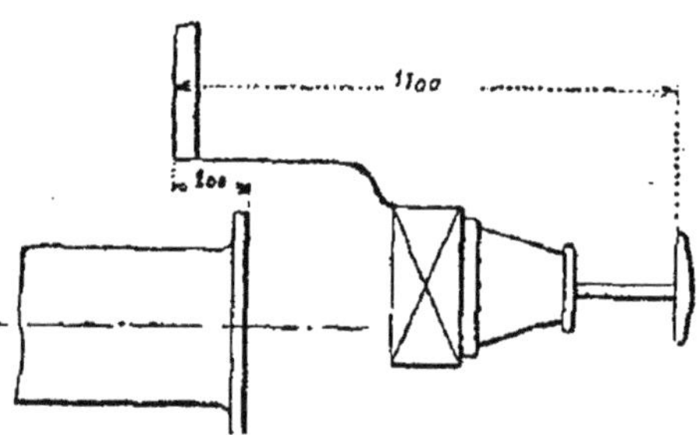

La hauteur entre le rail et le dessus du longeron est 1m,300.

Le dessous de la chaudière par rapport au longeron est au même niveau.

La chaudière est ordinaire, il y a double clouure en quinconce au cadre du foyer.

Quatre bouchons aux angles inférieurs.

Un bouchon à la partie inférieure de face avant de boite à feu.

Le dôme contient le régulateur vertical et une soupape à balance.

Une colonne de soupapes à l'arrière portant deux soupapes à balances, un sifflet et l'appareil de prise de vapeur des Giffards.

La sablière est placée à l'avant de la roue motrice.

La fermeture de boite à fumée ne vaut pas toutes celles qu'on fait généralement en Allemagne, elle est conforme à la fig. 210.

Fig. 210.

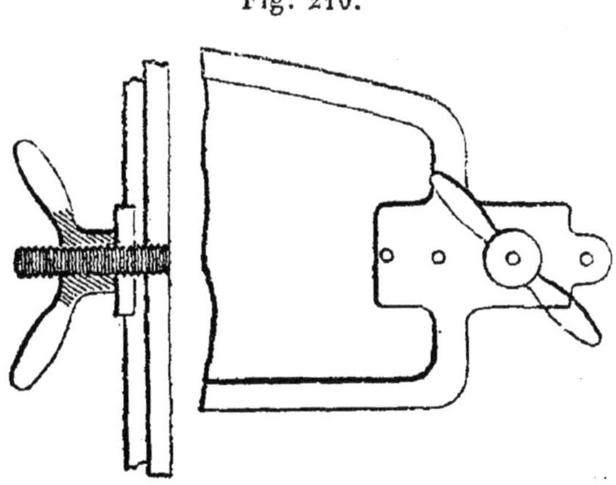

Chaque fois qu'on ouvre la porte, il faut conserver la poignée double à la main, on risque de la laisser tomber et de la perdre. D'ailleurs, la fermeture est loin d'être hermétique, cette façon de fermer une porte de boite à fumée nous paraît trop primitive.

Les longerons sont doubles et placés intérieurement aux roues.

La boîte à feu est supportée par un support ordinaire placé de chaque côté.

Le corps cylindrique en a trois, il nous semble que c'est trop.

Le 1er est à environ 0m,300 en arrière de l'axe moteur.

Le 2e est à environ 0m,900 en avant du même axe.

Le 3e est tout contre la boîte à fumée.

Chacun d'eux est une pièce forgée à patins très-épais venus du même morceau que le corps. A la partie supérieure, il y a deux cornières rivées qui reçoivent le corps cylindrique (fig. 211).

Fig. 211.

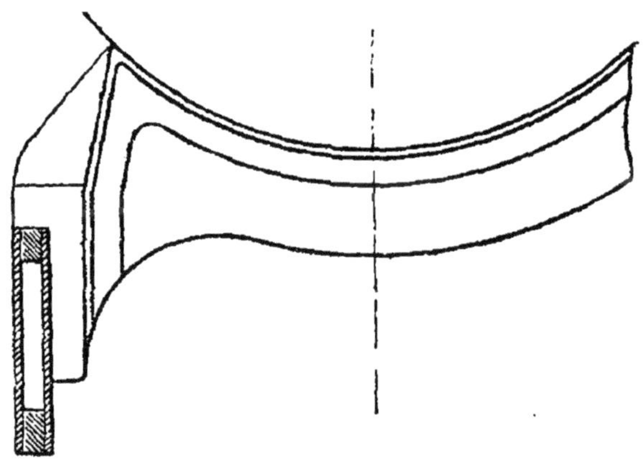

Les cylindres sont horizontaux et extérieurs, ils sont

Fig. 212.

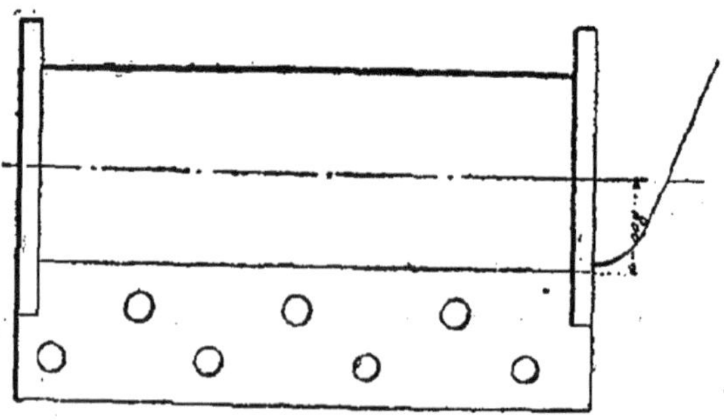

très-insuffisamment attachés, et cette attache est en

porte-à-faux par rapport à l'axe des cylindres d'environ $0^m,200$ (fig. 212).

Évidemment, ils ne tarderont pas à être ébranlés, rien ne les fixe à leur partie inférieure.

Il n'y a qu'une simple entretoise qui maintient l'écartement entre les boîtes à vapeur, tout cela nous a paru bien insuffisant.

Les supports de glissières sont en fer forgé comme l'indique la fig. 213, nous ne les trouvons pas assez attachés non plus.

Fig. 213.

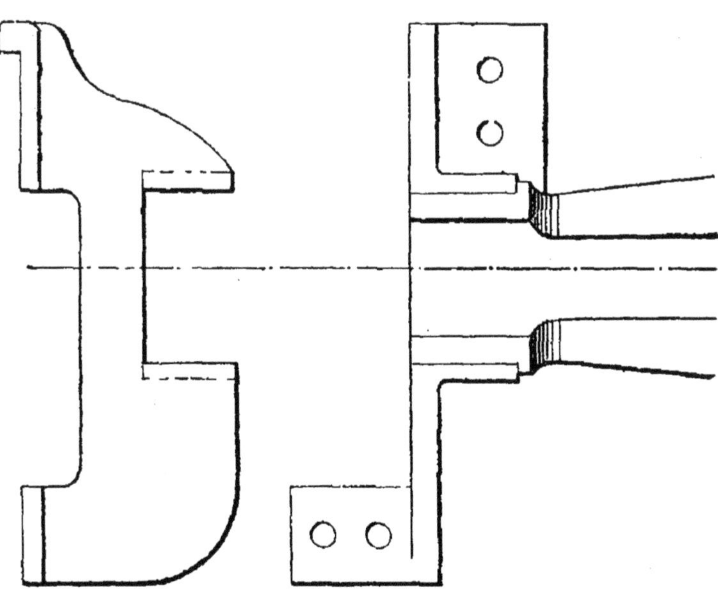

Deux boulons en haut et deux boulons en bas, nous pensons que cela n'est pas assez.

L'alimentation est faite par deux grands Giffards verticaux.

Le refoulement a lieu par une boîte à soupapes de retenue fixée contre la boîte à feu, l'injection se fait donc presque sur la plaque tubulaire de boîte à feu, et cette condition est loin d'être bonne.

La distribution est intérieure et sa construction est ordinaire, c'est la coulisse qui est relevée.

L'arbre de relevage est droit, il est en une pièce, il traverse les deux longerons ; à l'intérieur il y a des douilles fixées aux longerons pour former assise à cet arbre.

Le changement de marche est à vis conjuguée avec un levier (même disposition qu'au chemin d'Orléans).

La suspension d'avant est ordinaire, les ressorts sont placés au-dessus des boîtes.

Les ressorts de l'essieu moteur sont également placés au-dessus des boîtes.

Pour l'arrière, c'est un ressort commun placé transversalement et agissant par l'intermédiaire de menottes et de leviers de compensation entre la roue d'arrière et la roue motrice (fig. 214).

Fig. 214.

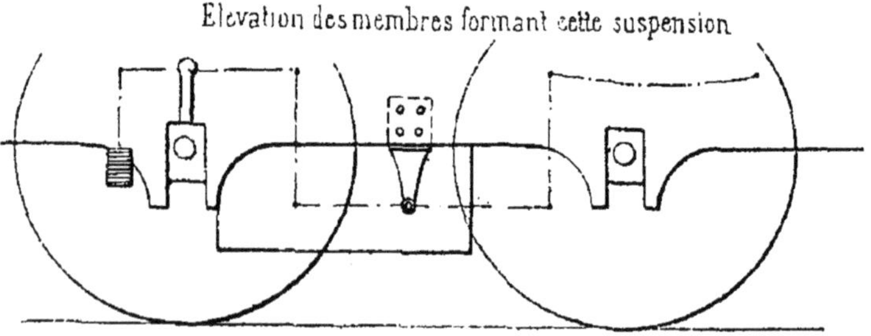

Toute cette disposition nous paraît bien compliquée, nous pensons qu'on peut tout d'abord prévoir que les mouvements transversaux de la machine contrarieront beaucoup le jeu et le bon fonctionnement de cet appareil de suspension.

La conjugaison de ces deux leviers et de leurs tiges donnant en tout, pour un côté, neuf articulations, présentera évidemment bien des chances défavorables pour la bonne marche et un service bien assuré.

Fig. 215.

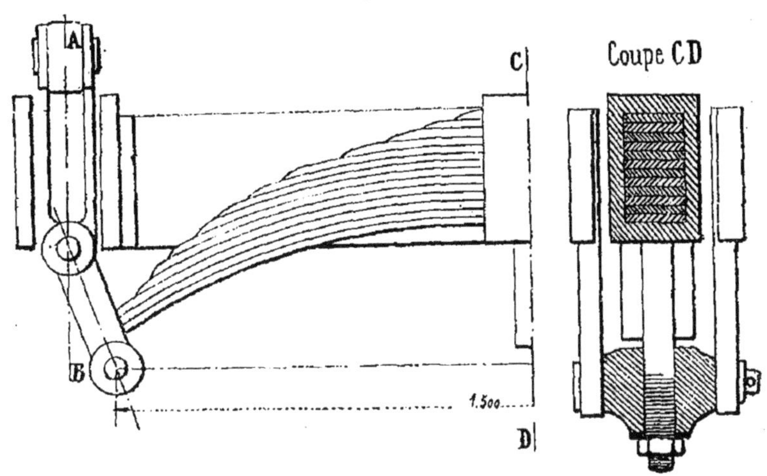

Fig. 216.

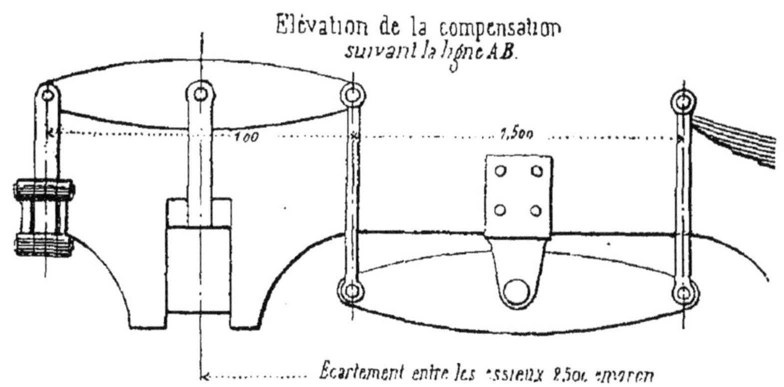

SUITE DE LA SECTION AUTRICHIENNE.

Machine à grandes rampes Steierdorf. Société autrichienne des chemins de l'État.

DESCRIPTION DE LA MACHINE.

La planche 38, fig. 1 et 2, représente la machine avec son fourgon-tender.

Les deux châssis de la machine sont extérieurs, celui d'avant embrasse trois essieux parallèles, celui d'arrière en contient deux également parallèles entre eux. L'écartement d'axe en axe des essieux parallèles extrêmes est de 2m,212 dans chacun des trains.

Les manivelles sont extérieures aux roues et elles sont calées sur les extrémités des essieux prolongés. La douille de calage de la manivelle sert en même temps de fusée pour l'essieu (système Hall). Les roues sont en fonte avec les bandages rapportés en acier fondu dont la conicité est de 1/10, eu égard à la raideur des courbes. Les deux paires de roues d'avant (couplées) sont absolument pareilles afin de faciliter l'échange lorsque le boudin de la roue d'avant se trouve creusé par l'usure, on retarde ainsi le moment du rafraichissage des bandages. Les châssis sont consolidés par des entretoises, et portent aux extrémités en regard des traverses servant à cheviller les deux châssis entre eux. La cheville ouvrière est un gros boulon dont la partie centrale sphérique est engagée dans un coussinet également sphérique porté par la traverse du châssis d'arrière et qui peut lui-même se mouvoir verticalement sans un guide ; ce mouvement se prête, comme on voit, à toutes les inflexions de la voie.

La partie antérieure de la chaudière constituant la boîte à fumée est solidement fixée au châssis d'avant, et le corps cylindrique repose par trois supports. La boite à feu repose sur le deuxième châssis par l'intermédiaire d'un étrier embrassant le cendrier; le déplacement transversal de cette partie de la chaudière se fait sur un galet interposé entre l'étrier et la plaque d'appui de la boîte à feu.

Le châssis d'avant porte les cylindres, le mécanisme moteur et la distribution de vapeur.

Le châssis d'arrière ou du tender (car cette partie de

la machine peut être désignée ainsi) porte la plupart des pièces de la transmission par *faux essieu*, ainsi que la plate-forme où se tient le personnel et les compartiments à combustible.

La machine est munie d'un frein à vapeur qui agit par sabots sur la partie supérieure des roues du châssis d'avant.

Ce frein se compose : de deux cylindres à vapeur verticaux disposés sous le corps cylindrique de la chaudière ; les pistons portent des balanciers agissant chacun sur la paire de roues située du côté correspondant de la machine ; il est mis en action par la simple ouverture d'un robinet de vapeur.

La machine porte aussi un appareil nommé Valve-Zeh, intercalé dans le tuyau d'échappement, et servant à modérer la vitesse à la descente, l'effet produit est analogue à celui de la contre-vapeur.

Dans le principe et notamment à l'Exposition de Londres de 1862, le tender contenait l'eau outre le charbon, mais on a reconnu que la charge sur les roues d'arrière était trop élevée. On a donc ajouté une 3e partie au véhicule, elle sert à la fois aux bagages et au chef de train, mais son but principal est celui d'être réservoir d'eau.

Ce fourgon porte également un frein puissant, commode à manier. La contenance en eau est de 5^{mc},400 disposée sous le plancher du fourgon ; la caisse, analogue à celle d'un wagon, contient un coupé pour le conducteur, un compartiment pour les outils et les bagages, il sert surtout pour le transport des approvisionnements destinés au personnel de la ligne.

Le fourgon est complètement en fer.

DESCRIPTION DU MÉCANISME D'ACCOUPLEMENT.

Le principe sur lequel repose le système adopté pour

accoupler les essieux non parallèles, consiste en ce que les boutons de manivelles des roues montées sont reliés entre eux de la même manière que les fusées des essieux de ces roues.

Il suit de là que le faux essieu se déplace uniquement avec les essieux accouplés, et nullement avec la chaudière ou avec le châssis ; cette transmission ne gêne en rien non plus la libre position des trains sur la voie, puisque toute tension créée dans les bielles d'accouplement se traduit par une tension en sens contraire des tiges qui relient les essieux, et qu'il ne peut y avoir de réaction sur le châssis, puisque les forces se font équilibre dans le système d'accouplement.

Les fig. 1, 2, 3 (planche II) donnent les détails de construction du système d'accouplement ; on y trouve les pièces suivantes :

A et B, sont les essieux à accoupler, savoir ; le 1er du train d'arrière et le dernier du train d'avant.

C, faux essieu situé au-dessus de l'essieu A, et reposant sur les coussinets du support.

P, cheville ouvrière attelant ensemble les deux trains A et B.

Q, support vertical reposant sur l'essieu A par le palier T, et recevant le faux essieu par le palier supérieur S.

Les tourillons en T et S sont sphériques, de manière à permettre aux essieux A et C de se déplacer l'un par rapport à l'autre, suivant les oscillations du support P, sans que la distance entre les deux essieux A et C, mesurée suivant l'axe du support P, puisse changer.

En conséquence, le faux essieu peut prendre un déplacement angulaire par rapport à l'essieu A, sans pour cela cesser d'être horizontal ; il peut aussi suivre les déplacements de cet essieu causés par les irrégularités de voie ou par un obstacle quelconque.

Les tiges F relient les boîtes à graisse de l'essieu du train d'avant au palier du faux essieu, elles maintiennent et guident le faux essieu à une distance à peu près constante de l'essieu du train d'avant. Ces tiges se rattachent en *r* et *s*, aux boîtes des essieux correspondants par des boutons à corps sphériques, de manière à permettre au faux essieu de se déplacer longitudinalement par rapport au faux essieu de la machine. Les tiges F et le support P maintiennent le faux essieu horizontalement, même dans les courbes de la voie ; il résulte en effet du mode d'attelage des trains, que lorsque dans une courbe une extrémité de l'essieu d'arrière de la machine se rapproche de l'extrémité correspondante de l'essieu d'avant du tender, les extrémités de ces deux essieux situées du côté opposé de la machine s'éloignent exactement de la même distance. Mais comme les deux extrémités du faux essieu sont maintenues par les tiges F à la même distance des extrémités correspondantes de l'essieu de la machine, il en résulte que les deux extrémités du faux essieu prennent des déplacements égaux et de sens contraires par rapport à l'essieu du tender, et entraînent les supports P sous ce déplacement.

Ainsi au passage des courbes, les paliers supérieurs des supports P oscillent de quantités égales, mais en sens contraires, tout en restant tous deux dans un même plan horizontal, dans lequel ils maintiennent le faux essieu.

Le support vertical P est guidé par la coulisse V fixée au châssis *e* du tender, et dont la section horizontale est un arc de cercle.

Lors des oscillations du support P, l'axe *qp* (fig. 3, pl. 38) de ce support, décrit une surface conique dont le sommet est *q* et dont l'axe est *q*W'.

La coulisse V qui guide ces oscillations, devrait donc présenter une surface parallèle à ce cône, surface qui, sur la faible étendue de la coulisse, se confond avec une surface cylindrique à section horizontale circulaire dont le centre est W''. Ce centre se trouve à l'intersection de l'axe qW avec le plan horizontal passant par V.

La bielle oblique K relie l'essieu moteur B du train d'avant au faux essieu ; elle saisit le bouton sphérique de l'essieu moteur, à l'extérieur de la bielle motrice C et de la bielle d'accouplement i des roues. La bielle L accouple le faux essieu et l'essieu A du tender ; elle est verticale tant que la voie est rectiligne.

Les boutons de manivelles sont sphériques, pour se prêter aux inclinaisons diverses des essieux.

Dimensions de la locomotive.

La machine a été faite pour remorquer, sur rampes de 20 millim. et courbes de 114 mètres de rayon, 25 wagons vides à charbon, présentant une charge brute de 110 tonnes, à la vitesse de 12 à 15 kilomètres à l'heure à la remonte. L'effort de traction était calculé en conséquence à 5000 kilogrammes, et le poids adhérent sur les roues à 40 tonnes.

Or, comme les rails ne doivent pas supporter plus de 9 tonnes 1/2 par essieu, il s'ensuit que la charge adhérente devait être répartie sur 5 essieux.

L'effort de traction Z = 5000 kilog. pour remorquer sur rampes de 20 millim. et courbes de 114 mètres de rayon, un train composé de 25 wagons vides à charbon, à une vitesse de 12 kilomètres à l'heure, soit $3^m,33$ par seconde, donne pour force correspondante N en chevaux-vapeur de 75 kilog. :

$$N = \frac{5000 \times 3,33}{75} = 220 \text{ chevaux.}$$

Avec une surface de chauffe pleinement suffisante de $0^{m2},5$ à $0^{m2},6$ par cheval, il suffirait d'avoir une surface totale :

$$S = 220 \times 0,55 = 121 \text{ mètres carrés.}$$

On a mis 122 mètres carrés.

p, étant la pression utile de la vapeur par mètre carré de surface de piston,

T, la tension de la vapeur dans la chaudière, l'on a :

$$p = k\text{T}.$$

Pour une admission de 0,65 à 0,70 centimètres de la course du piston, et en tenant compte de tous les frottements du mécanisme, on peut admettre :

$$\text{K} = 0,46$$

Et comme T = 80000 kilogrammes par mètre carré, on a : $p = 0,46 \times 80000 = 36800$ kilog.

Les roues motrices ont un diamètre D = $1^{m},000$.

La course du piston est $l = 0,632$.

Le diamètre du cylindre se calcule par :

$$2\,p \times \frac{d^2\,\pi}{4} \times 2l\,\pi = \text{D}z$$

d'où, en remplaçant et tirant la valeur de d,

$$d = 0,463.$$

En partant de ces dimensions ou données, on a déterminé les dimensions de la machine Steierdorf, comme suit :

Grille.

Longueur	$1^{m},471$
Largeur en avant	0 ,891
— en arrière	1 ,010
Surface en mètres carrés	1 ,40

Boîte à feu.

Longueur intérieure en bas	1 ,471
— — en haut	1 ,407
Largeur intérieure en bas, en avant	0 ,891
— — en arrière	1 ,010

Largeur intérieure en haut.	1m,128
Hauteur en avant	1 ,341
— en arrière	1 ,209
Hauteur de la porte du foyer au-dessus du bord inférieur de boîte à feu	0 ,461
Epaisseur de la plaque tubulaire en haut. . . .	0 ,026
— — en bas	0 ,015
Epaisseur du reste du cuivre rouge	0 ,115
Diamètre des rivets en cuivre rouge.	0 ,026
Distance d'axe en axe des rivets	0 ,105

Chaudière (partie cylindrique).

Longueur entre plaques tubulaires.	4 ,320
Plus grand diamètre extérieur	1 ,238
Plus petit diamètre extérieur.	1 ,185
Epaisseur des tôles	0 ,015
Diamètre des rivets.	0 ,020
Distance d'axe en axe des rivets.	0 ,046
Nombre des tubes.	158
Longueur intérieure des tubes	4m ,425
Diamètre extérieur des tubes	0 ,053
Epaisseur des tubes	0 ,002
Distance d'axe en axe des tubes.	0 ,069
Nombre de soupapes de sûreté.	2
Diamètre des soupapes de sûreté	0m ,111

Surface de chauffe.

Surface des tubes.	115m²,69
— de la boîte à feu	7m²,22
Surface totale.	122m²,91

Cheminée.

Diamètre intérieur	0m ,421
Hauteur au-dessus du rail	4 ,478

Tuyaux d'échappement.

Section de la plus grande ouverture	0m²,0166,50
— de la plus petite	0m²,0031,22

Appareil d'alimentation.

Injecteurs Giffards n° 9.	2

Régulateur.

Section de l'ouverture	0m²,0052,03

Cylindres à vapeur.

Diamètre intérieur	0, m, 461

Course du piston	0^m,633

Orifices pour la vapeur sur le cylindre.

Longueur d'un orifice	0 ,316
Largeur d'un orifice d'entrée	0 ,039
— — de sortie	0 ,079

Tiroir et distribution.

Longueur extérieure du tiroir	0^m,276
— intérieure du tiroir	0, 130
Largeur extérieure du tiroir	0, 395
— intérieure du tiroir	0, 316
Surface du tiroir	0^{m2}, 1090
Recouvrement en dehors	0^m, 028
— en dedans	0, 005
Avance du tiroir	0, 003
Plus grande ouverture à l'introduction	0, 026
— — à l'échappement	0, 039
Durée de l'admission en fonction de la course	0, 66
Plus grande course du tiroir	0, 110
Course de l'excentrique	0, 158
Angle d'avance, en avant (en degrés)	15°
— arrière (en degrés)	15°
Longueur des bielles d'excentriques	1^m, 396
Rayon moyen de la coulisse	1 ,080
Longueur de la coulisse	0 ,408

Bielles motrices et d'accouplement dans chaque train.

Longueur des bielles motrices		1 ,949
Longueur des bielles d'accouplement	entre l'essieu 1 et l'articulation qui précède l'essieu 2	0 ,961
	entre l'essieu 2 et l'essieu 3	1 ,106
	entre l'essieu 4 et l'essieu 5	2 ,213

Accouplement entre les deux trains.

Longueur du faux essieu, de centre à centre des fusées sphériques	1 ,804
Longueur totale du faux essieu	2 ,298
Diamètre total du faux essieu	0 ,132
Longueur du support oscillant du centre du faux essieu au centre de l'essieu 4	0 ,692
Plus grande section de ce support	0^{m2},0104,09

Longueur entre les articulations des tiges de guidage allant de l'essieu moteur au faux essieu	1^m,053
Plus grande section de ces tiges	0^{m2},0034,69
Longueur de la bielle d'accouplement inclinée entre l'essieu moteur et le faux essieu	1^m,580
Plus grande section de cette bielle	0^{m2},0036,43
Longueur de la bielle d'accouplement verticale	0^m,632
Plus grande section de cette bielle	0^{m2},0031,23

Frein à vapeur.

Diamètre d'un cylindre à vapeur du frein	0^m,197
Plus grande course du piston	0 ,250
Longueur du balancier du piston	0 ,395
— du levier du côté de la tige de pression	0 ,500
Longueur du levier du côté du sabot de frein	0 ,263
Rapport des leviers	1 ,900

Roues.

Nombre de roues	10
Diamètre des roues	1^m,000
Largeur des bandages	0 ,140
Conicité des bandages	1/10
Ecartement des essieux parallèles du train de la machine	2^m,212
Ecartement des essieux parallèles du train du tender	2 ,212
Ecartement des essieux du fourgon	2 ,212
— total des essieux de la machine et du tender	5 ,874
Ecartement total des essieux de la machine et du fourgon	10 ,616
Ecartement entre l'essieu moteur et celui d'avant du tender	1 ,454
Ecartement entre l'essieu d'arrière du tender et celui d'avant du fourgon	2 ,528

Tender et fourgon.

Capacité de l'emplacement pour le combustible	1^{m3},896
— des caisses à eau	5 ,400

Capacité pour les bagages	16^{m^3},100
Largeur de l'espace destiné aux bagages . . .	2^m,317
Longueur de l'espace destiné aux bagages . . .	3 ,685
Hauteur de l'espace destiné aux bagages . . .	1 ,896
Longueur du coupé pour le conducteur. . . .	1 ,053
— du plateau du frein	0 ,474

Tampons.

Hauteur des tampons au-dessus du rail	1 ,080
Distance de centre en centre des tampons. . .	1 ,751

Longueur et largeur maxima de la machine.

Longueur entre les points extrêmes des tampons d'avant de la machine et d'arrière du fourgon	14 ,461
Largeur maxima de la machine mesurée à l'endroit des cylindres	2 ,963

Poids de la machine chargée d'eau et de combustible.

Machine.	Charge sur rails au 1er essieu. . . .	9,200 kil.
	— 2e —	9,100
	— 3e —	8,750
Tender .	— 4e —	6,250
	— 5e —	9,100
Fourgon.	— 6e —	7,550
	— 7e —	7,650
Poids d'adhérence		42,400
Poids total de la machine avec fourgon		57,600

GRANDE-BRETAGNE.

Locomotive à voyageurs construite par Kitson.

NOTE ANGLAISE.

PLANCHE 37 ET FIGURE 217.

Cette machine est d'un type moyen à voyageurs, les dispositions générales telles que puissance de chaudière, diamètre de cylindres, diamètre des roues motrices, ont été calculées pour répondre également au trafic sur les lignes principales et sur les embranchements.

Le poids total vide est 25500 kilog., chargé 28500; les charges sont ainsi distribuées :

	Roues d'arrière.	Motrice.	Avant.
Vide	8460k	8460k	8540k
Chargée	9670	9670	9160.

Le poids adhérent sur les roues couplées est donc de 19340 kilog.

Fig. 217.

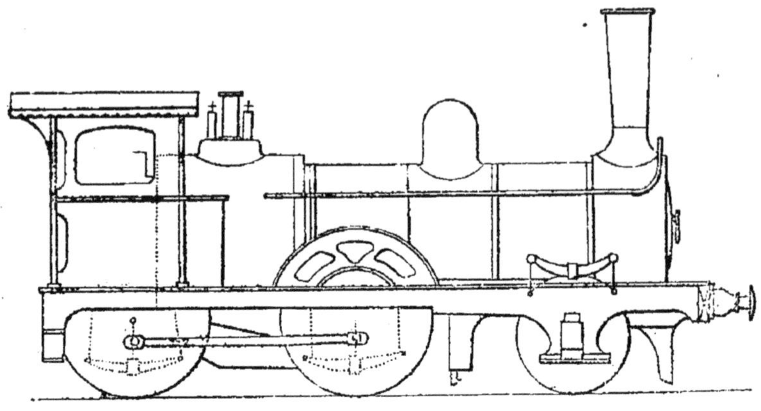

La distance extrême des essieux est 4m,930.

Les fusées des essieux d'avant sont disposées pour mouvement latéral par un système de coins, ce qui facilite le passage aux courbes.

Diamètre des cylindres, 0m,406 ; course, 0m,558 ; diamètre des roues couplées, 1m,676 ; diamètre des roues de support à l'avant, 1m,219.

Le corps cylindrique de la chaudière contient 140 tubes en laiton de 0m,050 de diamètre extérieur et 3m,290 de longueur entre les plaques.

La surface de chauffe est ainsi distribuée :

Tubes	73m2, 48
Foyer	7m2, 62
Total	81m2, 10

La surface de grille est de 1m2,350 ; une bonne circulation de l'eau et une libre production de vapeur sont assurées par un espace de 0m,020 entre chaque tube.

La boite à feu est disposée pour l'emploi de la houille, par suite, la grille est un peu inclinée, proportionnellement aux tubes, sa surface est plus grande que si elle était disposée pour du coke.

La boite à feu est pourvue de ce que l'on apprécie en Angleterre comme le plus simple et le plus effectif appareil fumivore. Composée d'une voûte inclinée en briques, une plaque déflecteur à charnières, une porte de foyer à coulisse, à leviers conjugués, enfin le jet ordinaire de vapeur dans le foyer.

La chaudière est pourvue d'un anti-incrustateur breveté de Baker, dont l'effet est de prévenir toute incrustation autour des surfaces chauffées ; tous les sédiments maintenus à l'état libre, se déposent à la partie inférieure et sont aisément chassés au moyen de la pression de la vapeur.

Un pare-étincelles de construction simple est fixé dans la boite à fumée.

Le corps cylindrique de la chaudière est à viroles jointées avec couvre-joints à bandes extérieures ; ces bandes circulaires sont soudées et embattues, leur rivetage à la chaudière est une simple clouure ; pour les bandes horizontales ou longitudinales, la clouure est double.

La jonction entre le corps cylindrique et les boites à feu et à fumée, est formée à l'aide d'une forte bague en fer d'angle ou couronne tournée et alésée, les trous des rivets sont percés à la machine après l'assemblage.

Les bâtis sont doubles, la partie intérieure supporte les accessoires des roues motrices et de l'arrière, ainsi que les principaux points d'appui du *mécanisme*, l'épaisseur est 0^{m},025.

La partie extérieure supporte les accessoires de roues d'avant, elle est reliée à la partie intérieure au moyen d'entretoises à cornières qui réunissent à la fois la solidité et la légèreté.

L'ensemble de ces doubles bâtis est en outre consolidé par le moyen de leur assemblage avec la plaque des tampons, qui a 0^{m},050 d'épaisseur. La machine possède par suite la rigidité voulue et est à l'abri des détériorations qu'entraînent les secousses en marche.

La disposition du bâti extérieur et de ses accessoires procure plusieurs avantages qui sont : 1° de réduire à un minimum la charge sur les petites roues d'avant parce qu'elles peuvent être placées aussi à l'avant que possible ; 2° de permettre aux cylindres d'être maintenus dans leur position horizontale ; 3° de faciliter pour les ressorts et leurs accessoires un arrangement rationnel et accessible.

Les bâtis sont rabotés sur toutes leurs faces, ce qui permet de fixer avec précision les pièces du mécanisme qui sont elles-mêmes rabotées.

La plate-forme en fonte à l'arrière de la boite à fumée est disposée de manière à égaliser les charges sur les roues motrices et les roues d'arrière, soit 9670 kilog. sur chaque paire.

Les fusées de l'essieu d'avant ont une grande portée, ce qui est une cause de durée et aussi une bonne précaution contre les échauffements, le diamètre est 0^{m},150 et la longueur 0^{m},230.

Le mouvement latéral est obtenu en donnant aux fusées, à la partie supérieure des boites à graisse, la double pente d'après le système *Cortains*.

Le couvercle en fer forgé trempé au paquet, qui est maintenu latéralement par les guides, permet une répartition uniforme de la charge permanente sur les fusées pendant le passage des courbes, et facilite aux roues leur mouvement de retour à la position normale après cette action. Cet arrangement qui est adopté avec succès sur les grandes lignes des chemins de fer de la péninsule indienne, réunit aussi l'avantage de détruire les chocs et de protéger contre l'usure les boudins des roues d'avant, tout en augmentant la stabilité et la sûreté de la machine pendant la marche.

Chaque paire de guides pour les boîtes à graisse des roues motrices et d'arrière est fondue d'une seule pièce, les surfaces de frottement sont larges, et l'ajustement au bâti très-solide.

Le système qui consiste à raboter les longerons, permet d'obtenir une perfection de montage toute particulière.

Des cales d'ajustage en fer cémenté sont prévues, et sont facilement avancées au moyen du desserrage des trois boulons, pour suppléer à l'usure qui se produit.

Les coussinets ainsi que la plupart des surfaces frottantes sont garnis ou de métal blanc *Babbits*.

Les ressorts d'avant sont placés au-dessus de leur point d'appui.

Corde en place, 0^m,915 ; élasticité par tonne, 0^m,006 faible.

Les ressorts des roues motrices et arrière sont en dessous.

Corde en place, 1^m,065 ; élasticité par tonne, 0^m,009.

Les premiers sont munis d'écrous d'ajustement et sont ainsi fixés pour jouir d'un libre fonctionnement combiné avec la stabilité requise.

Les essieux, coudés et droits, sont faits du meilleur fer à grains de Yorkshire fournis par le Monk-Bridge Iron Cie.

Les bandages sont en acier fondu au creuzet provenant également des forges du Monk-Bridge Iron Cie, ils sont fixés au moyen de vis intérieures et maintenus par une nervure en queue d'hironde.

Les tiroirs sont mus par un mécanisme à changement de marche de la plus simple construction.

Un graissage effectif est distribué sur toutes les parties rottantes.

Le recouvrement du tiroir est 0m,025; l'avance, 0m,003; orifices d'introduction, $^{330}/_{32}$; orifices d'échappement, $^{330}/_{75}$.

La forme des excentriques est légère et durable, les poulies sont entièrement en fer cémenté, les parties frottantes en métal blanc.

Un arrangement semblable est adopté pour la surface frottante des guides de tiges de tiroirs.

Le levier de changement de marche est mis en mouvement à l'aide d'une vis à doubles filets en acier, au lieu d'un levier ordinaire sur secteur à crans.

Les tiges de piston sont en acier, les têtes de tiges sont en fonte trempée, les glissières sont en fer cémenté.

Les bielles d'accouplement sont en acier fondu selon le système généralement adopté maintenant, le procédé compensateur de l'usure au moyen de clavettes est supprimé.

Les coussinets, qui sont garnis de métal blanc, sont très-promptement remplacés lorsqu'ils sont usés.

Le régulateur est du système à coulisse et à équilibre.

Les boites à sable fonctionnent simultanément de chaque côté à l'aide d'une pédale.

Les sifflet et robinet à vapeur de l'injection font partie d'une même pièce.

Les soupapes de sûreté sont du système breveté de Naylords. Le but de ce système est d'empêcher la pression dans la chaudière de s'élever au-dessus de la pression fixée à l'avance. Le levier à sonnette permet à la soupape de s'élever librement sans produire une tension extra sur les ressorts (voir le croquis fig. 218).

L'appareil qui réunit tout le mécanisme sur une seule pièce forme un élégant ensemble, qui a en outre le mérite de mettre le mécanisme à l'abri de toute tentative imprudente.

Fig. 218.

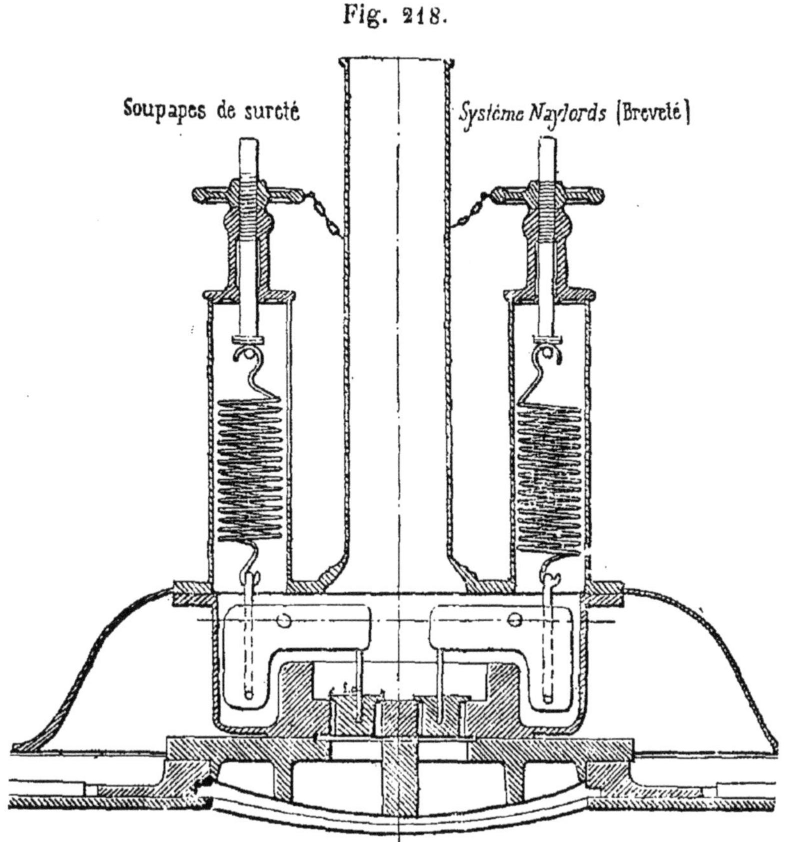

L'abri est disposé pour protéger le mécanicien contre tous les temps, une libre ventilation pouvant être obtenue au moyen de coulisseaux à jour, ménagés à la partie supérieure.

Toute commodité possible a été établie pour que les conducteurs puissent voir à l'extérieur dans toutes les directions.

Concluant, nous dirons que les constructeurs n'ont pas

cherché à introduire des nouveautés dans leur machine, mais bien plutôt à combiner la simplicité des détails avec les judicieuses proportions à obtenir, la durée dans les parties qui travaillent, ainsi que l'économie de première dépense, à diminuer les réparations pendant le parcours, enfin à donner une vraie représentation des tendances de la présente pratique anglaise.

Cette machine est d'une exécution parfaite, tout ce que dit la note à ce sujet n'atteint pas la vérité, l'étude de cette locomotive nous paraît très-bien entendue, il est rare de voir un agencement de pièces aussi faciles à démonter et à remettre en place.

Les roues motrices accouplées sont disposées comme suit :

La paire de roues motrices ou du milieu est à environ $0^m,800$ en avant de la plaque avant de boite à feu.

La paire de roues couplées est à environ $0^m,250$ de la face arrière de boite à feu.

La paire de roues d'avant est tout près de la boite à fumée, elle est seulement porteuse.

Les cylindres sont intérieurs, chacun d'eux a quatre glissières.

Le support de glissières est en même temps support de corps cylindrique, il est en tôle forte et cornières forgées s'appuyant sur les longerons.

La distribution est aussi intérieure, l'arbre de relevage est en dessous supporté par le support de glissières. C'est la coulisse qui se relève.

Les roues sont en fer forgé, les contre-poids sont forgés avec les jantes.

Le ressort d'avant nous paraît trop faible, il est placé au-dessus de la roue.

La corde en place est de............... 0m,900
Le nombre de feuilles est de........... 7
Dimensions des feuilles................ 110/13

Le ressort du milieu (essieu moteur) est placé en dessous.

Celui d'arrière est également en dessous.

Les bielles d'accouplement ont des têtes rondes qui n'ont pas de clavettes (fig. 219).

Fig. 219.

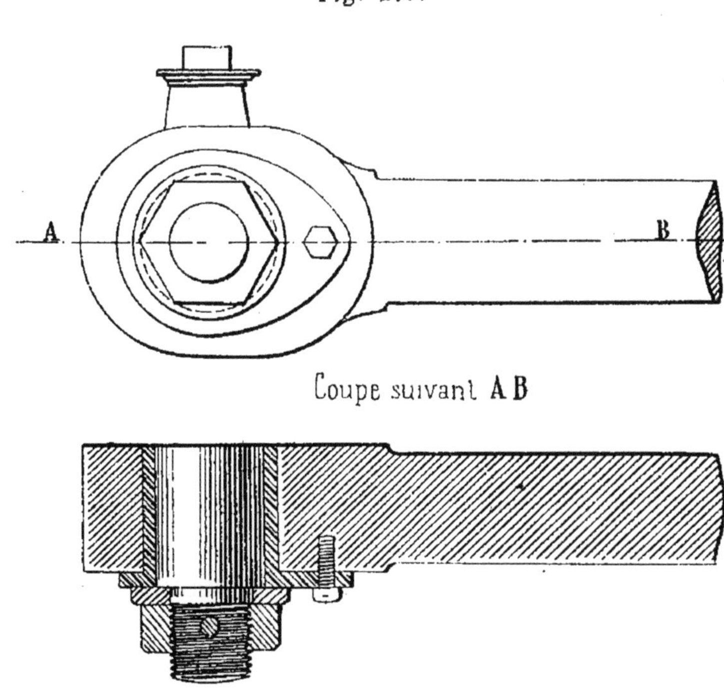

Le foyer a sa grille inclinée.

L'alimentation est faite par Giffards, le refoulement a lieu à 1m,50 de la plaque tubulaire de boîte à fumée.

Les fermes du ciel de foyer sont longitudinales.

On a placé un sablier de chaque côté du châssis, entre les deux parties de longerons.

Une guérite en tôle abrite le mécanicien.

Machine locomotive à voyageurs à grande vitesse, construite par la compagnie Lilleshall.

Fig. 220.

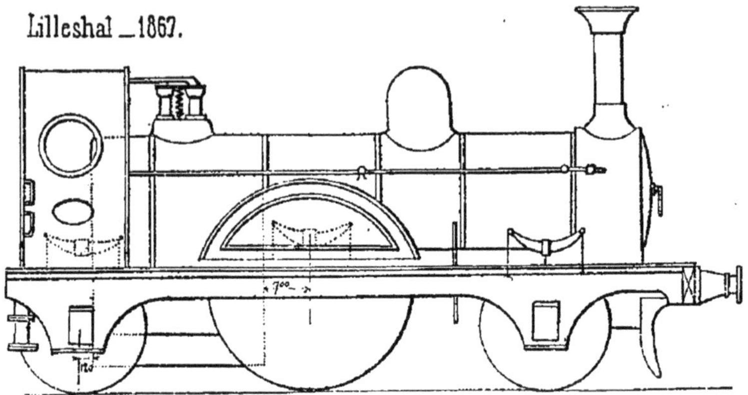

Cette machine diffère de la précédente (Kitson) en ce qu'elle n'a qu'une seule paire de grandes roues motrices.

Tout le reste est à peu de chose près semblable à la locomotive Kitson.

La disposition des roues est comme suit :

La paire de roues motrices est placée à environ $0^{m},700$ à l'avant de la face avant de boîte à feu.

La paire de roues d'arrière est à environ $0^{m},120$ de la face arrière de boîte à feu.

La paire de roues d'avant est tout contre la boîte à fumée.

Les cylindres sont intérieurs avec quatre glissières chacun.

La distribution est intérieure, la coulisse est droite, elle se relève en même temps que le coulisseau s'abaisse.

Le changement de marche est à levier.

Les supports de guides carrés de tiges de tiroirs sont attachés à une traverse en fer à T forgée aux extrémités qui s'appliquent aux longerons intérieurs ; ces supports sont en bronze (fig. 221).

Les contre-poids des roues sont forgés avec les jantes.

Les roues sont d'une exécution parfaite, elles sont formées des rais en fer de toute leur longueur assemblés par le centre avec deux galettes, le tout soudé ensemble au marteau-pilon.

Fig. 221.

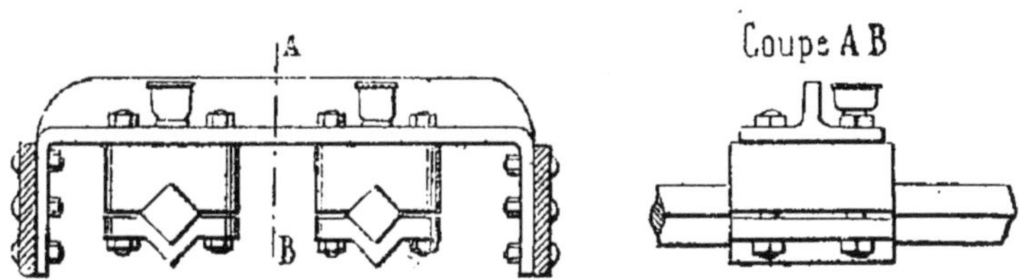

Le ressort d'avant est placé au-dessus de la roue.

La corde en place est.......... 0m,75 environ.

Nombre de feuilles............ 15

Section des feuilles............ 90/10

Ressort du milieu (moteur) au-dessus de la roue.

Celui d'arrière, également au-dessus de la roue.

L'alimentation est faite par deux Giffards verticaux placés tout à fait à l'arrière du mécanicien. — Le refoulement a lieu à environ 1m,200 de la boîte à fumée.

Une guérite-abri en tôle très-simple est placée à l'arrière.

La grille est horizontale. — Il y a un cendrier avec portes à l'avant et à l'arrière.

Châssis à double longeron (genre de la machine Kitson) ; les roues sont entre chaque longeron.

Un sablier de chaque côté de la machine est ménagé entre les parties de longerons.

Distance à partir de l'extrémité avant des tampons jusqu'à la tôle avant de boîte à fumée, environ 1m,00.

Les fermes du ciel de foyer sont longitudinales, il y a des bouchons de lavage entre chacune d'elles.

Sur les côtés supérieurs arrière de boite à feu, il y a aussi trois bouchons de lavage, soit six pour les deux côtés.

Aux quatre angles inférieurs un bouchon autoclave.

La porte du foyer est ordinaire, à charnières et à poignée.

Fig. 222.

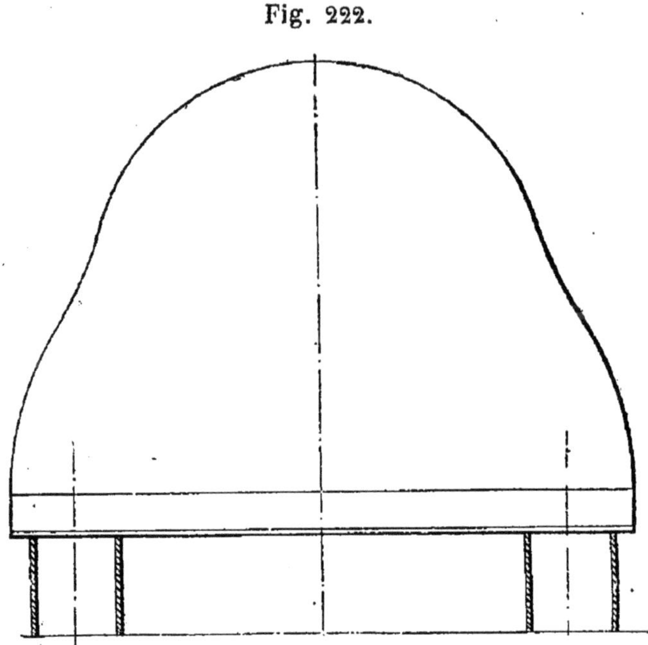

L'avant de boîte à fumée est formé par une forte tôle qui vient s'appuyer sur les longerons.

Le régulateur est vertical dans le dôme, qui est placé à $1^{m},800$ en arrière de la plaque tubulaire de boîte à fumée.

Les boites à graisse sont en fer forgé.

Somme toute, cette disposition de machine et sa construction semblent étudiées par le même ingénieur que celui qui a fait la machine Kitson, il doit y avoir une connexion entre les deux maisons.

Locomotive à voyageurs, construite par Stéphenson.

Fig. 223.

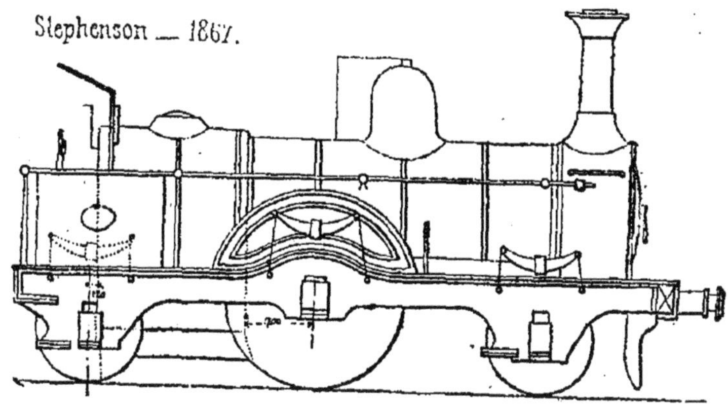

Disposition des roues identique à celle de la machine Lilleshal.

Il y a deux ressorts aux roues motrices placés au dessus de chacune d'elles.

Le ressort d'avant a une corde en place de 0m,900.

Le nombre de feuilles est de 16.

La section de chaque feuille $^{120}/_{10}$.

Le châssis est double, les roues sont placées entre chaque longeron, un sablier de chaque côté placé entre les longerons également.

La chaudière est du même genre que celle de Kitson, c'est-à-dire que les joints de tôles sont faits bout à bout, recouverts par une plaque couvre-joints. Seulement on remarque ici que le joint circulaire est à double clouure de chaque côté; nous pensons que cela peut-être utile pour les joints longitudinaux, mais pour les autres cela paraît moins nécessaire (fig. 224).

C'est beaucoup de clous pour un si petit espace.

La disposition intérieure du châssis est la même que la machine de Kitson.

Le changement de marche se fait à l'aide d'un levier à

verrou, mis en mouvement par une vis dont la génératrice est courbée de façon à permettre le mouvement de ce levier articulant autour de son point d'attache. Le

Fig. 224.

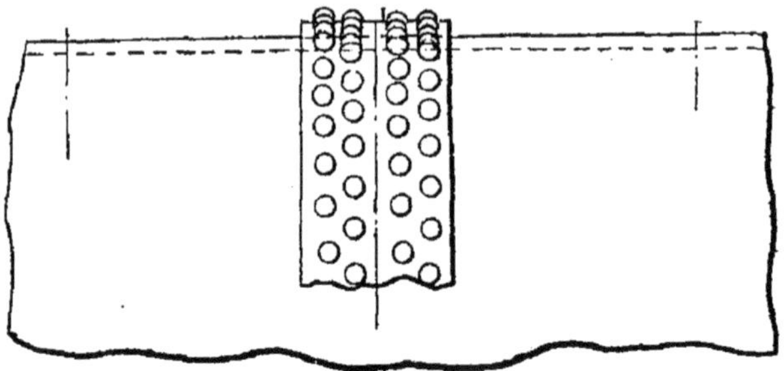

verrou s'emmanche dans les filets de cette vis. Lorsqu'on ne veut plus se servir de la vis, on agit sur le verrou à la façon ordinaire (fig. 225).

Fig. 225.

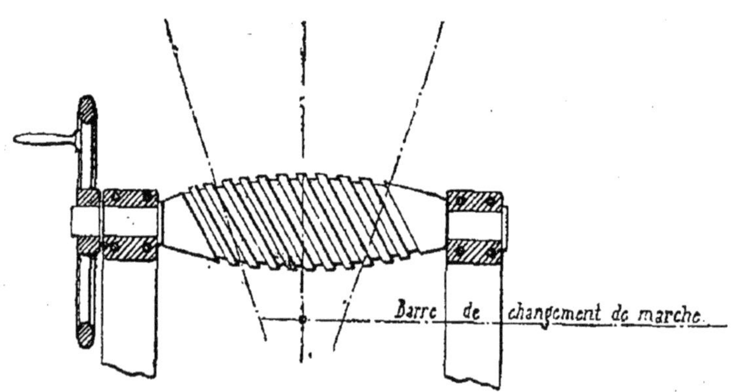

Cela peut coûter un peu cher, mais c'est à coup sûr une bonne disposition.

Les armatures de ciel de foyer sont longitudinales, il y a deux bouchons en bronze à l'arrière pour nettoyer cette partie du ciel de foyer.

La porte du foyer est à coulisse et mouvement de leviers conjugués, comme la machine Kitson.

Il y a une rampe à la place du mécanicien, mais pas de guérite ; une simple plaque recourbée un peu à la partie supérieure, et garnie de lunettes, a été installée à l'arrière.

L'alimentation se fait par deux pompes en bronze, commandées par les têtes de pistons.

La porte de boite à fumée est ronde comme celle de la machine américaine ; même système de fermeture.

Les contre-poids des roues motrices sont rapportés.

La distance de l'extrémité des tampons avant à la tôle de boite à fumée est de $1^m,100$ environ.

Voici donc les trois locomotives exposées par la Grande-Bretagne cette année. A part certaines formes particulières qu'on retrouve, du reste, dans toutes les locomotives anglaises, telles que les cheminées, par exemple, qui sont relativement bien plus petites que les nôtres, les ressorts de suspension et les appareils de sûreté, formes et dispositions auxquelles nous ne sommes pas habitués, ces locomotives ont un ensemble satisfaisant pour le service qu'elles doivent faire, rien dans l'agencement général des pièces ne choque l'œil. Les dimensions sont bien proportionnées, les attaches en général très-solides. Les surfaces de frottement sont suffisantes. Aucune de ces machines n'a d'entretoises filetées au ciel de foyer, toutes ont des formes longitudinales ou transversales. C'est là il nous semble, la meilleure preuve à donner de la supériorité de cette disposition sur l'autre généralement employée en Belgique. L'Angleterre a suivi longtemps ce système d'entretoisement, mais elle paraît vouloir l'abandonner aujourd'hui.

Nous trouvons encore deux petites locomotives pour service de chemins de mines, ou pour chemins particuliers autres.

Ces machines portent leur caisse à eau sur la partie supérieure du corps cylindrique.

La première a pour nom *Prince-Impérial*, construite par MM. Ruston et Proctor.

Locomotive Ruston-Proctor.

Fig. 226.

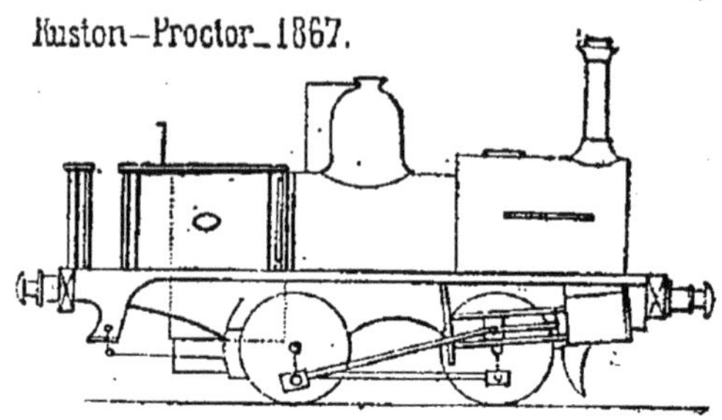

Les cylindres sont extérieurs, la distribution intérieure ; elle a 4 roues en fonte à rayons. Bandages en fer. Le châssis est intérieur.

L'alimentation est faite par un petit Giffard en cuivre placé vers le milieu du corps cylindrique et dans l'axe horizontal. La caisse à eau est reportée vers l'avant, dans le genre du croquis.

La seconde machine est construite par M. Hugues, elle se présente à peu près sous la même forme et pour le même service que la précédente.

Fig. 227.

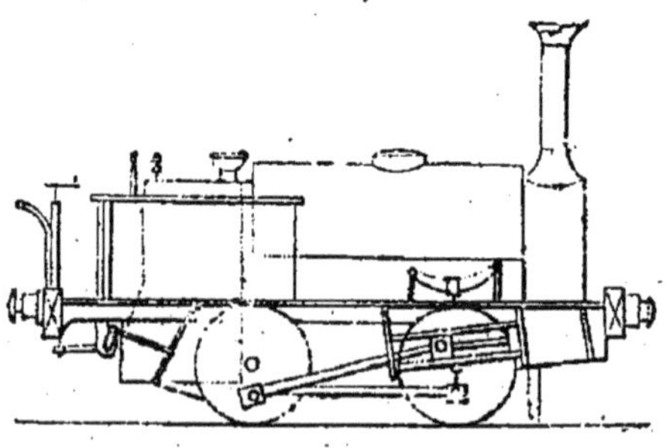

Les roues sont en fer et pleines. Les bandages sont en fer. La caisse à eau prend toute la longueur supérieure du corps cylindrique. La fig. 227 donne une idée de cette machine.

Ces deux locomotives n'offrent, du reste, rien de particulier, comme système. Elles sont loin comme construction d'atteindre à la hauteur des trois autres, citées précédemment.

Leur forme et leur disposition ne satisfont généralement pas. Quel service feront-elles ? Nous l'ignorons, car nous n'avons pas pu en connaître les conditions principales.

Il semble que les hommes préposés à leur garde ont ordre de ne pas souffrir les visiteurs, ils sont loin de donner la moindre explication. Nous pensons qu'on n'y perd pas beaucoup.

Avec les renseignements qui précèdent et les planches qui s'y rapportent, on pourra se faire une idée exacte au sujet de ces machines.

Les considérations dans lesquelles on peut entrer sont nombreuses, partant, les avis doivent être partagés ; satisfait d'avoir rempli notre rôle en donnant aussi exactement que possible les documents et les arguments de la discussion, nous nous arrêtons là et laissons le champ libre aux conclusions différentes qui, évidemment, ne manqueront pas de se livrer combat.

NOTA. — L'auteur de cet article, résidant en Russie, n'a pu suivre le travail de composition et de clichage ; cette circonstance laissera, sans doute, quelques incorrections ou inversions que la sagacité du lecteur lui fera facilement apercevoir et corriger.

(*Note du Comité.*)

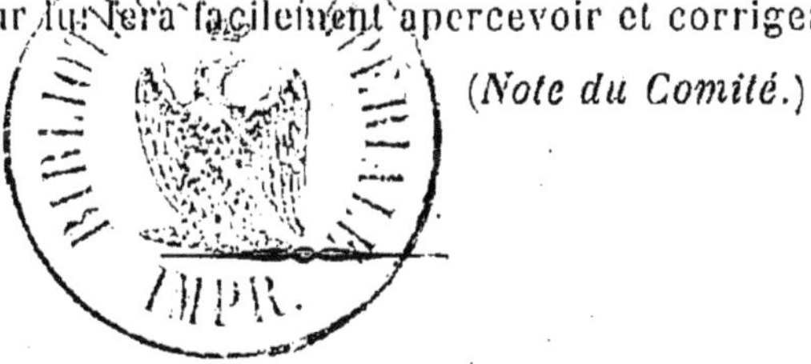

SAINT-NICOLAS (MEURTHE). — P. TRENEL, IMPRIMEUR DE LA SOCIÉTÉ.

www.ingramcontent.com/pod-product-compliance
Ingram Content Group UK Ltd.
Pitfield, Milton Keynes, MK11 3LW, UK
UKHW020112200726
13856UKWH00002B/504